U0133736

西门子 828D 车削编程技术

孙德茂　编著

机　械　工　业　出　版　社

西门子公司在中国市场继推出802S、802D之后，又推出了828D数控系统。该系统内容较丰富，接近840D。本书以介绍其功能为主线，着重阐明对其功能的理解和应用，主要内容包括车削加工的基本编程指令、扩展的编程指令和特殊的编程指令，并对编程工艺功能（循环）也作了翔实的介绍。

本书可供使用西门子数控系统进行车削加工的编程员、操作者及相关人员使用，也可供大专院校数控及相关专业师生使用。

图书在版编目(CIP)数据

西门子828D车削编程技术/孙德茂编著. —北京：机械工业出版社，2012.11

ISBN 978-7-111-40051-6

Ⅰ.①西… Ⅱ.①孙… Ⅲ.①数控机床—车床—车削—程序设计 Ⅳ.①TG519.1

中国版本图书馆CIP数据核字（2012）第243616号

机械工业出版社(北京市百万庄大街22号 邮政编码100037)
策划编辑：张秀恩 责任编辑：张秀恩 杨明远
版式设计：霍永明 责任印制：杨 曦
北京圣夫亚美印刷有限公司印刷
2013年1月第1版第1次印刷
184mm×260mm ·20.25印张·498千字
0001—3000册
标准书号：ISBN 978-7-111-40051-6
定价：56.00元

凡购本书，如有缺页、倒页、脱页，由本社发行部调换

电话服务	网络服务
社服务中心 :(010)88361066	教材网:http://www.cmpedu.com
销 售 一 部 :(010)68326294	机工官网:http://www.cmpbook.com
销 售 二 部 :(010)88379649	机工官博:http://weibo.com/cmp1952
读者购书热线:(010)88379203	**封面无防伪标均为盗版**

前　言

西门子公司在中国继推出802S、802D之后，又推出了828D数控系统。该系统内容较丰富，接近840D。西门子公司将编程功能分为基本功能、扩展功能和特殊功能，并分在两本手册中加以介绍，一本是基础部分，另一本是工作准备部分，对一个具体的机床和所配置的系统具有的功能便不再区分，因此，本书将其分为4章，对车削编程功能加以介绍。

第1章编程基础，介绍了几何原理、编程规则、程序创建、文件和程序管理。第2章NC代码编程指令，介绍了换刀、刀具补偿、主轴运动、进给控制、几何设置、自动返回参考点、编程的工作区域极限和保护区、位移指令、特殊的位移指令、轨迹运行特性、刀具半径补偿、坐标变换（框架）、运动变换、轴耦合—联动、运动同步动作、其他功能、辅助功能输出和PLC变量的读写。第3章灵活的NC编程，介绍了变量、间接编程、运算功能、控制功能、中断程序（ASUP）、轴交换和转移、子程序和宏指令技术。第4章编程工艺功能（循环），以ShopTurn程序为例来介绍，包括车削循环、车削轮廓循环、钻孔循环、其他循环和功能以及其他ShopTurn循环和功能。

本书没有按惯例编写编程实例应用，本人认为零件程序与具体的机床结构和组成、配置的系统功能、零件的结构、毛坯的状态、工艺的要求、用户的条件、操作者和编程员的习惯都密切相关，因此没有通用性，所以只是在具体功能介绍时加强了举例，以加深对功能的理解，相信读者会写出实用的零件程序。

西门子系统中有不少英文（缩写），这对读者的英语提出了要求。相信读者只要努力，会逐步克服语言障碍，掌握系统的功能。

书中介绍的功能并不是828D的全部功能，没有介绍的功能请阅读系统的说明书。

书中的疏漏和差错之处敬请指正。

作　者

目　录

第1章　编程基础

1.1　概述

普通机床是由操作工控制的。操作工的技能决定了机床的加工能力、质量和效率。优秀操作工是企业的宝贵财富。

数控机床是由数控系统控制的。数控系统的档次决定了机床的档次。机床的加工靠运行零件加工程序，当加工程序一定时，机床的加工能力、质量和效率不受操作者的影响，甚至可以实现无人加工。加工程序由编程员设计，对于简单或不太复杂的零件，也可以由操作者完成。又好又快地编出加工程序，可以显著提高机床的生产效率。

数控系统的编程指令是由各系统生产厂决定的，因此，即使是同一个机床厂家生产的机床，若安装不同系统生产厂家的系统，其编程是不同的。因此，本书不以机床来介绍编程，而直接介绍数控系统的编程。一般数控系统均有直线和圆弧插补功能，若编程员将加工对象处理成系统能执行的直线和圆弧，则系统就能控制机床加工出所要求的零件形状。所以，决定系统能力的是编程员，而不是操作者的技能，当然，操作者也可以是编程员。因此，编程员应努力钻研数控系统的编程功能，提高编程效率。有人统计在数控技能竞赛中，不同的编程方法其效率是不同的，试题规定编程和加工用时为6h，用参数编程，仅用4h，而用CAM编程，用6h还未完成一半。

828D系统是集车、铣、磨和冲于一体的系统。当车床的主轴变为伺服轴、刀塔上具有旋转刀具功能时，车床就变为车削中心，具有车削和铣削加工功能。本书仅介绍车削（含车削中心）编程。西门子系统的编程功能是向下兼容的，即802D的程序在828D上可以运行，828D的程序可以在840D上运行。

828D将编程功能分为两部分，一部分是基础部分，介绍符合DIN66025标准，即ISO标准的常用指令和语句；另一部分是工作准备部分，即工艺人员可以利用控制系统的专用编程语言对复杂的工件加工进行编程，例如，对自由成形曲面、通道坐标等进行编程，可提高编程效率。

828D没有提供G代码编程工艺功能（循环）编程，而是以ShopTurn程序来介绍。本书将其放在编程部分介绍。

西门子公司将编程功能分为基本功能、扩展功能和特殊功能。对一个具体的机床和所配置的系统，它所具有的功能便不再区分，都是机床具有的功能，都应该掌握。

1.2　几何原理

1.2.1　工件位置

被加工点的位置在工件坐标系中定义，在NC程序中给定。为了使机床和系统能按照

NC程序给定的位置加工，这些数据必须与标准坐标系一致，并给出机床轴的运动方向。在工件坐标系中定义被加工点，有以下几种方法：

1. 直角坐标系

在直角坐标系中给定轴的尺寸，定义坐标轴（*X*、*Y*和*Z*）的方向和数据。工件零点始终为坐标*X*0、*Y*0和*Z*0，例如，*P*1相对于工件零点的位置为*X*100 *Y*45 *Z*-5。

2. 极坐标

在定义工件位置时，还可以使用极坐标来代替直角坐标。如果一个工件或者工件中的一部分是用半径和角度标注的，则用这种方法定义就非常方便。标准尺寸的原点就是极点。极点与被加工位置之间的距离就是极坐标极径（*RP*）。极坐标极径与工作面水平轴之间的角度就是极坐标极角（*AP*）（以弧度rad计量），逆时针方向为正，顺时针方向为负。例如，*P*1可以表示为*RP*=100 *AP*=30。

3. 绝对尺寸

绝对尺寸是以当前有效的零点为基准的位置数据，绝对尺寸数据是该点的坐标位置。例如，*P*1的绝对尺寸为*X*20 *Y*35。

4. 增量尺寸

尺寸不是以零点为基准，而是以另外一个点为基准。为了避免不必要的换算，可以使用相对尺寸（增量尺寸）数据，在该尺寸系统中，位置数据分别以前一个点为基准，因此，相对尺寸是运动的距离。例如，*P*2对*P*1点的距离为*X*30 *Y*20。

1.2.2　工件平面

NC程序必须包含指定加工平面所在平面的信息，只有这样，系统才能在处理NC程序时正确计算刀具补偿值，进行圆弧插补和处理极坐标系中的数据。

每两个坐标轴就可以确定一个工作平面，而第三坐标轴垂直于该平面，并在二维加工中确定刀具的进给方向：

在NC程序中使用G指令G17、G18和G19定义工作平面。

G17定义*XY*平面。

G18定义*ZX*平面。

G19定义*YZ*平面。

第1地址为横坐标，第2地址为纵坐标，第3地址为垂直坐标。车床为G18平面。

1.2.3　零点和特征点

1. 零点

零点用双圆（同心圆）表示，有如下几种：

（1）机床零点　使用机床零点可以确定机床坐标系（MCS），所有其他零点都以机床零点为基础。机床零点表示为⊕，并用字母*M*标识。

（2）工件零点　以机床零点为基准的工件零点可以确定工件坐标系。表示为⊕，并用字母*W*标识。工件零点一般为程序零点。

（3）定位点　定位点表示为⊕，用字母*A*标识。在车床上可以与工件零点重合。

2. 特征点

特征点用单圆表示，有如下几种：

（1）参考点 它和机床零点 *M* 之间的距离必须已知，用此处的轴位置准确地设定距离值，表示为，并用字母 *R* 标识。如果该距离为零，则参考点与机床零点重合。

（2）起始点 起始点可以由程序确定，刀具从该点出发，表示为，并用字母 *B* 标识。

（3）刀架基准点 该点位于刀具夹具安装位置上，通过输入刀具长度，控制系统可以计算出刀尖（刀位点）与刀架基准点的距离，表示为，并用字母 *T* 标识。

（4）换刀点 换刀点表示在此处换刀，表示为，并用字母 *N* 标识。

1.2.4 坐标系

西门子系统的坐标系分为：

1）机床坐标系（MCS），使用机床零点 *M*。

2）基准坐标系（BCS）。

3）基准零点坐标系（BNS）。

4）可设定的零点坐标系（ENS）。

5）工件坐标系（WCS），使用工件零点 *W*。

工件坐标系与标准坐标系平行。

1. 标准坐标系

国际标准化组织（ISO）对数控机床的坐标和方向制订了统一的标准［ISO 841（1974）］，为右手直角（笛卡儿）坐标系。西门子公司根据 DIN 66217 标准（与 ISO 标准等同）使用右旋直角（笛卡儿）坐标系，用拇指、食指、中指决定坐标系，称右手“三指定则”。规定基本的直线运动坐标轴用 *X*、*Y*、*Z* 表示，围绕 *X*、*Y*、*Z* 轴旋转的坐标轴分别用 *A*、*B*、*C* 表示。规定空间直角坐标系 *X*、*Y*、*Z* 三者的关系及方向由右手定则判定，拇指、食指、中指分别表示 *X*、*Y*、*Z* 轴及其方向，*A*、*B*、*C* 的正方向用右手螺旋法则判定，即拇指分别代表 *X*、*Y*、*Z* 的正向，其余 4 指握拳代表回转轴正向。工件固定，刀具移动时采用上面规定的法则；如果工件移动，刀具不动时，正方向反向，并加“′”表示。

这样规定之后，编程员在编程时不必考虑具体的机床是工件固定，还是工件移动的情况，永远假定工件不动、刀具移动来决定机床坐标的正方向。

2. 机床坐标系（MCS）

机床坐标系由机床实际的坐标轴构成。在机床坐标系中定义参考点、刀具点和托盘更换点（机床固定点）。

机床坐标系的零点由机床生产厂家确定。

机床坐标系一般不用于零件加工编程。

3. 基准坐标系（BCS）

不带运动转换的机床，例如，TRANSMIT/TRACYL 转换，若将 BCS 投影到 MCS 上时，则二者是重合的。在该机床上，机床轴与几何轴可以使用相同的名称。

带运动转换的机床，若将BCS投影到MCS，则二者将不重合。在该机床上，机床轴与几何轴必须使用不同的名称。

编程总是在工件坐标系（WCS）中进行。但在加工时，若使用回转轴或非垂直结构的直线轴，即使用倾斜轴的机床时，为了使WCS中编程的坐标投影到实际的机床轴运动中，需要用到运动转换。

4. 基准零点坐标系（BNS）

基准零点坐标系（BNS）由基准坐标系（BCS）偏移后得到。基准偏移表示BCS和BNS之间的坐标转换，由以下几部分组成：

1）外部零点偏移。

2）DRF（手轮偏移）。

3）链接的系统框架。

4）链接的基准框架。

基准偏移可以确定例如托盘零点等的数据。

5. 可设定的零点坐标系（ENS）

通过可设定的零点偏移，可以由基准零点坐标系（BNS）得到可设定的零点坐标系（ENS）。在NC程序中使用G指令G54～G57和G505～G599来激活可设定的零点偏移。

当可编程的坐标转换（框架）未激活时，ENS即为工件坐标系（WCS）。在一个NC程序中，有时需要将原先选定的工件坐标系或者可设定零点坐标系，通过位移、旋转、镜像或缩放定位到另一个位置，这可以通过可编程的坐标转换（框架）进行。可编程的坐标转换（框架）总是以可设定的零点坐标系为基准。

6. 工件坐标系（WCS）

在工件坐标系（WCS）中给出一个工件的几何尺寸，NC程序中的数据以工件坐标系为基准。

工件坐标系始终是直角坐标系，并与具体的工件相联系。

7. 各种坐标系之间的相互关系

各种坐标系之间的相互关系如下：

其中：

1）如果运动转换未激活，即机床坐标系与基准坐标系重合。

2）通过基准偏移得到带有托盘零点的基准零点坐标系（BNS）。

3）通过可设定的零点偏移G54或G55来确定工件1或工件2的可设定零点坐标系（ENS）。

4）通过可编程的坐标转换确定工件坐标系（WCS）。

1.2.5　进给轴

在编程时可以有以下几种轴：机床轴、通道轴、几何轴、辅助轴、轨迹轴、同步轴、定位轴、指令轴（同步运行）、PLC 轴、链接轴和引导链接轴。

其中，几何轴、同步轴和定位轴可以编程。

轨迹轴根据编程指令以进给率 *F* 运行。

同步轴与轨迹轴同步运行，运行时间与所有轨迹轴相同。

定位轴与所有其他的轴异步运行，其运行不受轨迹轴和同步轴运行的影响。

指令轴与所有其他的轴异步运行，其运行不受轨迹轴和同步轴的影响。

PLC 轴受 PLC 控制，可以与所有其他的轴异步运行，其运行不受轨迹轴和同步轴运行的影响。

1. 主要轴/几何轴

主要轴确定了一个右手直角坐标系（也称右旋直角坐标系），在该坐标系可以编程刀具运行。在 NC 工艺中，将主要进给轴称为几何轴。

可转换的几何轴，该轴对零件程序中通过机床数据配置的几何轴进行修改。

轴名称，几何轴 *X*、*Z* 和 *Y*。

在对框架和工件几何尺寸（轮廓）进行程序设计时，最多可以使用 3 个几何轴，只要能进行映射，几何轴和通道轴的名称允许相同。在每个通道中，几何轴和通道轴名称可以相同，可以执行同样的程序。

2. 辅助轴

与几何轴相反，在辅助轴中没有定义这些轴之间的几何关系。典型的辅助轴有：刀具转塔轴和加料机轴。

3. 主轴、主主轴

哪个轴为主要主轴由机床运动特性确定，通常通过机床数据将该主轴定义为主主轴。该定义可以通过程序指令 SETMS（<主轴编号>）更改。编程 SETMS 时，如果未设定主轴编号，则切换回机床数据中确定的主主轴。某些功能，比如螺纹切削，只适用于主主轴。

4. 机床轴

机床轴指的是在机床上实际存在的轴，进给轴的运行也可通过转换分配到机床轴。如果为机床设置了转换，则必须在开机调试时（指机床制造商）确定不同的轴名称。仅在特殊的情况下才对机床轴名称进行编程，比如在返回参考点或固定挡块时需编程轴名称。

轴名称可以通过机床数据设定，默认设定中名称为 *X*1，*Y*1，*Z*1，*A*1，*B*1，*C*1，*U*1，*V*1。此外，还有始终可以使用的特定轴名称：*AX*1，*AX*2，...，*AX*<n>。

5. 通道轴

通道轴指的是一个通道中运行的所有轴。轴名称为 *X*，*Y*，*Z*，*A*，*B*，*C*，*U*，*V*。

6. 轨迹轴

轨迹轴描述了轨迹行程及空间内的刀具运行，编程的进给率在该轨迹方向一直有效。参加该轨迹的进给轴同时到达其位置。通常它们是几何轴，但哪些轴为轨迹轴并可以影响速度由默认设置定义。在 NC 程序中，可以使用 FGROUP 设定轨迹轴。

7. 定位轴

定位轴单独插补，也就是说，每个定位轴有自己的轴插补器和进给率。定位轴不与轨迹轴一同插补。定位轴由 NC 程序或者 PLC 运行。如果一个轴同时由 NC 程序和 PLC 运行，则输出报警。典型的定位轴有：工件上下料的装料机，刀库/刀塔。

其区别在于定位轴是同步到达程序段终点，还是通过多个程序段到达终点。指令如下：

POS 轴：当所有在该程序段中编程的轨迹轴和定位轴到达它们编程的终点后，在程序段结束处执行程序段切换。

POSA 轴：定位轴的运动持续多个程序段。

POSM 轴：刀库定位。

POSP 轴：定位轴分段运行至终点位置（摆动）。

注意，没有特殊标识 POS/POSA 的定位轴变为同步轴运行。只有当定位轴（POS）在轨迹轴之前到达其终点位置时，轨迹轴才可以使用连续路径运行（G64）。POS/POSA 编程的轨迹轴从轨迹轴组中撤出，用于此程序段。

8. 同步轴

同步轴的运行和轨迹行程同步，即从起点开始到编程的终点位置。在 F 中编程的进给率适用于所有在程序段中编程的轨迹轴，但是不适用于同步轴。同步轴运行时间与轨迹轴相同。比如同步轴可以是一个回转轴，它与轨迹插补同时运行。

9. 指令轴

在同步工作中，指令轴通过一个事件（指令）启动，它们可能会与零件程序完全异步地定位、启动和停止。一个轴不能同时在零件程序和同步动作中运行。指令轴单独插补，也就是说，每个指令轴有自己的轴插补器和进给率。

10. PLC 轴

PLC 轴由 PLC 通过主程序中特殊的功能块运行，可以与所有其他的轴异步运行。其运行不受轨迹和同步运行的影响。

11. 链接轴

链接轴与另一个 NCU 以物理形式相连，并处于位置闭环中。链接轴可以动态地分配至另一个 NCU 通道，对于特定的 NCU，链接轴不是本地轴。

轴容器方案用于动态变更对 NCU 的分配。在零件程序中通过 GET 和 RELEASE 进行的轴交换不适用于链接轴。其前提条件是：①相关的 NCU1 和 NCU2 必须通过链接模块进行快速通信。②轴必须通过机床数据进行相应的配置。③必须选择了“链接轴”选项。

位置闭环位于轴与驱动物理连接的 NCU 上，相应的轴 VDI 接口也位于该 NCU 上。链接轴的位置设定值在另一个 NCU 上生成，并通过 NCU 链接进行通信。

通过链接通信实现插补器与位置控制器以及 PLC 接口之间的协同运行。必须将通过插补器计算的设定值传输到源 NCU 上的位置环中，或必须将实际值重新传回去。

轴容器是指一种环形缓冲数据结构，其中进行本地轴/链接轴和通道轴的分配，环形缓冲器中的记录为循环浮动。

12. 引导链接轴

引导链接轴是指一个轴通过一个 NCU 插件，将一个或多个其他的 NCU 作为引导轴使用，用于引导跟随轴。与引导链接轴相联系的 NCU 可使用以下引导链接轴的耦合：①引导值（设定值、实际值、模拟引导值）。②耦合运动。③同步主轴。

引导 NCU：只有物理分配了引导值的轴的 NCU 才可以为该轴编程运行指令，编程不必考虑特殊情况。

跟随轴的 NCU：在跟随轴的 NCU 中编程时，不可为引导链接轴（引导值轴）编程运行指令，否则报警。

引导链接轴通过通道轴名称按通常的方式应用，引导链接轴的状态可以通过所选择的系统变量进行存取。

下面的系统变量可以与引导链接轴的通道轴名称一起使用：

$AA_LEAD_SP：模拟的引导值_位置。

$AA_LEAD_SV：模拟的引导值_速度。

1.3 编程规则

各系统生产厂家规定的编程规则是不同的，因此零件加工程序互不相同。西门子系统的 NC 程序要求符合 DIN66025 标准。

NC 程序可以分为主程序和子程序。一般程序按主程序运行，当遇到子程序时，按子程序运行，运行结束后返回主程序继续运行，直至程序结束。

程序由程序名、若干程序段和程序结束符组成。

1.3.1 程序名

1. 程序命名规则

每个 NC 程序要有一个名称（标识符）。在创建程序时要按照下列规则选择：

（1）名称的长度不得超过 24 个字符　在 NC 屏幕上只能显示 24 个字符。

（2）允许使用的字符

1）字母，大小写均可，A～Z，a～z。

2）数字 0～9。

3）下划线_。

（3）程序名开始的两个字符

1）两个字母。

2）一条下划线和一个字母。

例：_MPF100，WELLE，WELL_2。

当满足该条件时，才能通过程序名称将 NC 程序作为子程序从其他程序中进行调用。若程序名称用数字开头，子程序调用只能通过 CALL 指令进行。

2. 穿孔带格式文件

通过 V24 接口读入到 NC 中的外部创建的程序文件，必须以穿孔带格式保存。对于穿孔带格式文件的名称，其附加规则如下：

1）程序名称必须以字符“%”开始，即% <名称>。

2）程序名称必须有一个 3 位长度的标识，即% <名称>_×××。例如：%Flansch_MPF。

3）存储在 NC 程序存储器内部的文件，其名称以“_N_”开始。例如：%_N_轴123_MPF。

1.3.2　程序分量

每个程序段都包含有工件加工时执行加工步骤的数据。

1. 符合 DIN66025 的指令

符合 DIN66025 的指令由一个地址符和一个数字或者一串数字组成，它们表示一个算术值。

地址符（通常为一个字母）用来定义指令的含义。例如：

G，即 G 功能（准备功能）。

X，用于 *X* 轴的行程信息。

S，指定主轴转速。

数字串表示赋给该地址的值。数字串可以包含一个符号和小数点。符号位于地址字母和数字串之间，正号（+）和后续的零（0）可以省去。例，G1 X-50 S2000。

2. NC 高级语言元素

由于 DIN66025 所规定的指令程序段已经无法应对先进机床上的综合加工过程编程，因此将 NC 高级语言元素扩展到程序段中。其中包括：

（1）NC 高级语言指令　与 DIN66025 指令不同，NC 高级语言指令由多个地址符构成。例如：OVR，用于转速补偿（倍率）。SPOS，用于主轴定位。

（2）标识符（定义的名称）　用于系统变量，用户定义变量，子程序，关键字，跳转标记，宏。

注意：标识符必须唯一，不可以用于不同的对象。

（3）比较运算符、逻辑运算、运算功能和控制结构　详见第 3 章　灵活的 NC 编程。

3. 指令的有效性

指令分模态指令和程序段方式指令：

（1）模态指令　模态有效的指令可以一直保持编程值的有效性，在所有后续程序段中一直有效，直到编程新值或编程一个使它失效的指令。

（2）程序段方式指令　程序段方式有效的指令仅在编程的程序段中有效。

1.3.3　程序段规则

1. 程序段开始

程序段可以在其开始处使用程序段号进行标识。程序段号由一个字符“N”和一个正整数构成。例：N40。

程序段号的顺序可以任意，推荐使用升序的程序段号。

在一个程序中程序段号必须唯一，这样在查找时会有一个明确的结果。

2. 程序段结束

程序段以字符“LF”（换行符）结束。

字符“LF”可以省略，可以通过换行自动生成。

3. 程序段长度

一个程序段可以包含最多 512 个字符，包含注释和程序段结束符“LF”。

在通常情况下，在屏幕上一次显示 3 个程序段，每个程序段最多 66 个字符。注释也同样显示。信息则在独立的信息窗口显示。

4. 指令的顺序

为了使程序段结构清晰明了，程序段中的指令应按如下顺序排列：

N... G... X... Y... Z... F... S... T... D... M... H...

有些地址可以在一个程序段中多次使用，比如 G、M、H。

1.3.4 赋值规则

有些地址采用下列规则赋值：

1）当地址是由几个字符构成，或值由几个常数构成时，地址与值之间必须写入符号“=”（等号）。

如果地址是单个字母，并且值仅由一个常量构成，则可以不写符号“=”。

2）允许使用正负号。

3）可以在地址字符之后使用分隔符。

例：X10 ；给单个地址 X 赋值，不要求写“=”符号

X1=10 ；地址(X)带扩展数字(1)，赋值(10)要求写“=”符号

X=10*(5+SIN(37.5)) ；通过表达式进行赋值，要求写“=”符号

在数字扩展后必须紧跟“=”，“(”，“[”，“)”，“]”，“,”等符号中的一个，或者一个运算符，从而可以把带数字扩展的地址与带数值的地址字母区分开。

1.3.5 注释

为了使 NC 程序更容易理解，可以在 NC 程序段加上注释。注释放在程序段的结束处，并且用分号“;”将其与程序部分隔开。

例：N10 ；公司 G&S，任务号 12A71

N20 ；程序由 Mueller 先生编制，部门 TV4，时间 94.11.21

N50 ；零件号 12，潜水泵壳体，型号 TP23A

N70 G1 F100 X10 Y20 ；解释 NC 程序段的注释

注释语句被存储，并在程序运行时显示在程序段之后。

1.3.6 信息显示（MSG）

通过编程提示信息，操作人员可以在程序运行时了解当前的加工情况。编程：

MSG（“<信息文本>”）

MSG（）

其中：

MSG：信息文件编程的关键字；

<信息文本>：作为信息显示的字符串。

一个信息文本的长度最多可以为 124 个字符，分为两行显示（每行 62 个字符）。

在一个提示信息文本之内也可以显示变量的内容。

通过编程无信息文本的 MSG（）可以清除一条信息。

例 1：激活/清除信息

```
N10 MSG (“轮廓粗加工”)                          ; 激活信息
N20 X... Y...
N...
N90 MSG ()                                      ; 清除 N10 程序段中编写的信息
```

例 2：信息文本包含变量

```
N10 R12 = $AA_IW[X]                             ; R12 中 X 轴的当前位置
N20 MSG (“X 轴的位置” << R12 << “检查”)         ; 激活信息
N...
N90 MSG ()                                      ; 清除 N20 程序段中的提示信息
```

1.3.7 程序段跳过

每次程序运行时对不需要执行的程序段可以跳过，编程时，在程序段号之前用“/”（斜线）标记要跳过的程序段。也可以几个程序段连续跳过。跳过的程序段中的指令不执行，程序从其后的程序段继续执行。

可以为程序段分配跳过级（0 ~ 9，最大为 10 级），通过操作界面将其激活。编程时可以在斜线后面加入跳过级的数字。每个程序段只能给定一个跳过级。

“/”与“/0”相同，为 1 级，“/1”为 2 级，“/9”为 10 级。

使用系统变量和用户变量也可以改变程序运行过程，用于有条件跳转。

1.3.8 程序结束

在加工程序中，最后一个程序段包含一个特殊字 M2、M17 或者 M30 时，表明程序结束。

1.4 程序创建

1.4.1 基本步骤

编程本身是指用 NC 语言实现单个加工步骤，这仅仅是编程员工作的很小部分。在开始真正进行编程之前，加工步骤的计划和准备非常重要，事先对 NC 程序的导入和结构考虑得越是细致，则编程速度就越快，所编程序就越明了正确。层次清晰的程序在以后的修改时会带来很多方便。

由于加工的零件外形不同，所以没有必要使用同一个方法来编制每一个程序。编程的基本步骤如下。

1. 工件图样准备

1）确定工件零点。

2）画出坐标系。

3）计算缺少的坐标。

2. 确定加工过程

1）何时使用何种刀具加工哪个轮廓。

2）确定加工工件各部位的顺序。

3）哪个部分重复出现，是否存放到子程序中。

4）在其他零件程序或子程序中是否有当前工件可以重复使用的部件轮廓。

5）在何处必须使用零点偏移、旋转、镜像、比例（框架）。

3. 编制操作的顺序

确定机床加工过程的各个步骤。

1）用于定位的快速移动。

2）换刀。

3）确定工作平面。

4）检测时空运行。

5）开关主轴、切削液。

6）调用刀具数据。

7）进刀。

8）轨迹补偿。

9）返回到轮廓。

10）离开轮廓快速提刀等。

4. 使用NC语言翻译工作步骤

把每个工作步骤写为一个NC程序段或多个NC程序段。

把所有单个的工作步骤汇编为一个程序。

1.4.2　可用字符

编程时可用下列字符：

1）大写字母A～Z。

2）小写字母a～z。

3）数字0～9。

4）特殊符号：程序起始符（%），括号（圆或方），比较符，运算符，引号（双或单），系统变量（$），下划线（_），小数点（.），逗号（,），分号（;），格式化符（&），程序段结束（LF），分隔符，制表符，空格键等。

1.4.3　程序头

在真正产生工件轮廓运动程序段之前的程序段叫程序头，其包含下列信息和指令：

1）换刀。

2）刀具补偿。

3）主轴旋转。

4）进给控制。

5）几何设置（零点偏移，工件平面选择）。

例1：典型的程序头结构。

```
N10 G0 G153 X 200 Z500 T0 D0      ; 在刀具转塔旋转之前，刀架退回
N20 T5                            ; 刀具5向内旋转
```

```
N30 D1                                  ；激活刀沿 1
N40 G96 S300 LIMS=3000 M4 M8            ；恒定的切削速度（VC）=300m/min，转速限制=3000r/min，转向左，冷却打开
N50 DIAMON                              ；X 轴直径编程
N60 G54 G18 G0 X82 Z0.2                 ；调用零点偏移和工件平面，返回起始位置
⋮
```

例 2：当使用坐标转换进行加工时，应在程序开始处取消仍可能有效的转换

```
N10 CYCLE800（）                        ；旋转平面复位
N20 TRAFOOF                             ；用 TRANSMIT，TRACYL，…时进行复位
⋮
```

1.4.4　程序例

例 1：用来在 NC 执行第一个编程步骤并进行测试。操作步骤如下：

1）新编程零件程序（名称）。

2）编辑零件程序。

3）选择零件程序。

4）激活单个程序段。

5）启动零件程序。

程序如下：

```
N10 MSG（"DAS IST MEIN NC_PROGRAMM"）   ；信息显示在报警区
N20 F200 S900 T1 D2 M3                  ；进给率，主轴，刀具，刀具补偿，主轴旋转
N30 G0 X100 Z120                        ；快速回位
N40 G1 X120                             ；直线进给
N50 Z100
N60 X150
N70 Z80
N80 G0 X300 Z300                        ；快速退回
N100 M30                                ；程序结束
```

例 2：用于在车床上加工工件的设置，它包括半径编程和刀具半径补偿。工件如图 1-1 所示。

程序如下：

```
N5 G0 G53 X280 Z380 D0                  ；起始点
N10 TRANS X0 Z250                       ；零点偏移
N15 LIMS=4000                           ；转速限制（G96）
N20 G96 S250 M3                         ；选择恒定切削速度
N25 G90 T1 D1 M8                        ；选择刀具和补偿
```

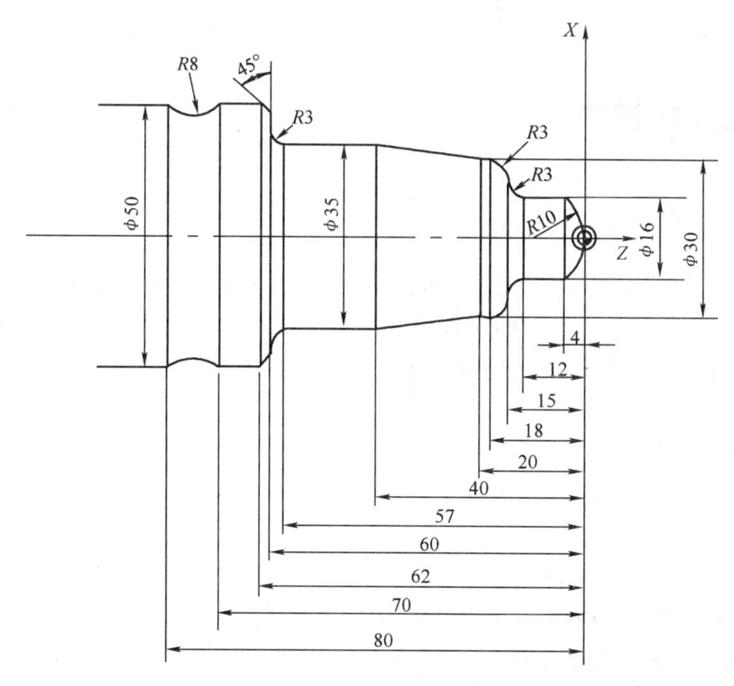

图 1-1 工件例图

```
N30 G0 G42 X-1.5 Z1                 ；使用刀具半径补偿
N35 G1 X0 Z0 F0.25
N40 G3 X16 Z-4 I0 K-10              ；车削半径 10
N45 G1 Z-12
N50 G2 X22 Z-15 CR=3                ；车削半径 3
N55 G1 X24
N60 G3 X30 Z-18 I0 K-3              ；车削半径 3
N65 G1 Z-20
N70 X35 Z-40
N75 Z-57
N80 G2 X41 Z-60 CR=3                ；车削半径 3
N85 G1 X46
N90 X52 Z-63
N95 G0 G40 G97 X100 Z50 M9          ；撤销刀具半径补偿，返回换刀位置
N100 T2 D2                          ；调用刀具 2 并选择刀补
N105 G96 S210 M3                    ；选择恒定切削速度
N110 G0 G42 X50 Z-60 M8             ；使用刀具半径补偿
N115 G1 Z-70 F0.12                  ；车削直径 50
N120 G2 X50 Z-80 I6.245 K-5         ；车削半径 50
N125 G0 G40 X100 Z50 M9             ；退刀，取消刀具半径补偿
N130 G0 G53 X280 Z380 D0 M5         ；回换刀点
```

```
N135 M30                              ; 程序结束
```

1.5 文件和程序管理

1.5.1 程序存储器

文件和程序（例如主程序、子程序和宏指令定义）将永久保存在程序存储器中（被动文件系统）。此外，还有一些类型的文件可以临时保存在这里，并且在需要时传送到工作存储器中，例如当加工某些特定的工件时，用于初始化目的。

1. 标准目录

一般情况下有以下目录：

_N_DEF_DIR：数据块和宏指令块。

_N_CST_DIR：标准循环。

_N_CMA_DIR：机床制造商循环。

_N_CUS_DIR：用户循环。

_N_WKS_DIR：工件程序。

_N_SPF_DIR：全局子程序。

_N_MPF_DIR：主程序。

_N_COM_DIR：注释。

2. 文件类型

在程序存储器中可以有以下文件类型：

name_MPF：主程序。

name_SPF：子程序。

name_TEA：机床数据。

name_SEA：设定数据。

name_TOA：刀具补偿。

name_UFR：零点偏移/框架。

name_INI：初始化文件。

name_GUD：全局用户数据。

name_RPA：*R* 参数。

name_COM：注释。

name_DEF：全局用户数据和宏指令定义。

3. 工件主目录（_N_WKS_DIR）

工件主目录以默认名称_N_WKS_DIR 建立在程序存储器中，工件主目录包含所有编程工件的相应工件目录。

4. 工件目录（…_WPD）

为了灵活处理数据和程序，可以把某些数据和程序打包，或者存放在单独的工件目录下。

工件目录包含加工工件时所需要的所有文件。它可以是主程序、子程序、任意初始化程序和注释文件，在选中程序后，第一次零件程序开始时一次性执行初始化程序（根据机床数据 MD11280 $MN_WPD_INI_MODE）。

例：工件目录_N_WELLE_WPD 为工件 WELLE 所建立，包含有下列文件：

_N_WELLE_MPF：主程序。

_N_PART2_MPF：主程序。

_N_PART1_SPF：子程序。

_N_PART2_SPF：子程序。

_N_WELLE_INI：工件数据的常规初始化程序。

_N_WELLE_SEA：设定数据初始化程序。

_N_PART2_INI：程序第 2 部分数据的常规初始化程序。

_N_PART2_UFR：用于程序第 2 部分框架文件的初始化程序。

_N_WELLE_COM：注释文件。

5. 在外部计算机上建立工件目录

可以在一个外部数据站中编制工件目录。然后，在控制系统中管理该文件和程序（由 PC 到控制系统）。

（1）建立带路径说明（$PATH = …）的工件目录　在某个文件的第二行中，使用 $PATH = 指定目标路径。文件保存在所说明的路径下。

例：

```
%_N_WELLE_MPF
; $PATH =/_N_WKS_DIR/_N_WELLE_WPD
N10 G0 X... Y...
⋮
M2
```

文件_N_WELLE_MPF 保存在目录/_N_WKS_DIR/_N_WELLE_WPD 中。

（2）建立不带路径说明的工件目录　如果没有路径说明，则扩展名为_SPF 的文件保存在目录/_N_SPF_DIR 中，扩展名为_INI 的文件保存在工作存储器中，其他文件保存在目录/_N_MPF_DIR 中。

例：

```
%_N_WELLE_SPF
⋮
M17
```

文件_N_WELLE_SPF 保存在目录/_N_SPF_DIR 中。

6. 选择用于加工的工件程序

可以为一个通道中的加工选择一个工件目录。如果在该目录中有一个同名主程序或者只有一个唯一的主程序（_MPF），就自动选择该程序来执行。

7. 在调用零件程序时编程查找路径

如果在调用某个子程序（或者初始化文件）时没有在零件程序中明确指定调用路径，则调用程序就会根据默认查找路径进行查找。

（1）子程序调用，带绝对路径说明

例：

```
⋮
CALL "/_N_CSF_DIF/_N_CYCLE1_SPE"
```

⋮

(2) 子程序调用，不带绝对路径说明　在正常情况下不用说明路径即可调用程序

例：⋮

CYCLE1

⋮

根据以下的顺序在目录中查找调用的程序：

1）当前目录/名称；工件主目录或者标准目录_N_MPF_DIR。

2）当前目录/名称_SPF。

3）当前目录/名称_MPF。

4）/_N_SPF_DIR/名称_SPF；全局子程序。

5）/_N_CUS_DIR/名称_SPF；用户循环。

6）/_N_CMA_DIR/名称_SPF；机床制造商循环。

7）/_N_CST_DIR/名称_SPF；标准循环。

8. 编程子程序调用时的查找路径（CALLPATH）

在调用子程序时可以使用零件程序指令 CALLPATH 扩展查找路径。

例：CALLPATH（“/_N_WKS_DIR/_N_MYWPD_WPD”）

⋮

根据所指定的编程将查找路径保存在位置 5 即用户循环之前。

1.5.2　工作存储器（CHANDATA，COMPLETE，INITIAL）

工作存储器包含当前的系统数据和用户数据，控制系统以此数据运行（有源文件系统），例如，激活的机床数据、刀具补偿数据、零件偏移等。

1. 初始化程序

工作存储器数据可以预置（初始化）时的编程，可以使用以下的文件类型：

name_TEA：机床数据。

name_SEA：设定数据。

name_TOA：刀具补偿。

name_UFR：零点偏移/框架。

name_INI：初始化文件。

name_GUD：全局用户数据。

name_RPA：*R* 参数。

所有文件类型的信息可参阅操作界面。

2. 数据区

数据可划分为不同的区。例如，某个控制系统可以有多个通道，通常也可拥有多个轴。根据标记，数据区有：

NCK：NCK 专用数据。

CH <n>：通道特有的数据（<n>用来指定通道号）。

AX <n>：轴特有的数据（<n>用来指定加工轴的编号）。

TO：刀具数据。

COMPLETE：所有数据。

3. 在外部计算机上生成初始化程序

利用数据区标志和数据类型标志，可以确定数据保护时视作数组的数据区：

_N_AX5_TEA_INI：用于第5轴的机床数据。

_N_CH2_UFR_INI：通道2框架。

_N_COMPLETE_TEA_INI：所有机床数据。

系统开机调试之后，在工作存储器中有一个数据组，它保证控制系统正常运行。

4. 多通道控制系统的工作步骤（CHANDATA）

用于多通道的CHANDATA（<通道号>）仅在文件N_INITIAL_INI中允许使用，这是调试文件，用来初始化控制系统的所有数据。

例：%_N_INITIAL_INI

```
CHANDATA (1)                              ; 加工轴分配通道1
 $MC_AXCONF_MACHAX_USED[0]=1
 $MC_AXCONF_MACHAX_USED[1]=2
 $MC_AXCONF_MACHAX_USED[2]=3
CHANDATA (2)                              ; 加工轴分配通道2
 $MC_AXCONF_MACHAX_USED[0]=4
 $MC_AXCONF_MACHAX_USED[1]=5
CHANDATA (1)                              ; 轴向机床数据
 $MA_STOP_LIMIT_COARSE[AX1]=0.2           ; 粗准停窗口，轴1
 $MA_STOP_LIMIT_COARSE[AX2]=0.2           ; 轴2
 $MA_STOP_LIMIT_FINE[AX1]=0.01            ; 精准停窗口，轴1
 $MA_STOP_LIMIT_FINE[AX2]=0.01            ; 轴2
```

在零件程序中，只可以将CHANDATA指令设置给执行NC程序的通道，也就是说，可以将该语句用来防止NC程序在非配置的通道上执行。在故障时停止程序执行。

在工作表中的INI文件不含CHANDATA指令。

5. 保存初始化程序（COMPLETE，INITIAL）

在工作存储器中的文件可以保存到一个外部PC中，并可以从那里再次读入。

1）使用COMPLETE备份文件。

2）使用INITIAL通过所有范围生成一个INI（_N_INITIAL_INI）文件。

6. 读入初始化文件

如果读入名称“INITIAL_INI”的文件，则对所有文件中未提供的数据用标准数据进行初始化，只有机床数据除外，它提供设置数据、刀具数据、NPV、GUD值等，还提供标准数据（一般情况下为“零”）。

为了读入单独的机床数据，例如适用于文件COMPLETE_TEA_INI的数据，在该文件中控制系统仅等待机床数据。在这种情况下，其他数据范围保持不变。

7. 加载初始化程序

如果INI程序仅使用一个通道的数据，则它也可以作为零件程序选择并调用，因此也就可以初始化程序控制的文件。

1.5.3 步进编辑器中的结构化指令（SEFORM）

结构化指令 SEFORM 在步进编辑器（基于编辑器的程序支持）中处理，从中生成步进画面，用于 HMI_高级。步进画面用于改善 NV 子程序的可读性。

指令：SEFORM（<段名称>，<级面>，<图标>）

其中：

SEFORM（）：通过参数<段名称>，<级面>，<图标>进行结构化指令功能调用。

<段名称>：工作步骤名称，字符串。

<级面>：主级面或者子级面索引。主级面：0；子级面：1，...，<n>。

<图标>：图标名称，显示用于该文件，字符串。

SEFORM 指令在步进编辑器中产生。用参数<段名称>传递的字符串与主运行同步，存放在 BTSS 变量中（与 MSG 指令类似）。在下一次 SEFORM 指令改写之前，该信息保持不变。使用复位键或零件程序结束时删除该内容。

参数<级面>和<图标>在执行零件程序时，由 NCK 检查，但是不继续处理。

第 2 章　NC 代码编程指令

G 代码分组见附录。

2.1　换刀

在车削机床上的刀具装在刀塔上，仅使用 T 指令将刀具转到加工位，可以不用 M 指令进行换刀。

在换刀时，自动激活在 D 代码下所存储的刀具补偿值，因此必须对相应的工件平面进行编程（初始设置为 G18），以确保刀具长度补偿分配到正确的轴上。

在西门子系统中，用 T 代码管理刀具，用 D 代码指定刀具补偿。只要指定 T 代码，则 D1 是自动生效的，D1 中的刀具长度补偿也是自动生效的，而且只是加补偿。

2.1.1　无刀具管理情况下的换刀

在带有刀塔的车床上，通过编程 T 指令可以直接进行换刀，刀具选择指令：

T <编号>

T = <编号>

T <n> = <编号>

取消选择刀具，编程：

T0

T0 = <编号>

其中：T：进行刀具选择的指令，包括了换刀及激活刀具补偿。

<n>：主轴编号作为地址扩展，在多主轴的机床上使用。

<编号>：刀具编号 0～32000。实际编号范围取决于机床的配置。

T0：取消已激活的刀具。

例：
```
N10 T1 D1          ; 换入刀具 T1 并激活刀具补偿 D1
⋮
N70 T0             ; 取消选择刀具 T1
```

2.1.2　使用刀具管理选件的换刀

使用刀具管理功能，通过监控刀具使用时间以及机床停机时间，按刀具所分配的数据，考虑刀具当前的状态来替换刀具，避免废品。

在刀具管理被激活的机床上，各刀具必须用名称和编号来设置唯一标识，例如“钻头 3”。这样就可以通过刀具名称进行刀具调用。例如：T = “钻头”。刀具名称不允许包含特殊字符。

在有转塔的车床上，通过编程 T 指令可以直接进行换刀，刀具选择指令：

T = <刀位>

T = <名称>

T <n> = <刀位>

T <n> = <名称>

取消选择刀具，编程 T0（刀位未占用）。

其中：<刀位>：刀位编号。

<名称>：刀具名称。

T 与 <n> 的含义同前。

如果在刀库中所选择的刀位未被占用，则刀具指令的作用与 T0 相同。选择没有占用的刀位，用于定位空刀位。

例：转塔刀库中刀位 1 ~20，刀具占用情况见表 2-1。

表 2-1　刀具占用表

位　　置	刀　　具	刀具组	状　　态
1	钻头，双编号 =1	T15	禁用
2	未占用		
3	钻头，双编号 =2	T10	使能
4	钻头，双编号 =3	T1	激活
5 ~20	未占用		

编程：N10 T =1，调用处理如下：

1）观察刀位 1，且获取刀具名称。

2）刀具管理识别出该刀具被禁用，因而不能使用。

3）按照设定好的查找方案开始查找刀具 T = “钻头”：查找被激活的刀具，否则使用下一个更大的双编号。

4）找到可使用的刀具：“钻头”，双编号 3（位于刀位 4）。

刀具选择结束，开始进行换刀。

在使用查找方案取出组中第一个可用的刀具时，必须在可换入的刀具组内定义顺序。在这种情况下换入组 T10，因为 T15 被禁止。

使用查找方案取出组中第一个状态为有效的刀具，换入 T1。

2.2　刀具补偿

2.2.1　刀具补偿的常用信息

使用刀具补偿，在编程时无需考虑刀具尺寸（例如车刀和铣刀的半径和刀具长度等），而直接用工件尺寸，例如：用加工图样尺寸进行编程。在加工时，控制系统自动修正位移行程，使其能够加工出工件要求的轮廓。

为了使控制系统能够对刀具尺寸进行计算，必须将刀具参数记录到控制系统的刀具补偿存储器中，通过 NC 程序仅调用所需要的刀具（T）以及所需要的补偿（D）。在加工过程中，控制系统从刀具补偿存储器中调用相应的刀补参数，获得不同的刀具轨迹。

2.2.2　刀具长度补偿

使用刀具长度补偿可以消除不同刀具之间的长度差别。刀具长度是指刀架基准点与刀位点之间的距离，如图 2-1 所示。测量出这个长度，然后与可设定的磨损量一起输入到控制系统的刀具补偿存储器中，控制系统据此计算出进刀时的移动量。刀具长度补偿值与刀具在空间的定向有关。

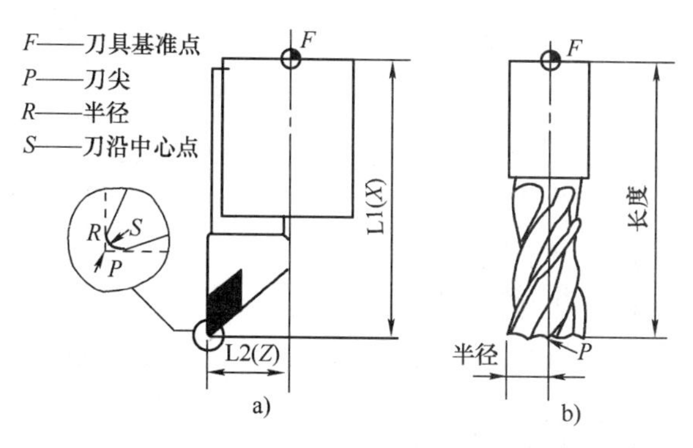

图 2-1　刀具长度与半径
a）车刀　b）铣刀

2.2.3　刀具半径补偿

轮廓与刀具路径不相同时，铣刀或者车刀刀沿中心必须在一条与轮廓等距的轨迹上运行。此时，控制系统需要使用刀具补偿存储器中的刀具类型和半径数据。进行加工时，编程的刀具刀位点轨迹取决于刀沿位置、刀具半径和加工方向，移动时使刀沿精确地沿着所需的轮廓运行。详细内容参见 2.11.1 刀具半径补偿。

2.2.4　刀具补偿存储器

在控制系统的刀具补偿存储器中必须保存有每个刀具刀沿的下列数据：

1）刀具类型。

2）刀沿位置。

3）几何刀具尺寸（长度、半径）。

这些数据被记录为刀具参数（最大 25 个）。刀具需要哪些参数，取决于刀具的类型。对于不需要的刀具参数，将其分配数值“零”。一旦在刀具补偿存储器填入数值，则每次调用刀具时都会进行计算。铣刀（车刀）的刀具参数见表 2-2。

表 2-2　铣刀（车刀）刀具参数

刀具参数编号（DP）	系统变量表	注
$TC_DP1	刀具类型	
$TC_DP2	刀沿位置	仅用于车刀
几何尺寸	长度补偿	
$TC_DP3	长度 1	车刀为 X 轴值

续

刀具参数编号(DP)	系统变量表	注
$TC_DP4	长度 2	车刀为 Z 轴值
$TC_DP5	长度 3	
几何尺寸	半径	
$TC_DP6	半径 1/长度 1	车刀为刀尖半径
$TC_DP7	长度 2/圆锥形铣刀的拐角半径	
$TC_DP8	铣刀的倒圆半径 1	铣刀/3D 端面铣
$TC_DP9	倒圆半径 2	备用
$TC_DP10	刀具端面长度 1	圆锥形铣刀
$TC_DP11	刀具纵轴角度 2	圆锥形铣刀
磨损	长度和半径补偿	
$TC_DP12	长度 1	车刀为 X 轴值
$TC_DP13	长度 2	车刀为 Z 轴值
$TC_DP14	长度 3	
$TC_DP15	半径 1/长度 1	车刀为刀尖半径
$TC_DP16	长度 2/圆锥形铣刀的拐角半径	
$TC_DP17	铣刀的倒圆半径 1	铣刀/3D 端面铣
$TC_DP18	倒圆半径 2	备用
$TC_DP19	刀具端面角度 1	圆锥形铣刀
$TC_DP20	刀具纵轴角度 2	圆锥形铣刀
基本尺寸/适配器	长度补偿	
$TC_DP21	长度 1	车床为 X 轴值
$TC_DP22	长度 2	车床为 Z 轴值
$TC_DP23	长度 3	
工艺		
$TC_DP24	后角	仅用于车刀
$TC_DP25		备用

1. 刀具类型

根据钻头、铣刀或车刀等刀具类型，确定需要哪些几何数据，以及如何计算这些数据。

2. 刀沿位置

刀沿位置仅用于车刀，用来说明刀尖 P 相对于刀沿中心点 S 的位置，与刀沿半径一起，用来计算刀具半径补偿。

3. 几何刀具尺寸（长度、半径）

几何刀具尺寸由几何量和磨损量等几个部分组成。控制系统从这些部分再计算出最后的尺寸，比如总长度、总半径。在激活补偿存储器时，对应的总尺寸起作用。

在进给轴中如何计算这些值，由刀具类型和当前平面决定。

2.2.5　刀具类型

1. 刀具类型的常用信息

刀具类型以 3 位数字表示，第 1 个数字表示刀具组别。如 1XY 为铣刀组；2XY 为钻头组；5XY 为车刀组；7XY 为专用刀具组，例如切槽锯片铣刀、探头和定位挡块。铣刀和钻头用于车（铣）削中心。

2. 车刀组

在车刀刀组中有下列刀具类型：

500　粗车刀
510　精车刀
520　切槽刀
530　切断刀
540　螺纹车刀
550　蘑菇状成型车刀/成型车刀（WZV）
560　回转钻头（ECOCUT）
580　带有切削位置参数的测量头

车刀的刀具几何参数参见图 2-1a，刀沿参数见图 2-2。刀具参数用 DP 表示。

输入的刀具参数：

DP1 为刀具类型 5XY
DP2 为刀沿位置 1…9
DP3 为长度 1（X）
DP4 为长度 2（Z）
DP6 为刀尖 R 半径

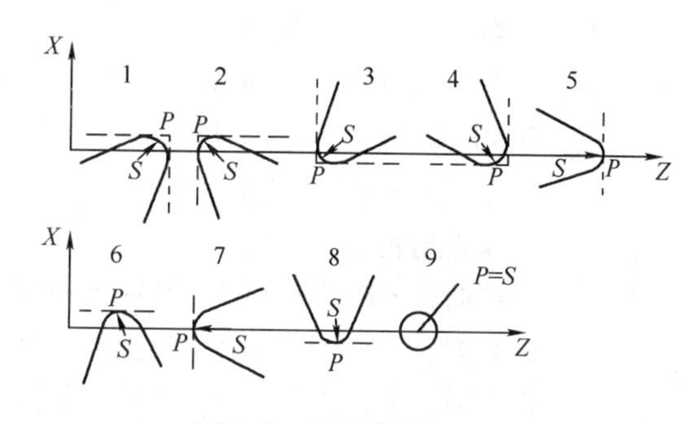

图 2-2　刀沿位置 DP2

磨损量 DP12、DP13 和 DP14 按要求输入，其他数值置零。

车床为 G18 平面，X 轴为长度 1，Z 轴为长度 2。其数据取决于刀沿位置 1 ~ 8，数值为 9 时取决于 S（$S=P$）。

3. 铣刀组

在铣刀刀组中有下列刀具类型：

100　符合 CLDATA（刀具位置数据）的铣刀
110　圆锥头铣刀（圆柱形磨具铣刀）
111　圆锥头铣刀（圆锥形磨具铣刀）
120　主铣刀（无角度倒圆）
121　立铣刀（带角度倒圆）
130　角度铣刀（无角度倒圆）
131　角度铣刀（带角度倒圆）
140　平面铣刀
145　螺纹铣刀

150　圆盘铣刀
151　锯
155　截锥形铣刀（无角度倒圆）
156　截锥形铣刀（带角度倒圆）
157　锥形磨具铣刀
160　钻螺纹铣刀

铣刀的刀具参数参见图 2-3。刀具参数用 DP 表示。图中，*F* 表示基准点适配器（在插入的刀具 = 刀具基准点时），*F'* 表示刀架基准点。

输入的刀具参数：

DP1 为 1XY。
DP3 为长度 1_几何尺寸。
DP6 为半径_几何尺寸。
DP21 为长度 1 适配器（基本尺寸）。

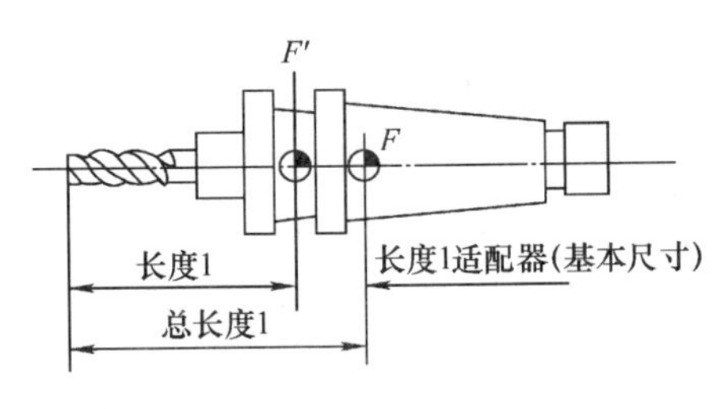

图 2-3　铣刀参数

磨损量 DP12 按要求输入，其他数值置零。

系统分配：

G17 时，*Z* 轴为长度 1，*X/Y* 平面中为半径。
G18 时，*Y* 轴为长度 1，*Z/X* 平面中为半径。
G19 时，*X* 轴为长度 1，*Y/Z* 平面中为半径。

当适配器有 3 个基本尺寸时：

DP21 为长度 1—基本尺寸。
DP22 为长度 2—基本尺寸。
DP23 为长度 3—基本尺寸。

此时，系统分配：

G17 时，*Z* 轴为长度 1，*Y* 轴为长度 2，*X* 轴为长度 3，*X/Y* 平面中为半径/WRK。
G18 时，*Y* 轴为长度 1，*X* 轴为长度 2，*Z* 轴为长度 3，*Z/X* 平面中为半径/WRK。
G19 时，*X* 轴为长度 1，*Z* 轴为长度 2，*Y* 轴为长度 3，*Y/Z* 平面中为半径/WRK。

4. 钻头组

在钻头组中有下列刀具类型：

200　麻花钻
205　整具钻头
210　镗刀杆
220　中心钻头
230　尖头锪钻
231　平底锪钻
240　正常螺纹丝锥
241　细牙螺纹丝锥
242　惠氏螺纹丝锥
250　绞刀

钻头的刀具参数见图 2-4，刀具参数用 DP 表示。

输入的刀具参数：

DP1 为 2XY。

DP3 为长度 1。

磨损量按要求输入，其他数值置零。

系统分配：

G17 时，Z 轴为长度 1。

G18 时，Y 轴为长度 1。

G19 时，X 轴为长度 1。

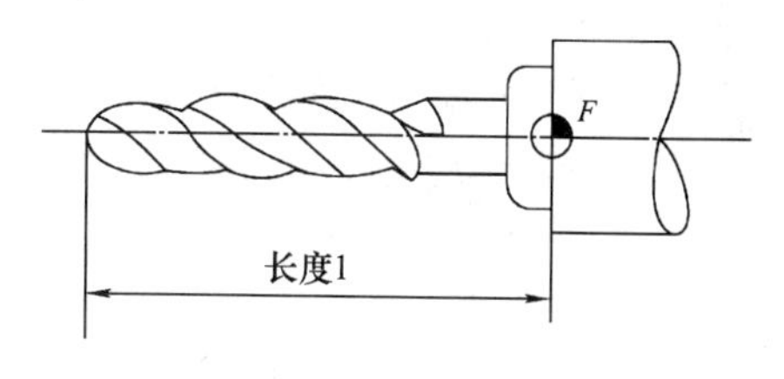

图 2-4 钻头参数

5. 特种刀具组

在特种刀具组中有下列刀具类型：

700	切槽锯片铣刀
710	3D 测量探头
711	棱边探头
730	定位挡块

2.2.6 刀具补偿调用

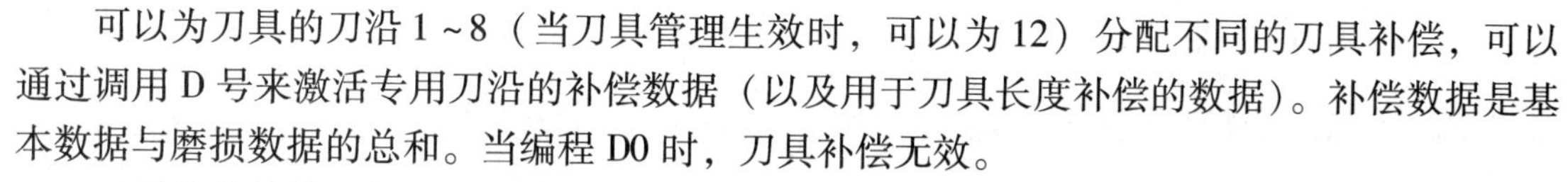

可以为刀具的刀沿 1 ~ 8（当刀具管理生效时，可以为 12）分配不同的刀具补偿，可以通过调用 D 号来激活专用刀沿的补偿数据（以及用于刀具长度补偿的数据）。补偿数据是基本数据与磨损数据的总和。当编程 D0 时，刀具补偿无效。

刀具半径补偿必须通过编程 G41/G42 启动。如果编程 D 号，则刀具长度补偿生效。如果没有编程 D 号，则在换刀时机床数据的标准设置生效。

激活刀具补偿，编程：

D < 编号 >

激活刀具半径补偿：

G41/G42

取消刀具补偿：

D0

G40

其中：

D：用于激活刀具补偿的指令。刀具长度补偿在相应长度补偿轴的首次移动运行时生效，将补偿值加到补偿轴上。如果换刀时自动激活一个刀沿配置，则即使没有 D 编程，刀具长度补偿也生效。

< 编号 >：通过参数 < 编号 > 可以指定待激活的刀具补偿程序段，D 编号的取值范围是 0 ~ 32000。

D0：取消激活有效刀具补偿程序段的指令。

G41：用于激活刀具半径补偿的指令，加工方向在轮廓的左侧。

G42：用于激活刀具半径补偿的指令，加工方向在轮廓的右侧。

G40：用于关闭刀具半径补偿的指令。

D 编程的类型取决于机床的设置，有以下 3 种：

（1）D 编号 = 刀沿编号　对于每个刀具 T <编号> 或者 T = “名称”都有一个从 1 至最大为 12 的 D 编号。这些 D 编号被直接分配给刀具的刀沿。每个 D 编号（= 刀沿编号）都有一个补偿程序段：

$TC_DPx[t. d]

其中：t 为刀号；d 为刀沿号。

（2）自由选择 D 编号　D 编号可以自由分配给刀具的刀沿编号，由机床数据确定可用 D 编号的上限。

（3）绝对 D 编号，与 T 编号无关　当系统不带刀具管理时，可以选择 D 编号是否与 T 编号无关，由用户通过 D 编号来确定与 T 编号、刀沿和补偿之间的关系，D 编号的范围在 1 ~ 32000 之间。

2.2.7　修改刀具补偿数据

在重新进行 T 或 D 编程后，修改的刀具补偿数据生效。

通过下列机床数据可以确定输入的刀具补偿值已立即生效：

MD9440　$MM_ACTIVATE_SEL_USER

注意，当使用 MD9440 时，在零件程序停止期间因修改刀具补偿数据所产生的刀具补偿，在继续运行零件程序时生效。

2.2.8　可编程的刀具补偿偏移（TOFFL，TOFF，TOFFR）

用户可以使用指令 TOFFL/TOFF 和 TOFFR 在 NC 程序中对有效刀具长度或有效刀具半径进行修正，而无需改变刀具补偿存储器中所保存的刀具补偿数据。程序结束后，这些编程的偏移会被删除。

编程的刀具长度偏移按照编程的类型进行分配，即分配给补偿存储器中所保存刀具长度分量 *L*1、*L*2 和 *L*3（TOFFL），或分配给几何轴（TOFF）。平面转换时（G17 ~ G19）会对编程偏移进行相应的处理。如果偏移值分配给了刀具长度分量，则编程的偏移生效的方向也要相应地变换；如果偏移值分配给了几何轴，则平面转换不会对参考坐标轴的分配产生影响。

进行刀具半径偏移编程可以使用指令 TOFFR。

1. 编程指令

（1）编程　包括长度和半径偏移编程指令。

刀具长度偏移，编程：

TOFFL = <值>

TOFFL [1] = <值>

TOFFL [2] = <值>

TOFFL [3] = <值>

TOFFL [<几何轴>] = <值>

刀具半径偏移，编程：

TOFFR = <值>

其中：

TOFFL：对有效刀具长度进行补偿的指令。TOFFL 可以使用或不使用索引进行编程：

①不使用索引。TOFFL =，在编程偏移生效的方向上，补偿存储器中保存的刀具长度分量 $L1$ 也开始生效。②使用索引。TOFFL[1] =，TOFFL[2] = 或者 TOFFL[3] =，在编程偏移值生效的方向上，补偿存储器中所保存的刀具长度分量 $L1$、$L2$ 或 $L3$ 也开始生效。

指令 TOFFL 和 TOFFL［1］的效果相同。

计算轴中的刀具长度补偿值由刀具类型和当前的工作平面（G17/G18/G19）确定。

TOFF：在与给定几何轴平行的组件上进行刀具长度补偿的指令。TOFF 指令刀具长度分量的方向生效，它在未旋转的刀具上（可定向刀架或方向转换）与索引中给出的 <几何轴>平行。

框架不对刀具长度分量的编程值分配产生影响，即：将刀具长度分量分配至几何轴不是以工件坐标系（WCS）为基准，而是以刀具初始设置中的刀具坐标系为基准。

<几何轴>：几何轴标识符。

TOFFR：对有效刀具半径进行补偿的指令。TOFFR 可以在刀具半径补偿被激活时，按照编程的偏移值来改变有效刀具半径。

<值>：刀具长度或半径的偏移值，是实数类型。

指令 TOFFR 的作用几乎与指令 OFFN 相同。仅仅在圆柱面曲线转换（TRACYL）和槽面补偿被激活时有所区别。在这种情况下，≤OFFN 在刀具半径上使用负号，而 TOFFR 与之相反，使用正号。

OFFN 和 TOFFR 可以同时有效。通常它们的值可以相加而生效（槽面补偿除外）。

（2）其他句法规则

1）可以同时改变刀具长度的三个分量。在一个程序段中，不允许一方面使用 TOFFL/TOFFL［1～3］组中的指令而另一方面使用 TOFF［<几何轴>］组中的指令。同样在一个程序段中也不允许同时写入 TOFFL 和 TOFFL［1］。

2）如果在一个程序段中没有对全部三个刀具分量进行编程，则未编程的分量保持不变。因此可以使用程序段方式对多个分量进行修正。这只在刀具分量要么仅使用 TOFFL，要么仅使用 TOFF 进行修改时才能实现。将程序类型从 TOFFL 转换至 TOFF 或进行反向转换时，应首先取消先前可能存在的编程刀具长度偏移。

（3）边界条件

1）设定数据的运用。在将编程偏移值分配至刀具长度分量时要使用下列设定数据：

SD42940 $SC_TOOL_LENGTH_CONST（在平面转换时变换刀具长度分量）

SD42950 $SC_TOOL_LENGTH TYPE（不考虑刀具类型进行刀具长度补偿分配）

如果设定数据的有效值不等于 0，则其相对于 G 代码组 6 的内容（平面选择 G17～G19）或者刀具数据中所包含的刀具类型（$TC_DP1[<Tx>, <Dy>]）具有优先权。即该设定数据对于偏移的计算与刀具长度分量 $L1$ 至 $L3$ 有相同的作用。

2）换刀。所有的偏移值在换刀（更换刀沿）时保持不变，即使用新刀具（新的刀沿）后它同样有效。

2. 举例

例 1：正向刀具长度偏移。

有效刀具为钻头，长度 $L1$ = 100mm。有效平面为 G17，即钻头指向 Z 方向。有效钻头长度应加长 1mm。

在编程该刀具长度偏移时，可以使用下列变量：

TOFFL＝1，或者

TOFFL[1]＝1，或者

TOFFL[Z]＝1。

例 2：负向刀具长度偏移。

有效刀具为钻头，长度 $L1 = 100$mm。有效平面为 G18，即钻头指向 Y 方向。有效钻头长度应缩短 1mm。

在编程该刀具长度偏移时，可以使用下列变量：

TOFFL＝－1，或者

TOFFL[1]＝－1，或者

TOFFL[Y]＝－1。

例 3：由编程类型 TOFFL 转换至 TOFF。

有效刀具为铣刀，有效平面为 G17。

```
N10 TOFFL[1]=3 TOFFL[3]=5    ；有效偏移：L1=3，L2=0，L3=5
N20 TOFFL[2]=4               ；有效偏移：L1=3，L2=4，L3=5
N30 TOFF[Z]=1.3              ；有效偏移：L1=0，L2=0，L3=1.3
```

例 4：平面更换。

```
N10  $TC_DP1[1, 1]=120
N20  $TC_DP3[1, 1]=100       ；刀具长度；L1=100mm
N30 T1 D1 G17
N40 TOFF[Z]=1.0              ；Z 方向的偏移（与 G17 上的 L1 相对应）
N50 G0 X0 Y0 Z0              ；机床轴位置 X0 Y0 Z101
N60 G18 G0 X0 Y0 Z0          ；机床轴位置 X0 Y100 Z1
N70 G17
N80 TOFFL=1.0                ；L1 方向上的偏移（与 G17 上的 Z 相对应）
N90 G0 X0 Y0 Z0              ；机床轴位置 X0 Y0 Z101
N100 G18 G0 X0 Y0 Z0         ；机床轴位置 X0 Y101 Z0
```

该例中，在向 G18 转换时程序段 N60 中，Z 轴上的 1mm 偏移保持不变，而 Y 轴上的有效刀具长度仍然是原先的刀具长度 100mm。

相反，在程序段 N100 中，当向 G18 转换时 Y 轴上出现了偏移，因为在编程时没有将其分配给刀具长度 $L1$，而该长度分量在 G18 的 Y 轴上产生了作用。

3. 应用

“可编程刀具补偿偏移”功能专门用于球头铣刀和带转角半径的铣刀，因为在 CAM 系统中，常常是计算它们的球心而不是计算球头尖端。在测量刀具时，通常会测量刀尖并将其作为刀具长度保存至刀具补偿存储器中。

用于读取当前偏移值的系统变量：

$P_TOFFL[<n>]，读取当前偏移值，由 TOFFL（$n = 0$ 时）或者 TOFFL［1～3］在预处理时读取。

$P _TOFF[<几何轴>]，读取当前偏移值，由 TOFF[<几何轴>]在预处理时读取。

$P_TOFFR，读取当前偏移值，由 FOFFR 在预处理时读取。

$AC_TOFFL[<n>]，读取当前偏移值，由 TOFFL（$n=0$ 时）或者 TOFFL［1～3］在主程序中（同步动作）读取。

$AC_TOFF[<几何轴>]，读取当前偏移值，由 TOFF［<几何轴>］在主程序中（同步动作）读取。

$AC_TOFFR，读取当前偏移值，由 TOFFR 在主程序中（同步动作）读取。

注意：系统变量 $AC_TOFFL、$AC_TOFF 和 $AC_TOFFR 在预处理（NC 程序）中进行读取时，自动释放预处理程序停止。

2.3　主轴运动

2.3.1　主轴转速（S），主轴旋转方向（M3，M4，M5）

设定主轴转速和旋转方向使主轴旋转，它是切削加工的前提条件。

对主主轴，S 指令主轴的转速（r/min），M3 为顺时针方向旋转，M4 为逆时针方向旋转，M5 为停止。

对多主轴，S<n> =　为主轴<n>转速（r/min），S0 =　为主主轴转速，M<n> =3 为主轴<n>顺时针方向旋转，M<n> =4 为主轴<n>逆时针方向旋转，M<n> =5 为主轴<n>停止。

用 SETMS（<n>）可设定主轴<n>为主主轴，之后，可用主主轴指令 S、M3、M4 和 M5 指令主主轴的转速和旋向。

用 SETMS 恢复系统定义的主主轴。

每个程序段最多允许编程 3 个 *S* 值。SETMS 必须位于独立的程序段。

程序举例：

```
N10 S300 M3              ; 转速及旋向，用于驱动主轴或默认的主主轴
⋮
N100 SETMS (2)           ; S2 现在是主主轴
N110 S400 G95 F-         ; 新的主轴转速
⋮
N160 SETMS               ; 返回到主主轴 S1
```

主主轴上的 *S* 值编译，如果 G 功能组 1（模态有效运行指令）中的 G331 或 G332 被激活，则编程的 *S* 值总是被视为转速值，单位为转/分（r/min）。在未激活的情况下，则根据 G 功能组 15（进给类型）编译 *S* 值，G96、G961 或 G962 激活时，*S* 值被视为恒定切削速度，单位为米/分（m/min），其他情况下被视为转速，单位为转/分（r/min）。

从 G96/G961/G962 切换至 G331/G332 时，恒定切削速度会归零。从 G331/G332 切换至包含 G 功能组 1 但不为 G331/G332 的功能时，转速值会归零。必要时应重新编程相应 *S* 值。

预设的 M 指令 M3、M4、M5。在带有轴指令的程序段中，在开始轴运行之前会激活 M3、M4、M5 功能（控制系统上的初始设置）。通过机床数据可以设置，进给轴是否是在主轴起动并达到设定旋转后运行，或主轴停止之后才运行，还是在编程操作之后立即运行。

例：N10 G1 F500 X70 Z20 S270 M3　；主轴加速至 270r/min，然后在 X 和 Z 方向运动

N100 G0 X100 Z150 M5　；X 轴、Z 轴回退之前主轴停止

在一条通道中可同时存在 5 个主轴（1 个主主轴和 4 个附加主轴）同时工作。例：指令 N10 S300 M3 S2 =780 M2 =4；主主轴 300r/min，顺时针旋转；第 2 主轴 780r/min，逆时针旋转。附加主轴指令要加相应的主轴编号。

2.3.2 切削速度（SVC）

实际操作中进行车削加工时，更常用的是刀具切削速度编程，而不是主轴转速编程。控制系统可通过激活的刀具半径和编程的刀具切削速度计算出主轴转速：

$S = (SVC \times 1000)/(R_{刀具} \times 2\pi)$

其中：

S：主轴转速（r/min）。

SVC：切削速度（m/min 或 in/min）。

$R_{刀具}$：被激活的刀具半径（mm）。

不考虑激活刀具的刀具类型（$TC_DP1）。

编程的切削速度不受轨迹进给率 F 以及 G 功能组 15 的影响。通过 M3 或 M4 可以确定旋转方向和开始旋转，通过 M5 可以停止主轴。

补偿存储器中刀具半径数据的更改会在下一次选择补偿时生效，或者在有效补偿数据更新时生效。

换刀和选择/取消刀具补偿数据组会引起当前生效的主轴转速的重新计算。

进行切削速度编程时需要①旋转刀具（铣刀或钻头）的几何数据；②有效的刀具补偿数据组。

指令 SVC［<n>］=<值>。

在编程了 SVC 的程序段中，刀具半径必须为已知，即相应刀具以及刀具补偿数据组必须被激活，或者在程序段中被选择。同一个程序段中 SVC 和 T/D 指令的顺序可任意选择。

<值>为 m/min 或 in/min，取决于 G700/G710。

可在 SVC 编程和 S 编程之间任意进行切换，即使在主轴旋转时也可进行。无效的值会被删除。

可通过系统变量 $TC_TP_MAX_VELO[<T 编号>]设置最大刀具转速（主轴转速）。未定义转速极限时，监控功能不能执行。

以下功能激活时，不能进行 SVC 编程：G96/G961/G962，SPOS/SPOSA/M19，M70。编程其中的任一指令将会撤销 SVC。

如果在 CAD 系统中生成的“标准刀具”的刀具轨迹已考虑了刀具半径，与标准刀具只存在刀沿半径上的偏差，系统就不支持该轨迹与 SVC 编程一同使用。

例 1：半径 6mm 铣刀。

N10 G0 X10 T1 D1　；通过 $TC_DP6[1,1]=6（刀具半径=6mm）选择铣刀

N20 SVC=100 M3　；切削速度=100m/min，得出主轴转速 $S=(100\times1000)/(6\times2\times3.14)$ r/min =2653.93r/min

N30 G1 X50 G95 FZ=0.03　；SVC 和每齿进给量

例 2：在同一个程序段中编程刀具选择和 SVC。

```
N10 G0 X20
N20 T1 D1 SVC = 100        ; 任意次序
N30 X30 M3                 ; 切削速度 100m/min
N40 G1 X20 F0.3 G95        ; SVC 和每转进给率
```

例 3：规定两个主轴的切削速度。

```
N10 SVC [3] =100 M6 T1 D1
N20 SVC [5] =200
```

两个主轴激活的刀具补偿中的刀具半径相同，主轴 3 和主轴 5 的生效转速不同。

以下刀具补偿数据（激活刀具）会计入刀具半径：$TC_DP6（半径_几何尺寸）；$TC_DP15（半径_磨损）；$TC_SCPx6（$TC_DP6 的补偿）；$TC_ECPx6（$TC_DP6 的补偿）。

以下数据会被忽略：编程轮廓的加工余量（OFFN）。

刀具半径补偿（G41/G42）和 SVC 均以刀具半径为基准，但是两者为相互独立的功能。

SVC 也可以和不带补偿夹具的攻螺纹（G331，G332）指令共同编程。

不能在同步动作中设置 SVC。

可通过使用系统变量读取主轴切削速度和转速编程类型（主轴转速 *S* 或切削速度 SVC）：

1）在带预处理停止的零件程序中，使用以下系统变量：

$AC_SVC[<n>]，在当前主运行程序段的处理中，编号为 <n> 的主轴上生效的切削速度。

$AC_S_TYPE[<n>]，在当前主运行程序段的处理中，编号为 <n> 的主轴上生效的转速编程类型。

当值为 1 时，主轴转速 *S*，单位转/分（r/min）。当值为 2 时，切削速度 SVC，单位为米/分（m/min）或英寸/分（in/min）。

2）在不带预处理停止的零件程序中，使用以下系统变量：

$P_SVC[<n>]，主轴 <n> 的编程切削速度。

$P_S_TYPE[<n>]，主轴 <n> 的转速编程类型，1 为 *S*，2 为 SVC。

2.3.3　恒定切削速度（G96/G961/G962，G97/G971/G972，G973，LIMS，SCC）

“恒定切削速度”功能激活时，主轴转速会根据相关的工件直径不断发生改变，使得刀刃上的切削速度 *S*（m/min 或 in/min）保持恒定。使主轴均匀地旋转，从而达到更好的表面质量，并在加工时保护刀具。

指令：

使用/取消主主轴恒定切削速度：

```
G96/G961/G962 S...
...
G97/G971/G972/G973
```

主主轴转速限值：

LIMS = <值>

LIMS [<主轴>] = <值>

用于 G96/G961/G962 的其他基准轴：

SCC [轴]

其中：

G96：激活进给类型为 G95 时的恒定切削速度，编程 G96 时，G95 自然激活。如果在之前未激活 G95，必须在调用 G96 时指定新的进给值 F...。

G961：激活进给类型为 G94 时的恒定切削速度。

G962：激活进给类型为 G94 或 G95 时的恒定切削速度。

S...：当 S... 和 G96、G961 或 G962 一起编程时，它会被视为切削速度，而不是主轴转速。切削速度总是在主主轴上生效。单位：m/min（G71/G710）或 in/min（G70/G700）。取值范围：0.1～99999999.9m/min。

G97：进给类型为 G95 时取消恒定速度。G97（或 G971）后 S... 重新被视为主轴转速，单位：r/min。如果没有指定新的主轴转速，则保留 G96（或 G961）指定的最后一个转速。

G971：进给类型为 G94 时取消恒定切削速度。

G972：进给类型为 G94 或 G95 时取消恒定切削速度。

G973：取消恒定切削速度，不激活主轴转速限值。

LIMS：主主轴转速限值（仅在 G96/G961/G97 激活时生效）。在不可进行主主轴切换的机床上，在一个程序段中可最多为 4 个主轴编程不同的极限值。<主轴>：主轴编号。<值>：主轴转速上限，单位：r/min。

SCC：G96/G961/G962 功能有效时，可通过 SCC [<轴>] 将任意几何轴指定为基准轴。

可以单独编程 SCC [<轴>]，或者和 G96/G961/G962 一起编程。

首次选择 G96/G961/G962 时必须输入恒定切削速度 S...，重新选择 G96/G961/G962 时，该速度为可选输入。

使用 LIMS 编程的转速限值不能超出使用 G26 编程的或缺省数据设置的转速限值。

G96/G961/G962 的基准轴必须为编程 SCC <轴> 时通道内识别的几何轴。也可在 G96/G961/G962 激活的情况下编程 SCC [轴]。

例 1：使用带转速限制的恒定切削速度。

```
N10 SETMS (3)
N20 G96 S100 LIMS=2500                    ; 恒定切削速度=100m/min，最大转
                                            速 2500r/min
  ⋮
N60 G96 G90 X0 Z10 F8 S100 LIMS=444       ; 最大转速=444r/min
```

例 2：规定 4 个主轴的切削速度。

确定主轴 1（主主轴）和主轴 2、3 和 4 的转速限值：

```
N10 LIMS=300 LIMS [2] =450 LIMS [3] =800 LIMS [4] =1500
...
```

例 3：*X* 轴加工端面时的 *Y* 轴赋值。

```
N10 G18 LIMS=3000 T1 D1      ；转速限制在3000r/min
N20 G0 X100 Z200
N30 Z100
N40 G96 S20 M3               ；恒定切削速度=20m/min，取决于X轴
N50 G0 X80
N60 G1 F1.2 X34              ；X轴方向端面加工，进给速度=1.2mm/r
N70 G0 G94 X100
N80 Z250
N100 T2 D1
N110 G96 S40 SCC [Y]         ；G96指定给Y轴并激活G96（可在同一程序段中
                               编程），指定切削速度=40m/min，取决于Y轴
…
N140 Y30
N150 F1.2 Y27                ；Y轴方向切入，进给速度=1.2mm/r
N160 G97                     ；取消恒定切削速度
N170 G0 Y100
```

如果数控车床上没有 *Y* 轴，则不必用SCC指令转换。当 *Z* 轴方向变化时，适用于车削外圆面。

由编程设定的切削速度计算主轴转速，并以端面轴（半径）的ENS位置为基准。在计算主轴转速时要考虑WCS和ENS之间的框架（如可编程的框架：SCALE，TRANS或ROT），可能会使转速发生变化（例如在SCALE中修正了有效直径）。

如果需要加工直径变化很大的工件，建议使用LIMS给主轴设置一个转速限值（最大主轴转速）。这样就可以防止在加工较小直径时出现过高转速。LIMS仅在G96、G961和G97激活时生效，G971激活时LIMS不生效。

当程序段进入主运行时，所有编程的值都会纳入设定数据。

写入G97/G971指令后，控制系统将 *S* 值重新视为主轴转速，单位为r/min。如果没有指定新的主轴转速，则最后在G96/G961中设置的转速生效。

也可以使用G94或G95来取消G96/G961功能。在这种情况下，最后编程的转速S…用于后续加工。

可以在前面没有G96的情况下对G97进行编程。功能同G95，也可编程LIMS。

用G973可以关闭恒定切削速度，不激活主轴转速限值。

必须通过机床数据定义端面轴。

在快速运行G0时，转速不变化。但有特例，如果以快速运行逼近轮廓，并且下一个NC程序段包含轨迹指令G1/G2/G3…，那么在G0逼近程序段中就开始为下一个轨迹指令调整转速。

G96/G961/G962功能有效时，可通过SCC［<轴>］将任意几何轴指定为基准轴。如果基准轴变化，恒定切削速度的刀尖（TCP，刀具中心）基准位置也随之变化，则会按照制动或者加速斜坡逐渐运行到产生的主轴转速。

编程的G96/G961/G962基准轴的属性始终是几何轴。在已分配的通道轴进行轴交换时，

在原通道内 G96/G961/G962 的基准轴特性保持不变。几何轴的切换不会影响恒定切削速度下的几何轴分配。如果几何轴交换改变了 G96/G961/G962 的 TCP 基准位置，则主轴以斜坡速度运行到新转速。如果没有通过几何轴交换分配新的通道轴（比如 GEOAX（0，X）），则根据 G97 保持主轴转速。

进行基准轴分配的几何轴交换示例：

例 1：

```
N05 G95 F0.1
N10 GEOAX (1, X1)        ; 通道轴 X1 为第一几何轴
N20 SCC [X]              ; 第一几何轴（X）为 G96/G961/G962 的基准轴
N30 GEOAX (1, X2)        ; 通道轴 X2 为第一几何轴
N40 G96 M3 S20           ; 通道轴 X2 为 G96 的基准轴
```

例 2：

```
N05 G95 F0.1
N10 GEOAX (1, X1)
N20 SCC [X1]             ; 第一几何轴（X1）为 G96/G961/G962 的基准轴
N30 GEOAX (1, X2)        ; 通道轴 X2 为第一几何轴
N40 G96 M3 S20           ; X2 或 X 为 G96 的基准轴，无报警
```

例 3：

```
N05 G95 F0.1
N10 GEOAX (1, X2)        ; 通道轴 X2 为第一几何轴
N20 SCC [X1]             ; X1 不是几何轴，报警
```

例 4：

```
N05 G0 Z50
N10 X35 Y30
N20 SCC [X]              ; X 为 G96/G961/G962 的基准轴
N30 G96 M3 S20           ; 恒定切削速度 10m/min 生效
N40 G1 F1.5 X20          ; X 轴方向端面加工，进给速度 =1.5mm/r
N50 G0 Z51
N60 SCC [Y]              ; Y 轴为 G96 的基准轴，降低主轴转速（Y30）
N70 G1 F1.2 Y25          ; Y 轴方向端面加工，进给速度 =1.2mm/r
```

2.3.4 可编程的主轴转速极限（G25，G26）

通过零件程序指令更改在机床和设定数据中规定的最小和最大转速。通道上的所有主轴都可以编程主轴转速极限。用 G25 或 G26 编程的主轴转速极限覆盖了设定数据中的转速极限值，并且在程序结束后仍然保留。

指令：G25 S... S1 =... S2 =...

G26 S... S1 =... S2 =...

其中：

G25：主轴转速下限。

G26：主轴转速上限。

取值范围：0.1 ~99999999.9r/min

例：N10 G26 S1400 S2 =350 S3 =600；主主轴和主轴 2、主轴 3 的速度上限

2.4 进给控制

2.4.1 进给率（G93，G94，G95，F，FGROUP，FL，FGREF）

使用这些指令可以在 NC 程序中为所有参与加工工序的轴设置进给率。指令：

G93/G94/G95

F...

FGROUP（<轴 1>，<轴 2>，...）

FGREF［<回转轴>］=<参考半径>

FL［<轴>］=<值>

其中：

G93：反比时间进给率，1/min。

G94：线性进给率，mm/min，in/min 或（°）/min。

G95：旋转进给率，mm/r 或 in/r，以主主轴转数为基准。

F...：参与运行的几何轴的进给速度，G93/G94/G95 设置的单位有效。

FGROUP：使用 F 编程的进给速度适用于所有在 FGROUP 下设定的轴（几何轴/回转轴）。

FGREF：使用 FGREF 为每个在 FGROUP 下设定的回转轴设置有效半径（<参考半径>）。

FL：同步轴/轨迹轴速度限值，通过 G94 设置的单位有效。每根轴（通道轴，几何轴或定向轴）可以编程一个 FL 值。

<轴>：必须使用基准坐标系的轴标识符。

例 1：FGROUP 的作用方式。

例中说明了 FGROUP 对轨迹行程和轨迹进给率的作用。变量 $AC_TIME 包括了从程序段开始的以秒为单位的时间，它只能在同步动作中使用。

```
N100 G0 X0 A0
N110 FGROUP (X, A)
N120 G91 G1 G710 F100          ; 进给率 =100mm/min 或 100°/min
N130 DO $R1 = $AC_TIME
N140 X10                       ; 轨迹行程 =10mm, R1 = 约 6s
N150 DO  $R2 = $AV_TIME
N160 X10 A10                   ; 轨迹行程 =14.14mm, R2 = 约 8s
N170 DO  $R3 = $AC_TIME
N180 A10                       ; 轨迹行程 =10°, R3 = 约 6s
N190 DO  $R4 = $AC_TIME
N200 X0.001 A10                ; 轨迹行程 =10mm, R4 = 约 6s
```

```
N210 G700 F100                   ; 进给率 =2540mm/min 或 100°/min
N220 DO  $R5 = $AC_TIME
N230 X10                         ; 进给率 =2540mm/min，轨迹行程 =254mm，
                                   R5 =约 6s
N240 DO  $R6 = $AV_TIME
N250 X10 A10                     ; 轨迹行程 =254.2mm，R6 =约 6s
N260 DO  $R7 = $AC_TIME
N270 A10                         ; 轨迹行程 =10°，R7 =约 6s
N280 DO  $R8 = $AC_TIME
N290 X0.001 A10                  ; 轨迹行程 =10mm，R8 =约 0.288s
N300 FGREF[A] =360/(2 * SP1)     ; 1° =1in，通过有效的半径进行设置
N310 DO  $R9 = $AC_TIME
N320 X0.001 A10                  ; 轨迹行程 =254mm，R9 =约 6s
N330 M30
```

例 2：运行带极限速度 FL 的同步轴。

如果同步轴 Z 达到极限速度，轨迹轴的轨迹速度将会降低。

```
N10 G0 X0 Z0
N20 FGROUP (X)
N30 G1 X1000 Z1000 G94 F1000 FL [Z] =500
N40 Z -50
```

1. 轨迹轴进给速度（F）

在通常情况下，轨迹进给由所有参与几何轴运动的单个速度分量组成，并以刀具中心为基准。

通过地址 F 设定进给速度。根据机床数据中的预设置，用 G 指令来确定尺寸单位是毫米还是英寸。

每个 NC 程序段中只能编程一个 F 值。通过 G 指令 G93/G94/G95 确定进给速度的单位。进给率只对轨迹有效，并且直到编程新的进给值之前一直有效。地址 F 之后允许使用分隔符。

例：

F100 或

F0.5 或

F =2 * FEED

2. 进给类型（G93/G94/G95）

G 指令 G93、G94、G95 为模态有效。如果在 G93、G94 和 G95 之间进行了切换，必须重新编程轨迹进给值。使用回转轴加工时，进给率也可以用单位（°）/min 来设定。

3. 反比时间进给率（G93）

反比时间进给率说明了在一个程序段内执行运行指令所需要的时间。

单位：1/min

例：N10 G93 G1 X100 F2

表示：编程的轨迹行程在0.5min内运行完毕。

如果各程序段的轨迹长度差别很大，在使用G93编程时应在每个程序段中确定一个新的F值。使用回转轴加工时，进给率也可以用（°）/min来设定。

4. 同步轴进给率

在地址F下编程的进给率适用于所有在程序段中编程的轨迹轴，而不适用于同步轴，但适用于控制同步轴的进给率，以便同步轴在各个行程下需要的时间相同，使轨迹轴和所有轴能同时到达它们的终点。

5. 同步轴的极限速度（FL）

使用指令FL可以为同步轴编程一个极限速度。如果未编程FL，快速运行速度将作为极限速度生效。通过赋值机床数据（MD36200 $MA_AX_VELO_LIMIT）可以取消FL。

6. 轨迹轴作为同步轴运行（FGROUP）

使用FGROUP可以确定轨迹轴是以轨迹进给还是作为同步轴运行。例如，在螺旋线插补中可以定义只有两根几何轴X和Y编程的进给率运行，而进刀轴Z成为同步轴。

例：FGROUP（X、Y）

7. 更改FGROUP

可通过以下方式对FGROUP的设置进行更改：

1）重新编程FGROUP，例如FGROUP（X、Y、Z）。

2）不给定轴，重新编程FGROUP，例如，FGROUP（）。编程后机床数据中设置的基本状态有效；几何轴与轨迹轴关联运行。

8. 进给率F的尺寸单位

使用G指令G700和G710，除了可以设定几何数据，还可以定义进给率F的尺寸系统，即：使用G700时为（in/min），使用G710时为（mm/min）。进给参数不会受到G70/G71的影响。

9. 用于带有极限速度FL的同步轴的尺寸系统

使用G指令G700/G710为F设置的尺寸系统同样适用于FL。

10. 回转轴和线性轴的测量单位

对于通过FGROUP互相连接并且共同运行一个轨迹的线性轴和回转轴，线性轴尺寸单位的进给率有效。根据G94/G95的预设，以mm/min或in/min，或mm/r或in/r为单位。

根据公式计算回转轴的切线速度，单位为mm/min或in/min。

$$F(\text{mm/min}) = F'[(°)/\text{min}] \times \pi \times D(\text{mm})/360°$$

其中：

F：切线速度。

F'：角度速度。

π：圆弧常数。

D：直径。

11. 以轨迹速度F运行回转轴（FGREF）

在某些被回转轴移动的加工中，应按通用的方式，在F值下，作为轨迹进给编程生效的加工进给，必须为每根相关的回转轴设定一个有效的半径（参考半径）。参考半径的单位取决于G70/G71/G700/G710的设置。

FGROUP 指令中必须包含所有共同运行的轴，以计算轨迹进给率。为了在不进行 FGREF 编程的情况下保持兼容，在系统启动后及复位时，1° = 1mm 的换算生效，即，FGREF 的参考半径 = 360mm/(2π) = 57.296mm。预设取决于激活的基本系统（MD 10240 $MN_SCALING_SYSTEM_IS_METRIC）和当前生效的 G70/G71/G700/G710 的设置。

特殊情况，例如：

```
N100 FGROUP（X、Y、Z、A）
N110 G1 G91 A10 F100
N120 G1 G91 A10 X0.0001 F100
```

在该编程中，N110 中作为回转轴进给率编程的 *F* 值单位为（°）/min，而在 N120 中编程的进给率的单位根据当前生效的 G70/G71/G700/G710 为 100in/min 或 100mm/min。

如果在程序段中只编程了回转轴，FGREF 也有效。单位为（°）/min 的常规 *F* 值只适用于参考半径符合 FGREF 预设的情况。

使用 G71/G710 时，FGREF [A] =57.296。

使用 G70/G700 时，FGREF [A] =57.296/25.4。

12. 读取参考半径

可通过系统变量读取回转轴参考半径的值：

1）在同步动作或在带预处理停止的零件程序中，通过系统变量 $AA_FGREF[<轴>] 读取当前主运行值。

2）在不带预处理停止的零件程序中，通过系统变量 $PA_FGREF[<轴>]读取编程值。

如果未预设编程值，则读取两个回转轴变量的预设值 360mm/(2π) = 57.296mm（1°对应 1mm）。

对于线性轴，这两个变量的值总为 1mm。

13. 读取影响速度的轨迹轴

可通过系统变量读取参与轨迹插补的轴。

（1）在同步中或带预处理停止的零件程序中，通过以下系统变量读取

1）$AA_FGROUP[<轴>]

当设定的轴通过基本设置或 FGROUP 编程会影响当前主运行程序段中的轨迹速度时，变量输出值为“1”；无影响时，变量输出值为“0”。

2）$AC_FGROUP_MASK

输出一个使用 FGROUP 编程，会影响轨迹速度的通道轴的位码。

（2）在不带预处理停止的零件程序中，通过以下系统变量读取

1）$PA_FGROUP[<轴>]

当设定的轴通过基本设置或 FGROUP 编程会影响轨迹速度时，变量输出值为“1”。无影响时，变量输出值为“0”。

2）$P_FGROUP_MASK

输出一个使用 FGROUP 编程，会影响轨迹速度的通道轴的位码。

14. 用于带有 FGREF 的定向轴的轨迹参考系数

在定向轴上，FGREF[ ]系数的生效取决于是通过回转轴还是通过矢量插补改变刀具方向。

在回转轴插补中，定向轴的各个 FGREF 系数会像回转轴一样，作为单个基准轴计算轴的行程。

在矢量插补中，由单个 FGREF 系数的几何平均值得到的有效 FGREF 系数会生效。

FGREF[有效]=[(FGREF[A]×FGREF[B]...)]的 n 次方根

其中：

A：第1定向轴的名称。

B：第2定向轴的名称。

⋮

n：定向轴的数量。

例：标准5轴转换中有两根方向轴，因此有效的系数就是由两个轴向系数的平方根。

$$\text{FGREF[有效]} = \sqrt{\text{FGREF[A]} \times \text{FGREF[A]} + \text{FGREF[B]} \times \text{FGREF[B]}}$$

因此，可以使用定向轴的有效系数 FGREF 来确定刀具的参考点，编程的轨迹进给率作为参考。

2.4.2 运行定位轴（POS，POSA，FA，WAITP）

定位轴按照自有的进给率运行，而不受轨迹轴的影响，插补指令也都无效；用指令 POS/POSA 可以运行定位轴并同时协调运行过程。

用于定位轴的典型应用实例，有托盘引导方向和测量站。

使用 WAITP 可以在 NC 程序中标记位置，并在此位置上等待，直到在前一 NC 程序段中用 POSA 编程的轴到达终点。

1. 指令

POS[<轴>] = <位置>

POSA[<轴>] = <位置>

FA[<轴>] = <值>

WAITP(<轴>)：在单独的 NC 程序段中编程

其中：

POS/POSA：运行定位轴至设定的位置。POS 和 POSA 功能相同，区别在于程序段切换特性：使用 POS 时，只有到达设定的位置时，才会切换到下一个 NC 程序段。使用 POSA 时，即使尚未到达设定的位置，也会切换到下一 NC 程序段。<轴>：待运行轴名称（通道或几何轴名称）。<位置>：轴目标位置。

FA：设定的定位轴的进给率。<轴>：待运行轴的名称（通道或几何轴名称）；<值>：进给速度，单位为 mm/min 或 in/min 或（°）/min。每个程序段中最多可编程5个 FA 值。

WAITP：等待直至定位轴结束。执行以下程序段时系统将会等待，设定的定位轴和上一个 NC 程序段中使用 POSA 编程的定位轴到达了终点位置（精准停）。<轴>：WAITP 指令适用的轴名称（通道或几何轴名称）。使用 WAITP 可将轴在运行时作为同时定位轴运行（通过 PLC）。

2. 举例

例1：POSA 运行和存取机床状态数据。

在存取机床状态数据时（$A...），控制系统会自动生成内部预处理停止，处理停止直到当全部执行了所有预处理并缓存的程序段。

```
N40 POSA[X] =100
N50 IF $AA_IM[x] == R100 G0 TOF MARKE 1      ;存取机床状态数据
N60 G0 Y100
N70 WAITP (X)
N80 MARKE 1
⋮
```

例 2：使用 WAITP 等待运行结束。托盘引导方向：*U* 轴：托盘存储器，运送托盘到工作区域；*V* 轴：测量站的传输系统，在这个测量站中执行现场抽检。

```
N10 FA[U] =100 FA[V] =100                ; 为定位轴 U 和 V 设定进给率
N20 POSA[V] =90 POSA[U] =100 G0 X50 Y70  ; 运行定位轴和轨迹轴
N50 WAITP (U)                            ; 只有在 U 轴到达了 N20 中编程
                                           的位置时，程序才继续运行
⋮
```

3. 运行

（1）POSA 运行　程序段跳转以及程序执行不受 POSA 影响，并且可以同时运行到终点和处理后续 NC 程序段。

如果在一个后面的程序段读取一个隐含生成预处理程序停止的指令，那么，后面的程序段只有当所有前面的准备且存储的程序段完全执行完了时才能继续执行。上一个程序段被停在准停中（如同使用 G9 时）。

（2）POS 运行　只有当所有在 POS 下编程的轴到达其终点位置时，才会执行下一个程序段。

（3）使用 WAITP 等待运行结束　写入 WAITP 之后，轴不再被 NC 程序使用，除非重新编程。这根轴可以通过 PLC 作为定位轴来运行。

2.4.3　位置控制的主轴运动（SPCON，SPCOF）

在某些情况下，需要使主轴在位置控制模式下运行。例如：用 G33 切削较大螺距螺纹时，可以获得良好品质。通过 NC 指令 SPCON 切换至位置控制主轴运行。SPCON 最多需要 3 个插补循环。

指令：

```
SPCON/SPCON(<n>)/SPCON(<n>,<m>,...)
SPCOF/SPCOF(<n>)/SPCOF(<n>,<m>,...)
```

其中：

SPCON：激活位置控制运行，设定的主轴从速度控制切换到位置控制。SPCON 为模态有效，直至 SPCOF 激活。

SPCOF：取消位置控制运行，设定的主轴从位置控制切换到速度控制。

<n>：需要转换运行方式的主轴的编号。未设定主轴编号时，SPCON/SPCOF 生效于主主轴。

<n>，<m>，...：在一个程序段中可通过SPCON或SPCOF对多个主轴的运行方式进行切换。

使用S...设定转速，M3、M4和M5设定旋转方向。

如果连接了同步主轴的设定点值，则主主轴必须在位置控制模式下运行。

2.4.4 定位主轴（SPOS，SPOSA，M19，M70，WAITS）

使用SPOS、SPOSA或M19可以将主轴定位在特定的角度，例如在换刀时，使主轴定向停止。

编程SPOS、SPOSA和M19时，会临时切换至位置控制运行，直到编程下一个M3/M4/M5/M41...M45指令。

（1）在进给轴运行中定位　主轴也可以在机床数据中确定的地址下作为轨迹轴、同步轴或者定位轴来运行。指定轴名称后，主轴位于进给轴运行中。使用M70将主轴直接切换到进给轴运行。

（2）定位结束　可通过FINEA、CORSEA、IPOENDA或IPOBRKA编程主轴定位时的运行结束标准。如果已经达到所有在程序段中所要加工的主轴或轴的运行结束标准，并且达到了轨迹插补的程序段转换标准，那么，将继续执行下一个程序段。

（3）同步　为了与主轴运行同步，可通过WAITS指令等待，直至达到主轴位置。前提条件是，待定位主轴必须能在位置控制方式下运行。

1. 指令

1）定位主轴指令。

SPOS=<值>/SPOS[<n>]=<值>

SPOSA=<值>/SPOSA[<n>]=<值>

M19/M<n>=19

2）主轴切换到轴运行方式指令。

M70/M<n>=70

3）确定运行结束标准指令。

FINEA/FINEA[S<n>]

COARSEA/COARSEA[S<n>]

IPOENDA/IPOENDA[S<n>]

IPOBRKA/IPOBRKA(<轴>[，<时间>])，必须在单独NC程序段中编程。

4）主轴运行同步指令。

WAITS/WAITS（<n>，<m>），必须在单独NC程序段中编程。

2. 含义

1）SPOS/SPOSA：将主轴定位至设定的角度。

SPOS和SPOA功能相同，区别在于程序段切换特性：

使用SPOSA时，即使尚未到达设定的位置，也会切换至下一NC程序段。

<n>：需要进行定位的主轴的编号。未设定主轴编号或主轴编号为“0”时，SPOS或SPOSA生效于主主轴。

<值>：主轴定位的角度，单位为度。

编程位置逼近模式时有如下指令：

=AC（<值>）：绝对尺寸，取值范围 0 ~ 359.9999。

=IC（<值>）：增量尺寸，取值范围 0 ~ ±99999.999。

=DC（<值>）：直接趋近绝对值。

=ACN（<值>）：绝对尺寸，在负方向上运行。

=ACP（<值>）：绝对尺寸，在正方向上运行。

=<值>：趋近位置。

2）M<n>=19：将主主轴（M19 或 M0=19）或编号为<n>的主轴（M<n>=19）定位到通过 SD43240 $SA_M19_SPOS 设定的角度和 SD 43250 $SA_M19_SPOSMODE 中设定的位置逼近模式。到达设定位置时，NC 程序段才跳转。

3）M<n>=70：将主主轴（M70 或 M0=70）或编号为<n>的主轴（M<n>=70）切换到进给轴运行方式，不逼近定义的位置。主轴运行方式切换后，继续执行 NC 程序段。

4）FINEA：在到达“精准停”时运动结束。

COARSEA：在到达“粗准停”时运行结束。

IPOENDA：当到达插补器停止时结束运动。

S<n>：编程的运行结束标准生效的主轴。<n>：主轴号。未给定主轴［S<n>］或主轴编号为“0”时，编程的运行结束标准生效于主主轴。

IPOBRKA：可以在制动斜坡上进行程序段转换；<轴>：通道轴识别符；<时间>：程序段转换时间参考制动斜坡；单位:%，取值：100（制动斜坡启动时间）...0（制动斜坡结束）。未设定参数<时间>时，设定数据的当前值生效：SD43600 $SA_IPOBRAKE_BLOCK_EXCHANGE。

当时间为“0”时，IPOBRKA 与 IPOENDA 相同。

5）WAITS：设定主轴的同步指令。执行以下程序段时系统将会等待，设定的主轴和上一个 NC 程序段中使用 SPOSA 编程的主轴到达了终点位置（精准停）。

M5 后 WAITS：等待，直至设定的主轴停止。

M3/M4 后 WAITS：等待，直至设定的主轴达到其设定转速。

<n>，<m>：同步指令使用的主轴编号。未设定主轴编号或主轴编号为“0”时，WAITS 生效于主主轴。

3. 说明

每个 NC 程序段可以有 3 个主轴定位指令。

在增量尺寸 IC（<值>）中，可以通过多次（圈）旋转进行主轴定位。

如果在 SPOS 之前使用 SPCON 激活了位置控制，则该运行方式一直生效，直到编程了 SPCOF。

控制系统会根据编程顺序自动识别到进给轴运行的过渡。因此不一定需要在零件程序中进行 M70 的显式编程。当然，也可以编程 M70 以提高零件程序的可读性。

4. 应用

（1）使用 SPOSA 定位　将主轴 2 负向旋转定位在 250°。

N10 SPOSA［2］=ACN（250）；必要时制动主轴，并反向加速进行定位。使用 SPOSA

定位，程序段转换以及程序段执行不受 SPOSA 影响，可以同时定位主轴和执行后续 NC 程序段。所有在程序段中编程的功能（除了主轴）达到它们的程序段结束标准后，会转换程序段。主轴定位可以占用多个程序段（参见 WAITS）。注意，如果一个后续程序段中包含一个会生成隐式预处理停止的指令，那么，直到所有的定位主轴都固定不动时才执行该程序段。

（2）使用 SPOS/M19 定位　只有所有程序段中编程的功能达到它们的程序段结束标准（例如，PLC 对所有辅助功能进行响应，所有轴到达终点），并且主轴已到达编程位置时，才会转换程序段。

1）运行速度：定位的速度和延时特性存储在机床数据中。设定的值可通过编程或同步进行修改。

2）主轴位置设定：由于指令 G90/G91 在此不生效，必须使用尺寸数据，如 AC、IC、DC、ACN、ACP。如果未进行设定，自动以 DC 运行。

（3）带 WAITS 的主轴运动同步　使用 WAITS 可在 NC 程序中标注一个位置，在该位置等待，直到一个或多个在前面的 NC 程序段中用 SPOSA 编程的主轴到达各自的位置。

例：N10 SPOSA[2] =180 SPOSA[3] =0

⋮

N40 WAITS（2、3）　；在程序段中等待，直到主轴 2 和 3 到达程序段 N10 中设定的位置

M5 之后，可以用 WAITS 等待主轴达到停止状态。M3/M4 之后，可以用 WAITS 等待，直到主轴达到设定的转速/旋转方向。

如果主轴未按同步标记进行同步，那么正向旋转方向由机床数据定义（出厂时的状态）。

（4）旋转中定位主轴（M3/M4）　当 M3 或 M4 生效时，主轴到达程序的值后静止。DC 和 AC 数据之间没有区别。在这两种情况下一直按 M3/M4 选定的方向旋转，直至到达绝对终点位置。使用 ACN 和 ACP 时，必要时进行制动并保持相应的逼近方向；使用 IC 时，主轴从当前位置旋转到设定的值。

（5）从静止状态（M5）定位主轴　从静止状态（M5）开始按照设定精确运行所编程的路径定位。

2.4.5　用于定位轴/主轴的进给率（FA，FPR，FPRAON，FPRAOF）

定位轴，例如工件运输系统、刀具转塔和中心架，独立于轨迹轴和同步轴运行。因此应给每个定位轴定义单独的进给。

也可为主轴编程单独的轴向进给。

此外，还可以通过别的回转轴或主轴推导出轨迹轴和同步轴，或者单个定位轴/主轴的旋转进给率。

1. 指令

（1）定位轴的进给率

FA[<轴>] =...

（2）主轴的轴向进给率

FA[SPI(<n>)] =...

FA[S<n>]=...

（3）推导轨迹轴/同步轴的旋转进给率

FPR（<回转轴>）

FPR（SPI（<n>））

FPR（S<n>）

（4）定位轴/主轴的旋转进给率

FPRAON(<轴>，<回转轴>)

FPRAON(<轴>, SPI<n>)

FPRAON(<轴>, S<n>)

FPRAON(SPI(<n>)，<回转轴>)

FPRAON(S<n>，<回转轴>)

FPRAON(SPI(<n>), SPI(<n>))

FPRAON(S<n>, S<n>)

FPRAOF(<轴>, SPI(<n>), ...)

FPRAOF(<轴>, S<n>, ...)

其中：

FA［...］=...：指定位置轴的进给率或指定主轴的定位速度（轴向进给）。取值范围：...999999.999mm/min 或（°）/min，或...39999.9999in/min。

FPR（...）：使用 FPR 标记回转轴（<回转轴>）或主轴（SPI(<n>)/S<n>），通过它可以推导出 G95 中编程的轨迹轴和同步轴的旋转进给率。

FPRAON（...）：推导定位轴/主轴的旋转进给率。第一个参数（<轴>/SPI(<n>)/S<n>）标记了将要以旋转进给率运行的定位轴/主轴。第二个参数（<回转轴>/SPI(<n>)/S<n>）标记了需要推导旋转进给率的定位轴/主轴。也可以省略第二个参数，这样将通过主主轴推导进给率。

FPRAOF（...）：使用 FPRAOF 取消选择推导出的设定轴或主轴的旋转进给率。

<轴>：轴名称（定位轴或几何轴）。

SPI(<n>)/S<n>：主轴名称，SPI(<n>)和 S<n>的功能相同。<n>：主轴号。SPI 会将主轴号转换为轴名称。传输参数（<n>）中必须包含一个有效的主轴号。

编程的进给 FA［...］模态有效。

每个 NC 程序段最多可编程 5 个针对定位轴/主轴的进给率。

按照下列公式导出进给率：

　　待求进给率 = 编程进给率 × 主进给率

2. 举例

例 1：同步主轴耦合。

在同步主轴耦合中，可独立于主主轴编程跟随主轴的定位速度，例如用于定位。

　　FA[S2]=100　　；跟随主轴（主轴 2）的定位速度为 100°/min

例 2：推导出的轨迹轴旋转进给率。

轨迹轴 *X*、*Y* 应当以回转轴 *A* 导出的旋转进给率运行。

　　⋮

```
N40 FPR（A）
N50 G95 X50 Y50 F500
⋮
```

例3：推导主主轴的旋转进给率。

```
N30 FPRAON（S1，S2）            ；主主轴（S1）的旋转进给率应通过主轴2导出
N40 SPOS=150                    ；定位主主轴
N50 FPRAOF（S1）                ；取消选择求出的主主轴旋转进给率
```

例4：推导定位轴的旋转进给率。

```
N30 FPRAON（X）                 ；定位轴X的旋转进给率应当通过主主轴导出
N40 POS[X]=50 FA[X]=500         ；定位轴以主主轴500mm/r的速度运行
```

3. 其他信息

FA[...]：进给类型始终为G94。如果G70/G71有效，那么根据机床数据中的预设，尺寸单位为米制或英制，可使用G700/G710修改程序中的尺寸单位。注意：如果没有编程FA[...]，那么机床数据中设置值生效。

FPR(...)：可使用FPR作为G95的扩展指令（针对主主轴的旋转进给率）来推导任意主轴或回转轴的旋转进给率。G95FPR（...）适用于轨迹轴和同步轴。如果FPR标记的回转轴/主轴在位置控制中运行，那么设定值耦合会生效，否则实际值耦合生效。

FPRAON（...）：使用FPRAON可以通过另一个回转轴或主轴的当前进给率轴向推导出定位轴和主轴的旋转进给率。

FPRAOF（...）：用FPRAOF指令可以同时取消一个或多个轴/主轴的旋转进给率。

2.4.6　可编程进给补偿（OVR，OVRRAP，OVRA）

可在NC程序中修改轨迹轴/定位轴和主轴的速度。

1. 指令

```
OVR=<值>
OVRRAP=<值>
OVRA[<轴>]=<值>
OVRA[SPI(<n>)]=<值>
OVRA[S<n>]=<值>
```

其中：

OVR：修改轨迹进给F的进给率。

OVRRAP：修改快速运行速度的进给率。

OVRA：修改定位进给FA或主轴转速S的进给率。

<轴>：轴名称（定位轴或几何轴）。

SPI（<n>）/S<n>：主轴名称。SPI（<n>）和S<n>的功能相同。<n>：主轴号。SPI会将主轴号转换为轴名称。传输参数（<n>）中必须包含一个有效的主轴号。

<值>：进给率修改，百分比值。该值参照或者叠加机床控制面板上设定的进给倍率。取值范围：…200%，整数。在轨迹修调和快进修调时，不可超过在机床数据中设置的最大速度。

2. 举例

例 1：设置进给倍率：80%。

```
N10 ... F1000
N20 OVR = 50                    ；编程的轨迹进给 F1000 变 F400（1000 ×0.8 ×0.5）
```

例 2：

```
N10 OVRRAP = 5                  ；快速进给率降至 5%
  ⋮
N100 OVRRAP = 100               ；快速进给率重新恢复到 100%（ = 初始设置）
```

例 3：

```
N... OVR = 25 OVRA[A1] = 70     ；轨迹进给率降低到 25%，定位轴 A1 的定位进给
                                  率降低到 70%
```

例 4：

```
N... OVRA[SPI(1)] = 35          ；主轴 1 的转速降低到 35%
```

或者

```
N... OVRA[S1] = 35              ；主轴 1 的转速降低到 35%
```

2.4.7 进给率：带手轮倍率（FD，FDA）

1. 使用指令 FD 和 FDA

使用指令 FD 和 FDA 可在零件程序运行中使用手轮运行轴。其中，编程的轴运行与和作为行程或速度设定值的手轮脉冲叠加。

（1）轨迹轴　在轨迹轴上可以叠加编程的轨迹进给。此时使用通道的几何轴 1 的手轮。每个插补周期中，由旋转方向决定的手轮脉冲相当于待叠加的轨迹速度。通过手轮倍率可达到轨迹速度限值，最小为 0，最大为参与运行的轨迹轴的机床数据限值。轨迹进给 F 和手轮进给 FD 不能在同一个 NC 程序段中编程。

（2）定位轴　在定位轴上可以轴向叠加运行行程或速度。此时会计算指定进给轴的手轮。

1）行程叠加：取决于旋转方向的手轮脉冲，相当于轴的待运行行程，此时只考虑了编程位置方向上的手轮脉冲。

2）速度叠加：每个插补周期中，由旋转方向决定的手轮脉冲相当于待叠加的轴向速度。通过手轮倍率可达到的轨迹速度限值，最小为 0，最大为定位轴机床数据限值。

2. 指令

FD = <速度>

FDA[<轴>] = <速度>

其中：

FD = <速度>：轨迹进给率和通过手轮进行的速度叠加 <速度> 值不允许为 0，可以为除 0 以外的轨迹速度。

FDA[<轴>] = <速度>：轴向进给率，当 <速度> 值为 0 时，通过手轮设定行程，当 <速度> 值不为 0 时，为轴向速度。

<轴>：定位轴的轴名称。

FD 和 FDA 为程序段有效。

3. 举例

行程设定。用手轮将沿 *Z* 方向摆动的砂轮运行至 *X* 方向的工件处。在这种情况下，操作员可以手动调整刀具位置。直到产生的火花均匀为止。激活“删除剩余行程”之后，程序切换到下一个 NC 程序段并在自动运行模式下继续运行。

4. 其他信息

（1）运行带速度叠加的轨迹轴（FD = <速度>） 编程了轨迹速度叠加的零件程序段必须满足以下前提：

1）行程指令 G1、G2 或 G3 激活。

2）准停 G60 激活。

3）线性进给 G94 激活。

（2）进给倍率 进给倍率只对编程的轨迹速度有效，而对于用手轮产生的速度分量无效（进给倍率 = 0 时例外）。

例：

```
N10 X... Y... F500        ；轨迹进给率 = 500mm/min
N20 X... Y... FD = 700    ；轨迹进给率 = 700mm/min 和手轮速度叠加
```

在 N20 中从 500mm/min 加速到 700mm/min，通过手轮可根据方向在 0 和最大值（机床数据）之间修改轨迹速度。

（3）运行带指定行程的定位轴（FDA[<轴>] = 0） 在编程了 FDA[<轴>] = 0 的 NC 程序段中，为了使程序不产生任何运行，进给被设置为零。编程到目标位置的位移现在仅由操作者通过转动手轮来控制。

例：

```
⋮
N20 POS[V] = 90 FDA[V] = 0    ；目标位置 = 90mm，轴向进给率 = 0mm/min。且
                                通过手轮叠加行程。程序段开始时 V 的速度为
                                0mm/min，通过手轮脉冲设定行程和速度。
```

运行方向、运行速度：轴按符号方向沿手轮设定的行程运行，根据旋转方向可向前或向后运行。手轮转动得越快，轴运行的速度越快。

运行范围：运行范围由起始位置和编程的终点来限制。

（4）运行带速度叠加的定位轴（FDA[<轴>] = <速度>） 在 NC 程序段中通过编程 FDA[...] = ... 可以将进给率从最后编程的 FA 值加速或减速到 FDA 中所编程的值。通过旋转手轮，当前进给率 FDA 可加速运行到编程的目标位置，或减速为零。机床数据中设定的值作为最大速度生效。

例：

```
N10 POS[V] = ... FA[V] = 100       ；轴向进给率 = 100mm/min
N20 POS[V] = 100 FDA[V] = 200      ；轴向目标位置 = 100，轴向进给率 =
                                     200mm/min，且通过手轮叠加速度
```

在 N20 中，速度从 100mm/min 加速到 200mm/min，根据旋转方向可通过手轮在 0 和最大值（机床数据）之间修改速度。

运行范围由起始位置和编程的终点来限制。

2.4.8 曲线轨迹部分的进给率优化（CFTCP，CFC，CFIN）

铣刀半径的补偿运行 G41/G42 激活时，编程的进给率开始参照铣刀中心点轨迹。在进行圆弧铣削时，铣刀刀沿的进给率可能会有较大变化，从而影响加工结果。例如：使用较大直径的刀具铣削较小半径外缘时，刀具中心走过的距离远远大于沿轮廓走过的距离，因此在轮廓上会使用较小的进给率加工，为避免这些影响，应当相应地调节曲线轮廓的进给率。

1. 指令

CFTCP：在铣刀中心轨迹上保持恒定进给率。控制系统保持进给速度恒定，进给倍率无效。

CFC：轮廓（刀沿）上保持恒定进给率。该功能被设置为默认值。

CFIN：仅凹形轮廓上的刀沿保持恒定进给率，否则在铣刀中心轨迹上保持恒定进给率。进给速度在内半径上会降低。

2. 举例

有一凸凹轮廓工件，首先使用 CFC 修正的进给率加工轮廓。精加工时，使用 CFIN 对毛坯进行额外加工。这样就可以避免毛坯的外侧半径由于过高的进给速度而损坏。

```
N10 G17 G54 G64 T1 M6
N20 S3000 M3 CFC F500 G41
N30 G0 X-10
N40 Y0 Z-10          ；进刀至第 1 切削深度
N50 KONTUR1          ；子程序调用
N60 CFIN Z-25        ；进刀至第 2 切削深度
N70 KONTUR1          ；子程序调用
N80 Y120
N90 X200 M30
```

带 CFC 的轮廓上恒定进给率，进给速度在内径上会降低，而在外径上会增大。因此在刀沿和轮廓上的速度保持恒定。

2.4.9 非模态进给（FB）

可以使用“逐段有效进给率”功能为单个轴设定一个单独的进给率，在此程序段后，之前模态有效的进给率再次生效。

编程：FB = <值>，进给率仅在当前程序段生效，编程的值必须大于零。

对应激活的进给模式进行插补：G94、G95、G96。

如果在程序段中未编程运行（例如计算程序段），FB 不生效。

如果没有为倒角/倒圆编程显式进给率，那么 FB 的值还适用于该程序段中的倒角/倒圆轮廓元素。

对进给率插补 FLIN、FCUB 等没有限制。

FB 不可和 FD（带进给修调的手轮运行）或者 F（模态有效轨迹进给）一起编程。

例：

```
N10 G0 X0 Y0 G17 F100 G94
N20 G1 X10               ；进给率=100mm/min
```

```
N30 X20 FB = 80          ; 进给率 = 80mm/min
N40 X30                  ; 进给率恢复为 100mm/min
 ⋮
```

2.4.10　每齿进给量（G95 FZ）

对于铣削加工，实际操作中可采用更实用的每齿进给量编程来代替旋转进给率编程。

通过激活刀具补偿数据组的刀具参数 $TC_DPNT（齿数），控制系统根据每个运行程序段中可编程的每齿进给量计算生效的旋转进给率：

F = FZ × $TC_DPNT

其中：

F：旋转进给率，mm/r 或 in/r。

FZ：每齿进给量，mm/齿或 in/齿。

$TC_DPNT：刀具齿数，齿数/r。

不考虑激活刀具的刀具类型（$TC_DP1）。

编程的每齿进给量保持模态有效，不受换刀影响，也不管是否选择了刀具补偿数据组。

激活刀沿的刀具参数 $TC_DPNT 的更改在下一次选择程序段补偿或激活有效补偿数据时生效。

换刀和选择/取消刀具补偿数据组会重新计算当前生效的旋转进给率。

每齿进给量仅在轨迹上生效，无法进行轴专用编程。

编程：

G95 FZ ...

G95 和 FZ 指令可一同或分别在程序段中编程，可采用任意的编程顺序。

FZ：模态有效，在 G95 F ...（旋转进给率）和 G95 FZ ...（每齿进给量）之间进行切换时，将删除不生效的进给值。和旋转进给率类似，也可以使用 FPR 从任意回转轴或主轴推导出每齿进给量。后续的换刀或主主轴切换必须由用户通过相应的编程实现，比如重新编程 FZ，和轨迹几何形状（直线，圆弧）一样，工艺要求例如顺铣或逆铣、端面铣削或柱面铣削等都不会被系统自动考虑。而编程每齿进给量时必须考虑到这些参数。

例 1：5 齿铣刀（$TC_DPNT = 5）。

```
N10 G0 X100 Y50
N20 G1 G95 FZ = 0.02     ; 每齿进给量 0.02mm/齿
N30 T3 D1                ; 切换刀具，并激活刀具补偿数据组
N40 M3 S200              ; 主轴转速 200r/min
N50 X20
```

以如下进给量铣削：

FZ = 0.02mm/齿

生效的旋转进给率：

F = 0.02mm/齿 × 5 齿/r = 0.1mm/r，或者

F = 0.1mm/r × 200r/min = 20mm/min

例 2：在 G95 F ... 和 G95 FZ ... 之间切换。

```
N10 G0 X100 Y50
N20 G1 G95 F0.1                 ; 旋转进给率 0.1mm/r
N30 T1
N35 M3 S100 D1
N40 X20
N50 G0 X100 M5
N60 T3 D1                       ; 切换 5 齿铣刀（$TC_DPNT=5）
N70 X22 M3 S300
N80 G1 X3 G95 FZ=0.02           ; 从 G95 F... 切换至 G95 FZ…，每齿进给量
                                  0.02mm/齿生效。
```

例 3：从主轴推导出每齿进给量（FPR）。

```
⋮
N40 FPR (S4)                    ; 主轴 4 上的刀具（非主主轴）
N50 G95 X51 FZ=0.5              ; 根据主轴 S4，每齿进给量 0.5mm 推导
⋮
```

例 4：后续换刀。

```
N10 G0 X50 Y5
N20 G1 G95 FZ=0.03              ; 每齿进给量 0.03mm/齿
N30 T11 D1                      ; 切换为 7 齿铣刀（$TC_DPNT=7）
N40 M3 S100
N50 X30                         ; 生效的旋转进给率 0.21mm/r
N60 G0 X100 M5
N70 T33 D1                      ; 切换为 5 齿铣刀（$TC_DPNT=5）
N80 X22 M3 S300
N90 G1 X3                       ; 每齿进给量 0.03mm/齿模态有效，生成的旋转进
                                  给率 0.15mm/r
⋮
```

例 5：切换主主轴。

```
N10 SETMS (1)                   ; 主轴 1 为主主轴
N20 T3 D3                       ; 刀具 T3 切换至主轴 1
N30 S400 M3                     ; 主轴 1 转速为 S400（T3 转速）
N40 G95 G1 FZ=0.03              ; 每齿进给量 0.03mm/齿
N50 X50                         ; 轨迹运行，生效的进给率取决于 FZ，S(1)和激活
                                  的刀具 T3 的齿数
N60 G0 X60
⋮
N100 SETMS (2)                  ; 主轴 2 为主主轴
N110 T1 D1                      ; 刀具 T1 切换至主轴 2
N120 S500 M3                    ; 主轴 2 转速为 S500（T1 的转速）
```

N130 G95 G1 FZ=0.03 X20　；轨迹运行，生效的进给率取决于 FZ、S(2)和激活的刀具 T2 数的齿数

切换主主轴（N100）之后，必须为主轴 2 驱动的刀具选择补偿值。

其他信息：

（1）在 G93、G94 和 G95 之间切换　在 G95 未激活时也可编程 FZ 但此编程不生效，并会在选择 G95 时被删除。即在 G93、G94 和 G95 之间切换时，FZ 值也会像 F 值一样被删除。

（2）重新选择 G95　G95 被激活时，重新选择 G95 没有作用（当没有编程 F 和 FZ 之间的切换时）。

（3）逐段有效进给率（FB）　G95 FZ ...（模态有效）激活时，逐段有效进给率 FB ... 被视为每齿进给量。

（4）SAVE 属性　在有 SAVE 属性的子程序中，FZ 会像 F 一样，写入子程序启动前的值。

（5）同步动作　无法在同步动作中使用 FZ。

（6）读取每齿进给速度和轨迹进给类型　可通过系统变量读取每齿进给速度和轨迹进给类型：

1）在带预处理停止的零件程序中，通过系统变量：

$AC_FZ 为当前主程序段准备时生效的每齿进给速度。

$AC_F_TYPE 为当前主程序段准备时生效的轨迹进给类型。

2）在不带预处理停止的零件程序中，通过系统变量：

$P_FZ 为编程的每齿进给速度。

$P_S_TYPE 为编程的轨迹进给类型。

轨迹进给类型的值的含义，两者相同：0—mm/min，1—mm/r，2—in/min，3—in/r，11—mm/齿，31—in/齿。

如果 G95 未激活，变量 $P_FZ 和 $AC_FZ 总是输出零值。

2.5　几何设置

2.5.1　可设定的零点偏移（G54...G57，G505...G599，G53，G500，SUPA，G153）

通过可设定的零点偏移（G54...G57，G505...G599）可以在所有轴上依据基准坐标系的零点设置工件零点。这样可以通过 G 指令在不同的程序之间（例如用不同的夹具）调用零点。

1. 指令

G54...G57，G505...G599：激活可设定的零点偏移。

G500，G53，G153，SUPA：关闭可设定的零点偏移。

其中：

G54...G57：调用第 1 到第 4 个可设定的零点偏移（NV）。

G505...G599：调用第5到第99个可设定的零点偏移。

G500：关闭当前可设定的零点偏移，模态有效。

G500=零框架（标准设定：不包括位移、旋转、镜像或者缩放），关闭可设定的零点偏移直至下一次调用，激活整体基准框架（$P_ACTBFRAME）。

G500不等于零：激活第一个可设定的零点偏移（$P_UIFR[0]）并激活整体基准框架（$P_ACTBFRAME）或将可能修改过的基准框架激活。

G53：取消可设定零点偏移和可编程零点偏移，程序段方式有效。

G153：如同G53，此外还取消整体基准框架。

SUPA：如同G153，此外还取消手轮偏移（DRF）、叠加运动、外部零点偏移、预设定偏移。

程序开始时的初始设置，例如G54或G500，可以通过机床数据进行设定。

2. 举例

有三个工件，它们放在托盘上并与零点偏移值G54到G56相对应，需要按顺序对其进行加工。加工程序在子程序L47中编程。

```
N10 G54...      ；调用第一个可设定零点偏置
N20 L47         ；加工工件1
N30 G55...      ；调用第二个可设定零点偏置
N40 L47         ；加工工件2
N50 G56...      ；调用第三个可设定零点偏置
N60 L47         ；加工工件3
N70 G500...     ；取消可设定零点偏置
```

3. 其他信息

（1）设定偏移值　通过操作面板或者通用接口，在控制系统内部的零点编程表中输入以下值：偏移的坐标、旋转夹紧装置时的角度、缩放系数（如有必要）。

（2）零点偏移　在NC程序中，通过调用G54到G57、G505到G599指令中的一个，可以把零点从基准坐标系转换到工件坐标系。在后续编程了运动的NC程序段中，所有位置尺寸和刀具运动均以现在有效的工件零点为基准。

2.5.2　工作平面选择（G17/G18/G19）

（1）指令加工平面　加工所需工件的平面时，也同时确定了以下功能：

1）用于刀具半径补偿的平面。

2）用于刀具长度补偿的进刀方向，与刀具类型相关。

3）用于圆弧插补的平面。

指令：

G17或者G18或者G19

其中：

G17：X/Y平面，进刀方向Z。

G18：Z/X平面，进刀方向Y。

G19：Y/Z平面，进刀方向X。

在初始设置中，预设为G18（*Z/X*平面）。在调用刀具半径补偿G41/G42时，必须给定工作平面，这样控制系统才能对刀具长度和半径进行修正。

（2）铣削时的典型工作步骤

1）定义工作平面（G17为初始设置）。

2）调用刀具类型（T）和刀具补偿值（D）。

3）激活轨迹补偿（G41/G42）。

4）编程运行动作。

例：

```
N10 G17 T5 D8                  ；调用工作平面X/Y，调用刀具，在Z方向进行长度补偿
N20 G1 G41 X10 Y30 Z-5 F500    ；在X/Y平面进行半径补偿
N30 G2 X22.5 Y40 I50 J40       ；在X/Y平面进行圆弧插补/刀具半径补偿
```

2.5.3　尺寸指令

大多数NC程序的基础部分是一份带有具体尺寸的工件图样。其尺寸可以是绝对尺寸或增量尺寸（毫米或英寸），半径或直径（旋转工件）。为了能使尺寸图样中的数据可以直接被NC程序接受，针对不同的情况为用户提供了专用的编程指令。

2.5.3.1　绝对尺寸（G90，AC）

在绝对尺寸中，位置数据总是取决于当前有效坐标系的零点，即对刀具应当运行到的绝对位置进行编程。

1. 模态有效的绝对尺寸

模态有效的绝对尺寸可以使用指令G90进行激活。它会针对后续NC程序中写入的所有轴生效。

2. 程序段有效的绝对尺寸

在模态有效的增量尺寸（G91）中，可以用指令AC为单个轴指令程序段有效的绝对尺寸。

程序段有效的绝对尺寸（AC）也可以用于主轴定位（SPOS，SPOSA）和插补参数（I、J、K）。

指令：

```
G90
<轴>=AC(<值>)
```

其中：

G90：用于激活模态有效的绝对尺寸的指令。

AC：用于激活程序段有效的绝对尺寸的指令。

<轴>：待运行轴的轴名称。

<值>：待运行轴的绝对给定位置。

例：车削，零件如图2-5所示。

```
N5 T1 D1 S200 M3       ；换入刀具T1，主轴开始向右旋转
N10 G0 G90 X11 Z1      ；输入绝对尺寸
N20 G1 Z-15 F0.2       ；直线插补进刀
```

N30 G3 X11 Z－27 I＝AC（－5）K＝AC（－2）　；逆时针方向圆弧插补，绝对尺寸中的圆终点和圆心

N40 G1 Z－40　；移出

N50 M30　；程序结束

2.5.3.2　增量尺寸（G91、IC）

在增量尺寸中，位置数据取决于上一个运行到的终点，即增量尺寸编程用于说明刀具运行了多少距离。

1. 模态有效的增量尺寸

模态有效的增量尺寸可以使用 G91 进行激活。它会针对后续 NC 程序中写入的所有轴生效。

2. 程序段有效的增量尺寸

在模态有效的绝对尺寸（G90）中，可以用指令 IC 为单个轴设置程序段有效的增量尺寸。

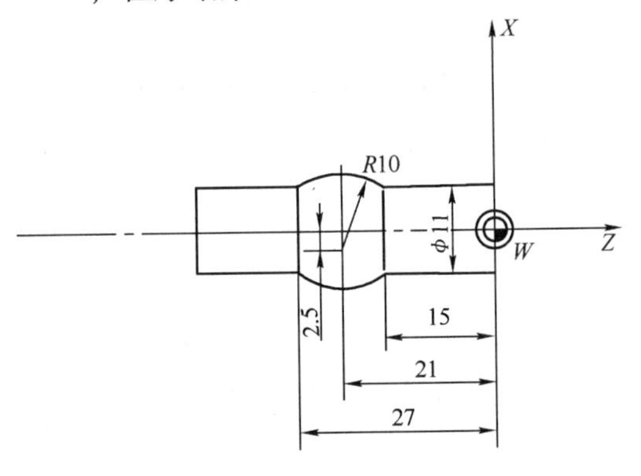

图 2-5　车削例图

程序段有效的增量尺寸（IC）也可以用于主轴定位（SPOS，SPOSA）和插补参数（I，J，K）。

指令：

G91

<轴>＝（<值>）

其中：

G91：用于激活模态有效的增量尺寸的指令。

IC：用于激活程序段有效的增量尺寸的指令。

<轴>：待运行轴的轴名称。

<值>：待运行轴的增量尺寸给定位置。

3. G91 扩展

在一些特定的应用（比如对刀）中，要求使用增量尺寸运行所编程的行程，而有效的零点偏移或刀具长度补偿不会运行。

可以通过下列设定数据分别为有效的零点偏移和刀具长度补偿设置其特性：

SD42440　$SC_FRAME_OFFSET_INCR_PROG（框架零点偏移）

SD42442　$SC_TOOL_OFFSET_INCR_PROG（刀具长度补偿）

其值为 0 时，表示在轴的增量尺寸编程中，有效的零点偏移或刀具长度补偿不运行。当其值为 1 时，表示在轴的增量尺寸编程中，有效的零点偏移或刀具长度补偿将运行。

例 1：车削一轴，零件如图 2-5 所示。

N5 T1 D1 S2000 M3

N10 G0 G90 X11 Z1

N20 G1 Z－15 F0.2

N30 G3 X11 Z－27 I－5 K－6　；逆时针方向圆弧插补，绝对尺寸中的圆终点，

```
                                      增量尺寸中的圆心
N40 G1 Z-40
N50 M30
```

例 2：没有执行有效零点偏移的增量尺寸编程。

设置：G54 包含一个零点偏移，在 X 轴方向移动 25。

```
SD 42440 $SC_FRAME_OFFSET_INCR_PROG = 0
N10 G90 G0 G54 X100
N20 G1 G91 X10        ；增量尺寸被激活，在 X 方向上运行 10mm（零点偏移未运行）
N30 G90 X50           ；绝对尺寸被激活，运行到位置 X75（零点偏移未运行）
```

2.5.3.3 用于回转轴的绝对尺寸（DC、ACP、ACN）

在绝对尺寸中定位回转轴可以使用与 G90/G91 无关的程序段有效的指令 DC、ACP 和 ACN。

指令：

<回转轴> = DC（<值>）

<回转轴> = ACP（<值>）

<回转轴> = ACN（<值>）

其中：

<回转轴>：需要运行的回转轴的名称（例如 A、B 或 C）。

DC：用于直接返回位置的指令。回转轴以直接的、最短的位移方式运行到所编程的位置。回转轴最多运行 180°。

ACP：用于返回到正方向位置的指令。回转轴以负向的旋转方向（逆时针方向）运行到所编程的位置。

ACN：用于返回到负方向位置的指令。回转轴以正向的旋转方向（顺时针方向）运行到所编程的位置。

<值>：绝对尺寸中待返回的回转轴位置。取值范围：0°~360°。

旋转的正方向（顺时针或逆时针）可以在机床数据中设定。

用方向参数（ACP，ACN）定位时，在机床数据中必须设定 0°~360°的运行范围（模数特性）。为了使程序段中的取模回转轴运行超过 360°，必须用 G91 或 IC 进行编程。

指令 DC、ACP 和 ACN 也可以用于主轴定位（SPOS，SPOSA），从静止状态开始使用。例如 SPOS = DC（45）。

例：在回转工作台上进行铣削加工

刀具不动，工作台回转至 270°，按顺时针方向，这时，生成一个圆弧槽。

```
N10 SPOS = 0              ；主轴处于位置控制中
N20 G90 G0 X-20 Y0 Z2 Y1
N30 G1 Z-5 F500
N40 C = ACP (270)         ；工作台按顺时针方向（正方向）旋转至 270°，刀具铣出一个圆弧槽
```

N50 G0 Z200 M30

2.5.3.4 英制尺寸编程或米制尺寸编程（G70/G700，G71/G710）

使用以下 G 功能可以在米制尺寸系统和英制尺寸系统间进行切换。

1. 指令

G70/G71

G700/G710

其中：

G70：激活英制尺寸系统。在英制尺寸系统中读取和写入与长度相关的几何数据。在设置的基本系统（MD10240 $MN_SCALING_SYSTEM_IS_METR1C）中读取和写入与长度相关的工艺数据（比如：进给率、刀具补偿），可设定零点偏移以及机床数据和系统变量。

G71：激活米制尺寸系统。在米制尺寸系统中读取和写入与长度相关的几何数据。在设置的基本系统（MD10240 $MN_SCALING_SYSTEM_IS_METRIC）中读取和写入与长度相关的工艺数据（比如：进给率、刀具补偿），可设定零点偏移以及机床数据和系统变量。

G700：激活英制尺寸系统。在英制尺寸系统中读取和写入所有与长度相关的几何数据和工艺数据。

G710：激活米制尺寸系统。在米制尺寸系统中读取和写入所有与长度相关的几何数据和工艺数据。

2. 例：英制尺寸与米制尺寸间的相互转换

设置的基本系统为米制：MD10240 $MN_SCALING_SYSTEM_IS_METRIC = TRUE。

```
N10 G0 G90 X20 Y30 Z2 S2000 M3 T1    ；米制系统
N20 G1 Z-5 F500
N30 X90
N40 G70 X2.75 Y3.22                  ；英制系统，进给量仍为米制
N50 X1.18 Y3.54
N60 G71 X20 Y30                      ；米制系统
N70 G0 Z2
N80 M30
```

3. 其他信息

（1）G70/G71　G70/G71 激活时，仅在相应的尺寸系统中编译以下几何数据：

1）行程信息（*X*、*Y*、*Z*...）。

2）圆弧编程：中间点坐标（I1、J1、K1），插补参数（I、J、K）圆半径（CR）。

3）螺距（G34，G35）。

4）可编程的零点偏移（TRANS）。

5）极半径（RP）。

（2）同步动作　如果在同步动作（前件和/或后件）中未显式编程尺寸系统（G70/G71/G700/G710），执行时通道中生效的尺寸系统将在同步动作（条件部分和/或动作部分）中生效。

如果在同步动作（条件部分和/或动作部分）或工艺功能中未显示编程尺寸系统，系统将始终读取设置的基本系统中的与长度相关的位置数据。

2.5.3.5　通道专用的直径/半径编程（DIAMON，DIAM90，DIAMOF，DIAMCYCOF）

车削时可以直径或半径设定用于端面轴的尺寸。可以通过模态指令 DIAMON，DIAM90，DIAMOF 和 DIAMCYCOF 激活通道专用的直径或半径编程，以便使 NC 程序直接采用技术图样上的尺寸数据，而无需换算。

通道专用的直径/半径编程取决于由 MD20100 $MC_DIAMETER_AX_DEF 作为端面轴所定义的几何轴。通过 MD20100 只可以为每条通道定义一个端面轴。

1. 指令

DIAMON：激活独立的通道专用的直径编程的指令。DIAMON 的作用与所编程的尺寸模式无关，即不管是绝对尺寸 G90，还是增量尺寸 G91 都为直径尺寸。

DIAM90：激活不独立的通道专用直径编程的尺寸。DIAM90 的作用取决于所编程的尺寸模式，即 G90 时为直径尺寸，G91 时为半径尺寸。

DIAMOF：关闭通道专用直径编程的指令。直径编程关闭后，通道专用的半径编程生效。DIAMOF 的作用与所编程的尺寸模式无关，即不管是 G90，还是 G91，都为半径尺寸。

DIAMCYCOF：循环处理期间用于关闭通道专用直径编程的指令。这样在循环中可始终以半径方式进行计算。最后激活的该组 G 功能仍保持有效，用于位置显示和基准程序段显示。

使用 DIAMON 或者 DIAM90 后，端面轴的实际值总是显示为直径。这也适用于使用指令 MEAS，MEAW，$P_EP[X]和 $AA_IW[X]读取工件坐标系中的实际值。

2. 举例

```
N10 G0 X0 Z0                  ；运行到起点
N20 DIAMOF                    ；直径编程关闭
N30 G1 X30 S2000 M3 = F0.7    ；X 轴为端面轴，半径编程有效，运行至半径位
                                置 X30
N40 DIAMON                    ；端面轴直径编程有效
N50 G1 X70 Z-20               ；运行到直径位置 X70 和 Z-20
N60 Z-30
N70 DIAM90                    ；绝对尺寸采用直径编程，增量尺寸采用半径编程
N80 G91 X10 Z-20              ；X 轴尺寸为半径值
N90 G90 X10                   ；X 轴尺寸为直径值
N100 M30                      ；程序结束
```

3. 其他信息

直径值对于下列数据有效：

1）工件坐标系中端面轴的实际值显示。

2）JOG 运行：增量尺寸和手轮运行中的增量值。

3）结束位置的编程：插补参数 I、J、K，在 G2/G3 时，如果使用 AC 对其进行绝对值编程。在增量编程（IC）使用 I、J、K 时，总是计算半径。

4）当使用下列参数时，在工件坐标系中读取实际值：MEAS、MEAW、$P_EP[X]，$AA_IW[X]。

2.5.3.6 轴专用的直径/半径编程（DIAMONA，DIAM90A，DIAMOFA，DIACYCOFA，DIAMCHANA，DIAMCHAN，DAC，DIC，RAC，RIC）

除了通道专用的直径编程，轴专用直径编程可以直径方式说明和显示一个或者多个轴的模态有效或程序段有效的尺寸。只有通过 MD30460 $MA_BASE_FUNCTION_MASK 将轴设定为轴专用直径编程允许的其他端面轴后，才能在该轴上进行轴专用直径编程。

1. 指令

（1）用于通道内多个端面轴的、模态有效的轴专用直径编程

DIAMONA [<轴>]

DIAM90A [<轴>]

DIAMOFA [<轴>]

DIACYCOFA [<轴>]

其中：

DIAMONA：激活独立的、轴专用的直径编程指令。DIAMONA 的生效与编程的尺寸模式无关（G90/G91 或者 AC/IC），都为直径尺寸。

DIAM90A：激活不独立、轴专用的直径编程指令。DIAM90A 的生效取决于所编程的尺寸模式。G90，AC 时为直径尺寸，G91，IC 时为半径尺寸。

DIAMOFA：关闭轴专用直径编程的指令。直径编程关闭时，轴专用的半径编程生效。DIAMOFA 的生效与所编程的尺寸模式无关，即都为半径尺寸。

DIACYCOFA：循环处理期间用于关闭轴专用的直径编程的指令。这样在循环中可始终以半径方式进行计算。最后激活的该组 G 功能仍保持有效，用于位置显示和基准程序段显示。

<轴>：需要激活轴专用直径编程的轴的轴名称。允许的轴名称为几何名称/通道名称，或者机床进给轴名称。指定的轴必须是通道内已知的轴。必须通过 MD30460 $MA_BASE_FUNCT10N_MASK 将轴设置为允许轴专用直径编程的轴；不允许回转轴作为端面轴。

（2）接收通道专用的直径/半径编程

DIAMCHANA [<轴>]

DIAMCHAN

其中：

DIAMCHANA：使用指令 DIAMCHANA [<轴>] 后，指定的轴会接收直径/半径编程的通道状态，并按通道专用的直径/半径编程程序进行保存。

DIAMCHAN：使用 DIAMCHAN 后，所有允许轴专用直径编程的轴会接收直径/半径编程的通道状态，并按通道专用的直径/半径编程顺序进行保存。

（3）程序段有效的轴专用直径/半径编程

<轴> = DAC（<值>）

<轴> = DIC（<值>）

<轴> = RAC（<值>）

<轴> = RIC（<值>）

逐段有效的轴专用直径/半径编程可以确定在零件程序以及同步动作中的尺寸类型，即直径或者半径方式。直径/半径编程的模态状态不改变。

其中：

DAC：指令 DAC 可以为指定轴程序段激活绝对尺寸和直径尺寸。

DIC：指令 DIC 可以为指定轴程序段激活增量尺寸和直径尺寸。

RAC：指令 RAC 可以为指定轴程序段激活绝对尺寸和半径尺寸。

RIC：指令 RIC 可以为指定轴程序段激活增量尺寸和半径尺寸。

使用 DIAMONA［<轴>］或者 DIAM90［<轴>］后，端面轴的实际值总是显示为直径。这也适用于使用指令 MEAS，MEAW，$P_EP[<X>]和 $AA_IW[<X>]读取工件坐标系中的实际值。

在与辅助端面轴进行轴交换时，基于 GET 请求可以使用 RELEASE［<轴>］来接收其他通道内的直径/半径编程状态。

2. 举例

例 1：模态有效的轴专用直径/半径编程。

X 轴为通道内端面轴，允许 *Y* 轴使用轴专用的直径编程。

```
N10 G0 X0 Z0 DIAMON        ; X 轴上通道专用的直径编程被激活
N15 DIAMOF                 ; 通道专用直径编程关闭
N20 DIAMONA [Y]            ; Y 轴上模态有效的轴专用直径/半径编程被激活
N25 X200 Y100              ; X 轴上半径编程被激活
N30 DIAMCHANA [Y]          ; Y 轴接收通道专用的直径/半径编程状态并将其保持
N35 X50 Y100               ; X 和 Y 轴半径编程被激活
N40 DIAMON                 ; 通道专用直径编程激活
N45 X50 Y100               ; X 和 Y 轴直径编程被激活
```

例 2：程序段有效的轴专用直径/半径编程。

X 轴为通道内端面轴，允许 *Y* 轴使用轴专用的直径编程。

```
N10 DIAMON                 ; 通道专用直径编程激活
N15 G0 G90 X20 Y40 DIAMONA [Y]
                           ; Y 轴上模态有效的轴专用直径/半径编程被激活
N20 G1 X = RIC (5)         ; X 轴上该程序段增量尺寸、半径尺寸有效
N25 X = RAC (80)           ; X 轴上该程序段绝对尺寸、半径尺寸有效
N30 WHEN $SAA_IM[Y] > 50 DO POS[X] - RIC(1)
                           ; X 轴为指令轴。X 轴上该程序段增量尺寸、半径尺寸
                             有效
N40 WHEN $SAA_IM[Y] > 60 DO POS[X] = DAC(10)
                           ; X 轴为指令轴，X 轴上该程序段绝对尺寸，半径尺寸
                             有效
N50 G4 F3
```

3. 其他信息

（1）直径值（DIAMONA/DIAM90A）　直径值对下列数据有效：

1）工件坐标系中端面轴的实际值显示。

2）JOG 运行：增量尺寸和手轮运行中的增量值。

3）结束位置的编程。插补参数 I、J、K，在 G2/G3 时，如果使用 AC 对其进行绝对值编程，则在增量编程 IC 使用 I、J、K 时，总是计算半径。

4）当使用下列参数时，在工件坐标系中读取实际值：MEAS、MEAW、$P_EP［X］，$AA_IW[X]。

（2）程序段有效的轴专用直径编程（DAC，DIC，RAC，RIC） 指令语句 DAC、DIC、RAC、RIC 可以用于所有需要考虑通道专用直径编程的指令：

1）轴位置：X...，POS，POSA。

2）插补参数：I、J、K。

3）轮廓段：带指定角度的直线。

4）快速退刀：POLF［AX］。

5）以刀具方向运行：MOVT。

6）平滑逼近和退回：G140～G143，G147，G148，G247，G248，G347，G348，G340，G341。

2.5.3.7 极坐标尺寸

1. 极坐标的极点（G110，G111，G112）

标注尺寸的原点就是极点。极点的尺寸可以用直角坐标或者极坐标表示。使用指令 G110～G112 可以确定极坐标的唯一极点。因此绝对尺寸或者增量尺寸都不会对极点产生影响。

指令：

G110/G111/G112 X... Y... Z...

G110/G111/G112 AP =... RP =...

其中：

G110...：使后续的极坐标都以最后一次返回的位置为基准。

G111...：使后续的极坐标都以当前工件坐标系的零点为基准。

G112...：使后续的极坐标都以最后一个有效的极点为基准。

指令 G110～G112 必须在单独的 NC 程序段中进行编程。

X... Y... Z...：在直角坐标系中指定极点。

AP =... RP...：在极坐标系中指定极点。

AP =...：极角，即极半径与工作平面水平轴（例如 G17 平面上的 *X* 轴）之间的角度。旋转的正方向是沿逆时针方向运动，取值范围：±(0°～360°)。模态有效。

角度的数据可以用绝对方式和增量方式进行编程：

AP = AC（...）绝对尺寸

AP = IC（...）增量尺寸

在增量尺寸中以最后一个编程的角度作为基准。

RP =...：极半径。数据始终是正的绝对值，以毫米或英寸为单位。在输入一个新值之前，极半径将一直被保存。

可以在 NC 程序中逐段在极坐标尺寸和直角尺寸之间进行切换。通过使用直角坐标名称（X... Y... Z...）可以直接返回直角坐标系中。此外，定义过的极点一直保存到程序结束。

如果没有指定极点，那么就采用当前工件坐标系的原点。

例：定义极点1~3，如图2-6所示。

极点1用G111 X... Y... 定义。极点2用G110 X... Y... 定义。极点3用G112 X... Y... 定义。或极点2用G110 AP=120 RP=R1定义，极点3用G112 AP=30 RP=R1+R2定义。

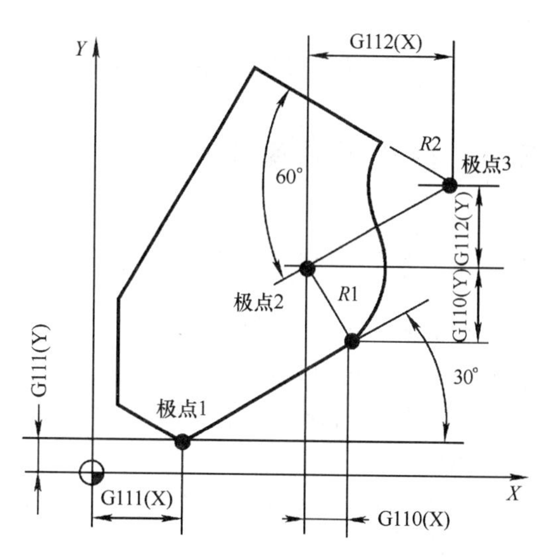

图2-6　极点定义

2. 使用极坐标编程

指令：

G0/G1/G2/G3 AP=... RP=...

其中：AP、RP含义同前。

当从一个中心点出发为工件或者工件零点确定尺寸时，以及当使用角度和半径说明尺寸时，使用极坐标编程就非常方便。

极坐标取决于使用G110~G112所确定的极点，并在使用G17~G19所选定的工作平面中有效；垂直于工作平面的第3轴可以用直角坐标表示。这样，可以在圆柱坐标中给空间参数编程。

例如：G17 G0 AP... RP... Z...

3. 边界条件

1）在有极终点位置坐标的NC程序段中，不得对选出的工作平面编程直角坐标，例如插补参数或轴地址等。

2）当使用G110~G112时未定义极点，则自动将当前工件坐标系的零点视为极点。

3）极半径RP不得为零。极半径是由在极平面上的起点矢量和有效的极点矢量之间的距离计算得出的。计算出的极半径以模态方式保存。这与所选定的极点定义（G110~G112）无关。如果这两点的编程是相同的，即这个半径等于零，将产生报警14095。

4）如果只编程了极角AP，在当前程序段只包含一个极角而没有极半径，那么当前位置和工件坐标系的极点之间的差即作为极半径并以模态方式保存。如果差值为零，那么将再次规定极坐标，并且模态极半径还是零。

例：编制钻孔程序：圆周5个孔，均布（间距72°），起始孔18°。钻孔程序用子程序L10。

```
N10 G17 G54
N20 G111 X43 Y38                 ；确定极点
N30 G0 RP=30 AP=18 Z5            ；逼近起点，以圆柱坐标指定
N40 L10                          ；子程序调用，加工第1孔
N50 G1 AP=72                     ；极半径在N30段被保存，不需要指定
N60 L10                          ；第2孔
N70 AP=IC（72）
N80 L10                          ；第3孔
N90 AP=IC（72）
N100 L10                         ；第4孔
```

```
N110 AP = IC (72)
N120 L10                    ; 第5孔
N130 G0 X300 Y200 Z100 M30
```

2.6　自动返回参考点

2.6.1　返回参考点（G74）

在机床开机后，如果使用增量位移测量系统，则所有轴必须执行手动返回参考点操作，在此之后，才可以编程运行。

使用 G74 指令可以在 NC 程序中执行回参考点运行。

指令：

```
G74 X1 =0 Y1 =0 Z1 =0 A1 =0...      ; 在单独程序段中编程
```

其中：

G74：回参考点。

X1... A1...：给定轴地址的轴执行回参考点运行。

用 G74 使轴运行到参考点，在回参考点之前不可以对该编程轴转换。用指令 TRAFOOF 来取消转换。

例：在转换测量系统时返回到参考点，并建立工件零点。

```
N10 POS =0                          ; 主轴处于位置控制方式
N20 G74 X1 =0 Y1 =0 Z1 =0 C1 =0     ; 回参考点运行，用于线性轴和回转轴。
N30 G54                             ; 零点偏移
N40 L47                             ; 切削程序
N50 M30
```

2.6.2　返回固定点（G75，G751）

使用程序段方式生效的 G75/G751 指令，可以将单个轴独立地运行至机床区域中的固定点，例如换刀点、上料点、托盘更换点等。

固定点为机床数据（MD30600 $MA_FIX_POINT_POS[n]）中存储的机床坐标系中的位置。每个轴最多可以定义 4 个固定点。

可在各 NC 程序中返回固定点，而不考虑当前刀具或工件的位置。在运行轴之前执行内部预处理停止。

可直接（G75）或者通过中间点（G751）返回固定点，如图 2-7 所示。

使用 G75/G751 返回固定点时，必须满足以下前提条件：

1）必须精确计算固定点的坐标，并存储于机床数据中。

2）固定点必须处于有效的运行范围内（注意软件限位开关限位 1）。

3）待运行的轴必须执行过返回参考点操作。

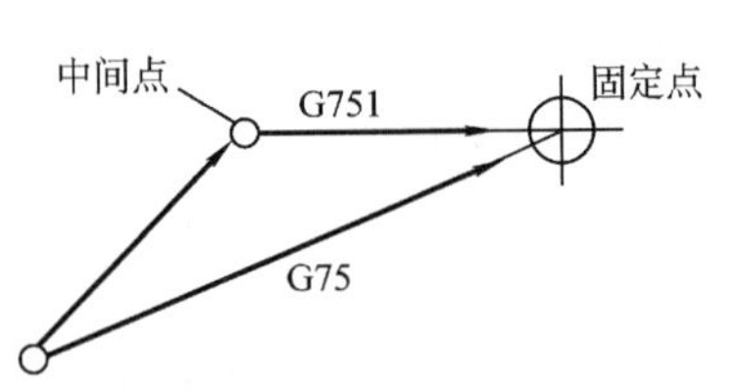

图 2-7　返回固定点

4）不允许激活刀具半径补偿。

5）不允许激活运动转换。

6）待运行的轴不可参与激活的转换。

7）待运行的轴不可为有效耦合中的从动轴。

8）待运行的轴不可为龙门连接中的轴。

9）编译循环不可接通运行分量。

1. 指令

G75/G751 <轴名称> <轴位置>... FP = <n>

其中：

G75：直接返回固定点。

G751：通过中间点返回固定点。

<轴名称>：需要运行至固定点的机床轴的名称，允许所有的轴名称。

<轴位置>：在 G75 程序段中设定的位置值无效，因此通常设定为零值。在 G751 程序段中，必须将待逼近的中间点设定为位置值。

FP = ：应返回的固定点。

<n>：固定点编号，n = 1 ~ 4。若未编程 FP = <n>或者未编程固定点编号，或者编程了 FP = 0 时，它将被看做 FP = 1，并且执行向固定点 1 的返回运行。

在一个 G75/G751 程序段中可以编程多个轴。这些轴将同时逼近设定的固定点。

对于 G751 不得编程不经过中间点而直接返回固定点。

地址 FP 的值不能大于为编程的每个轴设定的固定点的数量(MD30610 $MA_NUM_FIX_POINT_POS)。

2. 举例

需要将 *X* 轴（ = AX1）和 *Z* 轴（ = AX3）运行到固定机床轴位置 1（*X* = 151.6，*Z* = 17.3）进行换刀。

机床数据：

MD30600 $MA_FIX_POINT_POS[AX1.0] = 151.6

MD30600 $MA_FIX_POINT_POS[AX3.0] = 17.3

NC 程序：

例 1：G75 编程。

```
N100 G55                  ; 激活可设定的零点偏移
N110 X10 Y30 Z40          ; 逼近 WCS 中的位置
N120 G75 X0 Z0 FP = 1 M0  ; X 轴运行至 151.6，Z 轴运行至 17.3（MCS）。每轴
                            均以最大速度运行。在此程序段中不可激活其他运
                            行。在此添加一个停止指令，以防止在到达点位置
                            后会继续运行
N130 X10 Y30 Z40          ; 重新逼近 N110 中设定的位置，零点偏移重新生效
```

如果激活了“带刀库的刀具管理”功能，则在 G75 运行结束时，辅助功能 T... 或 M...（比如 M6）无法触发程序段转换禁止。因为，“带刀库的刀具管理”设置激活时，用换刀的辅助功能不输出给 PLC。

例2：G751编程。

先逼近位置 $X20$ $Z30$，然后逼近机床轴固定点2。

⋮

N40 G751 X20 Z30 FP = 2　　；先通过快速运行逼近位置 $X20$ $Z30$，接着像编程G75时一样从 $X20$ $Z30$ 运行至 X 轴和 Z 轴上的固定点2。

⋮

3. 其他信息

（1）G75　将轴作为机床轴快速运行。运行通过内部功能“SUPA”（抑制所有框架）和“G0 RTLIOF”（进行单轴插补的快速运行）来运行。

如果不满足“RTLIOF”（单轴插补）的条件，则以轨迹返回固定点到达固定点时，轴停止在公差窗口“精准停”内。

（2）G751　通过快速运行和激活的补偿（刀具补偿，框架等）逼近中间位置，此时轴进行插补运行。然后，像使用G75时一样执行向固定点的逼近运行。到达固定点后重新激活补偿（如G75）。

（3）轴向附加运行　在G75/G751程序段编译时，考虑采用以下轴向附加运行：

1）外部零点偏移。

2）DRF（手轮偏移）。

3）同步偏移（$AA_OFF）。

其后，不可再对轴的附加运行进行修改，直至通过G75/G751程序段编程的运行结束。

G75/G751程序段编译后的附加运行会使逼近的固定点产生偏移。

不考虑插补时间，系统始终不采用在线刀具补偿和BCS（如MCS）中编译循环的附加运行。因为这些功能会引起目标位置的偏移。

（4）激活框架　忽略所有生效的框架，在机床坐标系中运行。

（5）WCS/ENS中的工作区域限制　坐标系专用的工作区域限制（WALCS0...WALCS10）在G75/G751程序段中不生效；将目标点作为下一个程序段的起点进行监控。

（6）POSA/SPOSA进给轴/主轴运行　如果使用POSA或SPOSA运行了编程的进给轴或主轴，必须在返回固定点前结束该运行。

（7）G75/G751程序段中的主轴功能　如果主轴没有进行“返回固定点”运行，可以在G75/G751程序段中附加编程主轴功能，比如使用SPOS/SPOSA进行定位。

（8）取模轴　在取模轴上以最短路径返回固定点。

2.6.3　运行到固定挡块（FXS，FXST，FXSW）

通过功能“运行到固定挡块”可以生成定义的工件夹紧力，用于尾座、套筒和夹具等。此外，还可以使用此功能返回机械参考点。随着力矩尽可能地减少，无需使用探头就可以进行简单的测量。“运行到固定挡块”功能可用于进给轴以及作为进给轴使用的主轴。

1. 指令

FXS[<轴>] =...

FXST[<轴>] =...

FXSW[<轴>] =...

FXS[<轴>] =... FXST[<轴>] =...

FXS[<轴>] =... FXST[<轴>] =... FXSW[<轴>] =...

其中：

FXS：用于激活和取消“运行到固定挡块”功能的指令。

FXS[<轴>] =1，打开功能。

FXS[<轴>] =0，解除功能。

FXST：用于生成夹紧力矩的备选指令，以驱动最大力矩的%设定。

FXSW：用于设定固定挡块监控窗口宽度的备选指令。以毫米、英寸或者度为单位设定。

<轴>：机床轴名称。对机床轴（*X*1、*Y*1、*Z*1 等）进行编程。

FXS、FXST 和 FXSW 指令模态有效。可以选择由 FXST 和 FXSW 进行编程，如果没有给定值，则最后编程的值或者在相应机床数据中设定的值生效。

2. 应用

1）激活运行至固定挡块，编辑 FXS [<轴>] =1。向目标点的运行可以描述为轨迹运行或者定位运行。在定位轴上可以超出程序段限制执行此功能。运行到固定挡块可以同时在几个轴上同时进行，并与其他轴的运动平行。固定挡块必须在起始位置和目标位置之间。

例：X250 Y100 F100 FXS[X1] =1 FXST[X1] =12.3 FXSW[X1] =2

轴 *X*1 以进给率 *F*100（可选设定）向目标位置 *X* = 250mm 运行。夹紧力矩为最大起动力矩的 12.3%，监控在宽度为 2mm 的窗口进行。

注意，如果在进给轴/主轴上激活了“运行到固定挡块”功能，则不能再为该轴编程新的位置。在选择该功能之前，必须把主轴转换到位置监控模式。

2）取消运行至固定挡块，编程 FXS [<轴>] =0。取消该功能可以触发一次预处理程序停止。在程序段中使用 FXS [<轴>] =0，会使运动停止。

例：X200 Y400 G01 G94 F2000 FXS [X1] =0

轴 *X*1 从固定挡块回到位置 *X* = 200mm。所有其他参数都是可选的。

注意，到返回位置的运行必须是离开固定挡块，否则会给挡块或机床造成损坏。在到达返回位置后，就可以进行程序段转换。如果没有设定返回位置，则在取消力矩限制后直接执行程序段切换。

3）夹紧力矩（FXST）和监控窗口（FXSW）。编程的力矩限制 FXST 从程序段开始时就有效，也就是以降低的力矩返回固定挡块。FXST 和 FXSW 可以在零件程序中随时进行编程或修改。更改在同一程序段中运行前生效。如果编程之前轴已经开始运行，那么重新编程固定挡块监控窗口将不仅会使窗口宽度变化，也会使窗口中心的参考点发生变化。窗口变化时，机床轴的实际位置就是新窗口中心点。

注意，必须选择窗口，才能使轴脱离固定挡块时引起固定挡块监控响应。

3. 其他信息

（1）上升斜坡　通过机床参数可以给新的力矩限制定义一个上升坡度，从而可以稳定地设置力矩极限。

（2）报警抑制　必要时可以用零件程序来抑制挡块报警。通过在机床参数中屏蔽报警，然后用 NEW_CONF 来激活新的 MD 设置。

(3) 激活 “运行到固定挡块” 指令可以从同步动作/计数循环中调入。不用运动就可以激活这些指令，力矩立即被限制。一旦轴运动通过设定点，就会激活限制停止监视器。

(4) 从同步动作中激活　例如，如果出现预计事件（$R1）并且运行到固定挡块还没有运行，那么必须为 Y 轴激活 FXS。力矩应达到额定力矩的 10%。监控窗口的宽度设置为默认值。

N10 IDS = 1 WHENEVER(($R1 == 1) AND($AA_FXS[Y] == 0)) DO $R1 = 0 FXS[Y] = 1 FXST[Y] = 10

标准的零件程序必须确保 $R1 在所希望的时间予以设置。

(5) 从同步动作中取消激活　例如，如果出现预计的事件（$R3），并且到达状态 “接触限制挡块”（系统变量 $AA_ FXS），那么必须取消 FXS。

IDS = 4 WHENEVER(($R3 == 1) AND($AA_FXS[Y] == 1)) DO FXS[Y] = 0 FA[Y] = 1000 POS[Y] = 0

(6) 到达固定挡块　在到达固定挡块后：删除剩余行程并且位置给定值被跟随；起动力矩提高到编程的极限值，FXSW 保持不变；在指定的窗口宽度内激活固定挡块监控。

4. 边界条件

(1) 测量和删除剩余行程 “测量和删除剩余行程”（指令 MEAS）和 “运行到固定挡块” 不能同时在一个程序段编程。但下列情况例外，一个功能作用于轨迹轴，另一个作用于定位轴或者两个功能都作用于定位轴。

(2) 轮廓监控　在 “运行到固定挡块” 有效时，不能执行轮廓监控。

(3) 定位轴　使用定位轴 “运行到固定挡块” 时，程序段的转换与固定挡块运动无关。

(4) 链接轴和容器轴　运行到固定挡块也可以由链接轴来实现。这也适用于模态的带 FOCON 的力矩限制。

(5) 无法运行到固定挡块　在龙门架轴上和用于仅由 PLC 控制的同时定位轴（FXS 的选择必须由 NC 程序进行）无法运行到固定挡块。

(6) 轴跟随设定点　如果力矩值下降得过多，轴将不能跟随指定的设定值，位置调节器到达限值，并且轮廓偏差增加。在这种运行状态下，可以通过提高力矩限制来达到突变运动。为了保证轴可以跟随设定点，必须检查轮廓偏差并保证其不得大于在无限制力矩时的偏差。

2.7　编程的工作区域极限和保护区

2.7.1　BCS 中的工作区域限制（G25/G26，WALIMON，WALIMOF）

使用 G25/G26 可以限制所有通道轴中刀具的工作区域（工作区域、工作范围）。G25/G26 定义的工作区域界限以外的区域中，禁止刀具运行。各个轴的坐标参数在基准坐标系中生效。必须用指令 WALIMON 编程所有有效设置的轴的工作区域限制。用 WALIMOF 使工作区域限制失效。WALIMON 是默认设置。仅当工作区域在之前被取消过才需要重新编程。

1. 指令

G25 X... Y... Z...

```
G26 X... Y... Z...
WALIMON
WALIMOF
```

其中：

G25：工作区域下限，基准坐标系中的通道轴赋值。

G26：工作区域上限，基准坐标系中的通道轴赋值。

X... Y... Z...：单个通道轴的工作区域下限或上限，设定以基准坐标为基准。

WALIMON：激活所有轴的工作区域限制。

WALIMOF：取消所有轴的工作区域限制。

除了可以通过 G25/G26 输入可编程的值之外，还可以通过轴专用设定数据进行输入：

SD43420 $SA_WORKAREA_LIMIT_PLUS（工作区域限制正向）

SD43430 $SA_WORKAREA_LIMIT_MINUS（工作区域限制负向）

由 SD43420 和 SD43430 参数设置的工作区域限制，通过即时生效的轴专用设定数据来定向激活和取消：

SD43400 $SA_WORKAREA_PLUS_ENABLE（正向的工作区域限制激活）

SD43410 $SA_WORKAREA_MINUS_ENABLE（负向的工作区域限制激活）

通过定向激活/取消，可将轴的工作区域限制在一个方向上。

用 G25/G26 编程的工作区域限制具有优先权并会覆盖 SD43420 和 SD43430 中已输入的值。

使用 G25/G26 也可以在地址 S 下编程主轴转速极限值。

2. 应用

通过 G25/G26 定义的工作区域限制来限制车床的工作范围，以防止周围设备（如转塔，测量站等）损坏。初始位置：WALIMON。

```
N10 G0 G90 F0.5 T1
N20 G25 X-80 Z30        ；确定各个坐标轴的下限
N30 G26 X80 Z330        ；确定上限
N40 L22                 ；切削程序
N50 G0 G90 Z102 T2      ；到换刀点
N60 X0
N70 WALIMOF             ；取消工作区域限制
N80 G1 Z-2 F0.5         ；钻削
N90 G0 Z200             ；返回
N100 WAL1MON            ；使能工作区域限制
N110 X70 M30            ；程序结束
```

3. 其他信息

(1) 刀具上的基准点　在有效的刀具长度补偿中，刀尖作为基准点，否则，刀架参考点作为基准点。刀具半径参考必须单独激活。这可通过专用机床数据执行：

MD21020 $MC_WORKAREA_WITH_TOOL_RADIUS

如果刀具基准点位于工作区域限制定义的工作范围之外或者离开了该区域，则程序停止。

当转换生效时，刀具数据（刀具长度和刀具半径）参考可能与所描述的特性不同。

（2）可编程的工作区域限制 G25/G26　对于每个轴可以设定一个上限（G26）和一个下限（G25）的工作区域，该值立即生效，在相应的机床数据设置（MD10710 $MN_PROG_SD_RESET_SAVE_TAB）下，在复位后和重新上电后仍保持原值。

使用子程序 CALCPOSI 可在运行前检查预设的路径是否处于工作区域限制中和/或在保护区域范围内运行。

2.7.2　在 WCS/ENS 中的工作区域限制（WALCS0 ~ WALCS10）

除了可以通过 WALIMON 进行工作区域限制以外，还可以使用 G 指令 WALCS1 ~ WALCS10 激活其他工作区域限制。与 WALIMON 工作区域限制不同，这里的工作区域不在基准坐标系中，而是在工件坐标系（WCS）或可设定零件坐标系（ENS）中专用的限制。

通过 G 代码指令 WALCS1 ~ WALCS10 可以在 10 个通道专用数组中选择一个数组（工作区域限制组）用于坐标系专用工作区域限制。数组包含通道中所有轴的限制。该限制由通道专用系统变量来定义。

1. 指令

通过选择工作区域限制组来激活“WCS/ENS 中的工作区域限制”。使用 G 代码指令执行选择：

```
WALCS1      ；激活工作区域限制组 1
 ⋮
WALCS10     ；激活工作区域限制组 10
```

通过调用 G 代码指令取消“WCS/ENS 中的工作区域限制”：

```
WALCS0      ；取消激活有效的工作区域限制组。
```

通过设定通道专用系统变量来设置单个轴的工作区域限制以及选择参考范围（WCS 或 ENS），在此范围内 WALCS1 ~ WALCS10 激活的工作区域限制生效。

设置工作区域限制：

$AC_WORKAREA_CS_PLUS_ENABLE[<限制组号>, <ax>]：轴正方向上工作区域限制有效。

$AC_WORKAREA_CS_LIMIT_PLUS[<限制组号>, <ax>]：轴正方向上的工作区域限制仅在以下条件时生效：$AC_WORKAREA_CS_PLUS_ENABLE = TRUE

$AC_WORKAREA_CS_MINUS_ENABLE[<限制组号>, <ax>]：轴负方向上工作区域限制有效。

$AC_WORKAREA_CS_LIMIT_MINUS[<限制组号>, <ax>]：轴负方向上的工作区域限制仅在以下条件时生效：$AC_WORKAREA_CS_MINUS_ENABLE = TRUE

选择参考范围：

$AC_WORKAREA_CS_COORD_SYSTEM[<限制组号>]：工作区域限制所考虑的坐标系：值 1 为工件坐标系（WCS）；值 3 为可设定的零点坐标系（ENS）。

<限制组号>：工作区域限制组的编号。

<ax>：使用该值的轴的通道轴名称。

2. 举例

使用 WALCS1 ~ WALCS10 的工作区域限制（“WSC/ENS 中的工作区域限制”）主要用于传统机床上的工作区域限制。通过该功能，编程人员可以在运行轴时使用“手动”设定的“挡块”来定义以工件为参考的工作区域限制。

在通道中定义了 3 个轴：*X*、*Y* 和 *Z*。限制需要定义编号 2 的工作区域限制组并紧接着激活它，在该组中按照以下数据限制 WCS 中的轴：

X 轴正方向上：10mm；*X* 轴负方向上：无限制。

Y 轴正方向上：34mm；*Y* 轴负方向上：-25mm。

Z 轴正方向上：无限制；*Z* 轴负方向上：-600mm。

编程：

```
⋮
N51 $AC_WORKAREA_CS_COORD_SYSTEM[2] = 1          ；工作区域限制组 2 中的限
                                                   制在 WCS 中有效
N60 $AC_WORKAREA_CS_PLUS_ENABLE[2, X] = TRUE
N61 $AC_WORKAREA_CS_LIMIT_PLUS[2, X] = 10
N62 $AC_WORKAREA_CS_MINUS_ENABLE[2, X] = FALSE
N70 $AC_WORKAREA_CS_PLUS_ENABLE[2, Y] = TRUE
N71 $AC_WORKAREA_CS_LIMIT_PLUS[2, Y] = 34
N72 $AC_WORKAREA_CS_MINUS_ENABLE[2, Y] = TRUE
N73 $AC_WORKAREA_CS_LIMIT_MINUS[2, Y] = -25
N80 $AC_WORKAREA_CS_PLUS_ENABLE[2, Z] = FALSE
N81 $AC_WORKAREA_CS_MINUS_ENABLE[2, Z] = TRUE
N82 $AC_WORKAREA_CS_LIMIT_PLUS[2, Z] = -600
⋮
N90 WALCS2                                        ；激活工作区域限制组 2
```

3. 其他信息

（1）有效性　WALCS1 ~ WALCS10 的工作区域限制的生效与使用 WALIMON 进行的工作区域限制无关。当两个功能都失效时，轴运行第一个遇到的工作区域限制生效。

（2）刀具上的基准点　刀具数据（刀具长度和刀具半径）参考以及在监控工作区域限制时刀具上的基准点都与 WALIMON 工作区域限制的特性一致。

2.7.3　保护区的确定（CPROTDEF，NPROTDEF）

利用保护区可以保护机床上各个不同的部件、夹具以及工件，防止误动作。

与刀具有关的保护区：用于属于刀具的零件（例如刀具、刀架）。

与工件有关的保护区：用于属于工件的零件（例如工件的零件、装夹台、夹爪、主轴卡盘、尾架）。

1. 指令

```
DEF INT NOT_USED
```

CPROTDEF（<n>，<t>，<applim>，<applus>，<appminus>）

NPROTDEF（<n>，<t>，<applim>，<applus>，<appminus>）

EXECUTE（NOT_USED）

其中：

DEF INT NOT_ USED：定义局部变量，整数数据类型。

CPROTDEF：定义通道特有的保护区（仅用于NCU572/573）。

NPROTDEF：定义机床特有的保护区。

EXECUTE：结束定义。

<n>：定义的保护区序号。

<t>：保护区类型：TRUE：与刀具有关的保护区；FALSE：与工件有关的保护区。

<applim>：第3个尺寸的限制方式：0为无限制；1为正方向的限制；2为负方向的限制；3为在正负方向限制。

<applus>：第3个尺寸在正方向限制的值。

<appminus>：第3个尺寸在负方向限制的值。

NOT_ USED：在有EXECUTE的保护区中故障变量无效。

2. 其他信息

（1）保护区定义　以下部分属于保护区的定义：CPROTDEF用于通道专用的保护区；NPROTDEF用于机床专用的保护区；保护区轮廓描述，使用EXECUTE结束定义。在NC零件程序中激活保护区时，可以相对偏移保护区基准点。

（2）轮廓描述基准点　工件相关的保护区在基准坐标系中定义。刀具相关的保护区以刀架基准点*F*为参考设定。

（3）保护区的轮廓描述　保护区的轮廓在所选择的平面中最多说明11个移动运行。这里，第一个移动运行指轮廓运行。轮廓左侧的区域作为保护区。在CPROTDEF或者NPROTDEF和EXECUTE之间的运行不被执行，而是定义保护区。

（4）工作平面　在CPROTDEF或者NPROTDEF之前用G17、G18、G19选择所要求的平面，并且不允许在EXECUTE之前修改。在CPROTDEF或者NPROTDEF和EXECUTE之间，不允许编程应用。

（5）轮廓单元　允许：G0、G1、G2（仅用于工件相关的保护区），G3。

如果要求描述一个整圆作为保护区，则它必须分为两个分圆。不允许使用顺序G2、G3或者G3、G2；需要时必须要插进一个较短的G1程序段。

轮廓描述的最后一个点必须与第一个点重合。

外侧保护区（仅与工件相关的保护区才可以）应以逆时针方向定义。

如果是旋转对称的保护区（例如主轴卡盘），就必须描述全部轮廓（不仅仅到旋转中心为止）。

与刀具有关的保护区必须始终为凸面。如果希望有一个凹面保护区，则可以把它分成多个凸面保护区。

（6）边界条件　在定义保护区时，不允许铣刀半径补偿或者刀沿半径补偿，不允许激活转换，不允许框架有效，也不允许编程回参考点运行（G74）、固定点返回（G75）、程序段进给停止或者程序结束。

2.7.4　激活/取消激活保护区（CPROT，NPROT）

激活，预先激活预先定义好的保护区来进行碰撞监控，或者解除激活的保护区。同时，在一个通道中有效的保护区的最大数量通过机床数据确定。如果没有刀具相关的保护区有效，则按照工件相关的保护区对刀具轨迹进行检查。如果没有工件相关的保护区有效，则不进行保护区监控。

1. 指令

CPROT（<n>，<stata>，<xMov>，<yMov>，<zMov>）

NPROT（<n>，<stata>，<xMov>，<yMov>，<zMov>）

其中：

CPROT：调用通道专用保护区（仅用于NCU572/573）。

NPROT：调用机床专用保护区。

<n>：保护区序号。

<stata>：状态参数：0为取消激活保护区；1为预激活保护区；2为激活保护区；3为使用有条件停止预激活保护区。

<xMov>，<yMov>，<zMov>：偏移几何轴中已定义的保护区

2. 举例

对于铣床，应对铣刀与测头可能会有的碰撞进行监控。测头的位置应在激活时通过位移来设定，为此，定义以下的保护区：

各有一个机床专用的和与工件有关的保护区用于测头支架(n-SB1)和测头自身(n-SB2)。

各有一个通道专用的和与刀具相关的保护区用于铣刀夹持架(c-SB1)、铣刀柄(c-SB2)和铣刀自身(c-SB3)。

所有保护区的定向均在 Z 方向中，如图2-8所示。

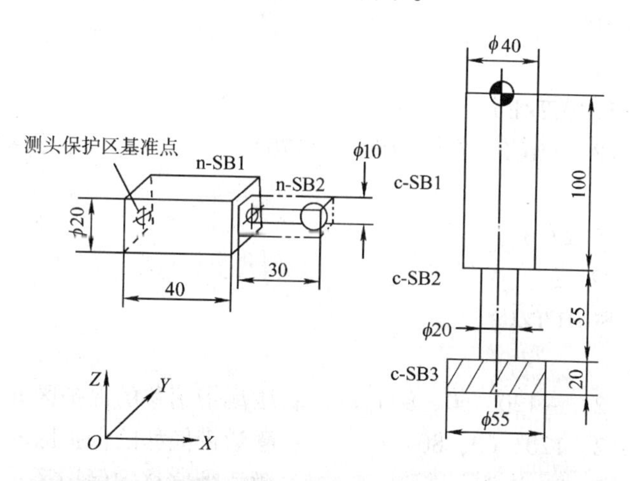

图2-8　测头与铣刀保护区

当激活时，测头的参考位置应为 $X=-120$，$Y=60$ 和 $Z=80$。

程序如下：

```
DEF INT SCHUTZB                                ；定义辅助变量
```

```
定义保护区 G17                                        ；设定方向
NPROTDEF（1，FALSE，3，10，－10）G1 X0 Y－10          ；保护区 n－SB1
X40
Y10
X0
Y－10
EXECUTE（SCHUTZB）
NPROTDEF（2，FALSE，3，5，－5）                       ；保护区 n－SB2
G01 X40 Y－5
X70
Y5
X40
Y－5
EXECUTE（SCHUTZB）
CPROTDEF（1，TRUE，3，0，－100）                      ；保护区 c－SB1
G01 X－20 Y－20
X20
Y20
X－20
Y－20
EXCUTE（SCHUTZB）
CPROTDEF（2，TRUE，3，－100，－100）                  ；保护区 c－SB2
G01 X0 Y－10
G03 X0 Y10 J10
X0 Y－10 J－10
EXECUTE（SCHUTZB）
CPROTDEF（3，TRUE，3，－150，－170）                  ；保护区 c－SB3
G01 X0 Y－27.5
G03 X0 Y27.5 J27.5
X0 Y27.5 J－27.5
EXECUTE（SCHUTZB）
激活保护区
NPROT（1，2，－120，60，80）        ；激活带偏移的保护区 n－SB1
NPROT（2，2，120，60，80）          ；激活带偏移的保护区 n－SB2
CPROT（1，2，0，0.0）               ；激活带偏移的保护区 c－SB1
CPROT（2，2，0，0.0）               ；激活带偏移的保护区 c－SB2
COROT（3，2，0，0.0）               ；激活带偏移的保护区 c－SB3
```

3. 其他信息

（1）激活状态（<state>）

<state> =2：在通常情况下，在零件程序中用 state =2 激活一个保护区。状态总是指通道专用的，机床相关的保护区也如此。

<state> =1：当打开通过 PLC 用户程序来使保护区通过 PLC 用户程序设置成有效时，则可通过 state =1 来进行所需的预先激活。

<state> =3：在使用有条件停止的预激活时，原则上不会在进入预激活的保护区之前停止。当保护区设置为有效后才会停止。当保护区只在特殊情况下设置为有效时，就可以实现不间断的加工。需要注意的是，如果保护区在运行之前才刚刚设置为有效，那么由于制动斜坡而有可能会驶入到保护区中。带有条件停止的预激活通过 state =3 进行设置。

<state> =0：通过 state =0 取消激活，即关闭保护区，不需要偏移。

（2）（预）激活时偏移保护区　可以用 1，2 或者 3 维尺寸偏移。偏移的参数说明与以下相关：工件专用的保护区中机床零点，刀具专用的保护区中刀架基准点 *F*。

（3）启动之后的状态　保护区可以在引导及回参考点之后就已经激活，因此必须将系统变量：

$SN_PA_ACTIV_IMMED[<n>]或者 $SC_PA_ACTIV_IMMED[<n>]

设置为 TRUE。使用 status =2 来将其激活并且没有位移。

（4）多次激活保护区　某个保护区同时也可以在多个通道中（例如两个相对滑板的顶尖套筒），只有当所有的几何轴都回参考点之后才可以监控保护区。

在一个通道中，保护区不能同时多次激活不同的偏移。机床相关的保护区必须在两个通道中指向相同的方向。

2.8　位移指令

1. 轮廓元素

编程的工件轮廓可以由下列轮廓元素组成：

1）直线。

2）圆弧。

3）螺旋线（直线与圆弧叠加）。

2. 运行指令

为了生成这些轮廓元素有下列运行指令可供使用：

1）快速运行（G0）。

2）线性插补（G1）。

3）顺时针圆弧插补（G2）。

4）逆时针圆弧插补（G3）。

运行指令模态有效。

3. 目标位置

一个运行程序段包含有待运行轴（轨迹轴、同步轴、定位轴）的目标位置。可以用直角坐标或者极坐标对目标位置进行编程。注意，一个进给轴地址在每个程序段只允许编程一次。

4. 起始点——目标点

运行总是从最近位置运行到编程的目标点。这个目标位置将成为下一次运行指令的起始位置。

2.8.1 快速运行（G0，RTLION，RTLIOF）

快速运行用于刀具快速定位、工件绕行、逼近换刀点、退刀等空程运行。使用 RTLIOF 来激活非线性插补，而使用 RTLION 来激活线性插补。此功能不适用于工件加工。

1. 指令

```
G0 X... Y... Z...
G0 AP=...
G0 RP=...
RTLIOF
RTLION
```

其中：

G0：激活快速运行的指令，模态有效。

X... Y... Z...：以直角坐标给定的终点。

AP=...：以极坐标给定的终点，指令极角。

RP=...：以极坐标给定的终点，指令半径。

RTLIOF：非线性插补运行（每个轨迹轴作为单轴插补）。

RTLION：线性插补运行（轨迹轴共同插补）。

G0 不可以用 G 来替换。

2. 举例

```
N10 G90 S400 M3          ；绝对尺寸，主轴顺时针旋转
N20 G0 X25 Z5            ；定位到起始位置
N30 G1 G94 Z0 F1000      ；进刀
N40 G95 Z-7.5 F0.2
N50 X60 Z-35             ；直线运行
N60 Z-50
N70 G0 X62
N80 X80 Z20 M30          ；退刀，程序结束
```

3. 其他信息

（1）快速运行速度　使用 G0 编程的刀具运行将以最快速度执行（快速运行）。在每个机床数据中，每个轴的快速运行速度都是单独定义的。如果同时在多个轴上执行快速运行，那么快速运行速度由对轨迹运行所需时间最长的轴来决定。

（2）轨迹轴在 G0 时作为定位轴　在快速运行时，轨迹轴的运行可以有以下两种模式选择：

1）线性插补（目前为止的特性）。轨迹轴共同插补。

2）非线性插补。每个轨迹轴都作为单轴（定位轴）进行插补，与快速运行中的其他轴无关。非线性插补时，考虑到轴向急动，设置适用于相关定位轴 BRISKA，SOFTA，DRIV-

EA。注意，由于在非线性插补模式下可以运行另一个轮廓，在某些情况下参考原始轨道坐标的同步作用不会被激活。

在下列情况中总是采用线性插补：

1）在包含 G0 的 G 指令组合中（比如 G40/G41/G42）不允许编程定位运行。

2）在 G0 和 G64 的组合中。

3）在压缩器被激活时。

4）在转换被激活时。

例：

```
G0 X0 Y10
G0 G40 X20 Y20
G0 G95 X100 Z100 M3 S100
```

在轨迹模式下运行轨迹 POS [X] =0 POS[Y] =10。如果运行轨迹 POS [X] =100 POS [Z] =100，则不会激活旋转进给率。

（3）用 G0 进行可设定程序段转换准则　在单轴插补模式下，可以在制动斜坡内为程序段切换设置新的运行结束标准 FINEA 或 COARSEA 或 IPOENDA。

（4）在 G0 中相邻的轴按定位轴处理　通过组合，“单轴插补的制动斜坡中可调节程序段切换”和“轨迹轴在 G0 时作为定位轴”，所有轴可以相互独立地运行到他们的结束点。在这种情况下，两个相互连续编程的 *X* 轴和 *Z* 轴在 G0 时将被作为定位轴来处理。

转换到 *Z* 轴的程序段可以从 *X* 轴开始，作为制动坡度时间设定的功能[(100 ~0)%]在 *X* 轴还在运行的过程中，*Z* 轴已经启动。两个轴相互独立地向它们的终点运行。

2.8.2　线性插补（G1）

使用 G1 可以让刀具在与轴平行、倾斜或者在空间里任意摆放的直线方向上运行，可以用线性插补功能加工 3D 平面、槽等。

1. 指令

```
G1 X... Y... Z... F...
G1 AP =... RP... F...
```

其中：

G1：线性插补（带进给率的线性插补）。

X... Y... Z...：以直角坐标给定的终点。

AP =...：以极坐标给定的终点，指令极角。

RP =...：以极坐标给定的终点，指令极半径。

F...：单位为 mm/min 的进给速度。刀具以进给率 *F* 从当前起点向编程的目标点直线运行。可以在直角坐标或者极坐标中给出目标点。工件在这个轨迹上进行加工。

例：

```
G1 G94 X100 Y20 Z30 A40 F100
```

以进给 100mm/min 的进给率逼近 *X*、*Y*、*Z* 上的目标点，回转轴 *A* 作为同步轴来处理，以便能同时完成四个轴的运动。

G1 模态有效。在加工时必须给出主轴转速 *S* 和主轴旋转方向 M3/M4。使用 FGROUP 可

以确定轨迹进给率 *F* 对其有效的轴组。

2. 举例

加工一个槽，刀沿 *X*/*Y* 方向从起点向终点运行，同时在 *Z* 方向进刀。

```
N10 G17 S400 M3          ; 选择工作平面，主轴顺时针旋转
N20 G0 X40 Y－6 Z2       ; 定位到起始位置
N30 G1 Z－3 F40          ; 进刀
N40 X12 Y－20            ; 沿直线运行
N50 G0 Z100 M30          ; 退刀，程序结束
```

2.8.3 圆弧插补

2.8.3.1 圆弧插补方式（G2/G3，...）

控制系统提供了一系列不同的方法来编程圆弧运动。由此，实际上可以直接变换各种图样标注尺寸。圆弧运动通过以下几点来描述：

1）以绝对或相对尺寸表示圆心和终点（标准模式）。

2）以直角坐标表示半径和终点。

3）直角坐标中的张角和终点或者给出地址的圆心。

4）极坐标，带有极角 AP＝ 和极半径 RP＝。

5）中间点和终点。

6）终点和起点上的正切方向。

1. 指令

```
G2/G3 X... Y... Z... I＝AC (...) J＝AC (...)
                     K＝AC (...)            ; 圆心和终点绝对值，以工件零点为基准
G2/G3 X... Y... Z... I... J... K...         ; 相对尺寸中的圆心，以圆弧起点为基准
G2/G3 X... Y... Z... CR＝...                ; 以 CR＝给定圆弧半径，以直角坐标系 X... Y... Z... 给定圆弧终点
G2/G3 X... Y... Z... AR＝...                ; 以 AR＝给定张角，以直角坐标系 X... Y... Z... 给定圆弧终点
G2/G3 I... J... K... AR＝...                ; 以 AR＝给定张角，通过地址 I...，J...，K... 给定中心点
G2/G3AP＝... RP＝...                        ; 极坐标中通过 AP＝给定极角，通过 RP＝给定极半径
CIP X... Y... Z... I1＝AC (...) J1＝AC (...)
                   K1＝AC (...)             ; 地址 I1＝，J1＝，K1＝给定中间点
CT X... Y... Z...                           ; 通过起点和终点的圆弧以及起点上的切线方向
```

其中：

G2：顺时针方向圆弧插补。

G3：逆时针方向圆弧插补。

CIP：通过中间点进行圆弧插补。

CT：用切线过渡来定义圆。

X Y Z：以直角坐标给定的终点。

I J K：以直角坐标给定圆心，*X Y Z* 方向。

CR =：圆弧半径。

AR =：张角。

AP =：以极坐标给定的终点，极角。

RP =：以极坐标给定的终点，极半径。

I1 = J1 = K1 =：以直角坐标给定的中间点，*X*、*Y*、*Z* 方向。

2. 举例

逆时针方向车一圆弧，尺寸见图2-9。

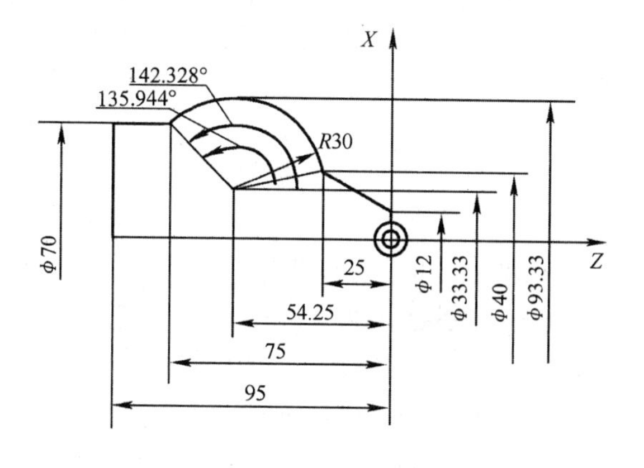

图2-9　车圆弧例图

```
N...
N120 G0 X12 Z0
N125 G1 X40 Z-25 F0.2
N130 G3 X70 Z-75 I-3.335 K-29.25              ；用增量尺寸表示的圆弧圆心
N130 G3 X70 Z-75 I=AC（33.33）K=AC（-54.25）
                                              ；用绝对尺寸表示的圆弧圆心
N130 G3 X70 Z-75 CR=30                        ；用半径表示圆弧
N130 G3 X70 Z-75 AR=135.944                   ；用张角表示圆弧
N130 G3 I-3.335 K-29.25 AR=135.944            ；用增量尺寸表示圆心和张角
N130 G3 I=AC（33.33）K=AC（-54.29）AR=135.944
                                              ；用绝对尺寸表示的张角、圆心
N130 G3 X33.33 Z-54.25                        ；极坐标
N135 G3 RP=30 AP=142.326                      ；极坐标
N130 CIP X70 Z-75 I1=93.33 K1=-54.25          ；给出中间点和终点的圆弧
N140 G1 Z-95
N...
N40 M30                                       ；程序结束
```

2.8.3.2　给出中心点和终点的圆弧插补

圆弧运动以直角坐标 *X*、*Y*、*Z* 给定的终点和地址 I、J、K 的圆心来描述。如果圆弧以圆心编程，尽管没有终点，仍产生一个整圆。

1. 指令

G2/G3 X... Y... Z... I... J... K...

G2/G3 X... Y... Z... I = AC（...）J = AC（...）K = AC（...）

其中：

G2：顺时针方向圆弧插补。

G3：逆时针方向圆弧插补。

XYZ：以直角坐标给定的终点。

IJK：分别为 *XYZ* 方向上的圆心坐标。

= AC（...）：绝对尺寸（程序段有效）。

G2/G3 模态有效。预设的 G90/G91 绝对尺寸或者增量尺寸只对圆弧终点有效。圆心坐标 I、J、K 通常为增量尺寸并以圆弧起点为基准。可以考虑工件零点编程绝对圆心：I = AC（...），J = AC（...），K = AC（...）。如果一个插补参数 I、J、K 的值是 0，则可以省略该参数，但是，在这种情况下，必须指定第二个相关参数。

2. 举例

仍见图 2-9，铣削圆弧，逆时针方向，从 P_2 到 P_1。

```
N10 G0 G90 X115 Y113.3 Z2 S800 M3            ；运行到起点 P2
N20 G17 G1 Z-5 F1000                          ；进刀
N30 G3 X133 Y44.48 I-25J-43.3                 ；绝对尺寸终点，增量尺寸圆心
N30 G3 X133 Y44.48 I=AC(90) J=AC(70)          ；绝对尺寸终点，圆心
N40 G0 Z100 M30                               ；退刀，程序结束
```

3. 其他信息

（1）工作平面参数　控制系统需要工作平面参数（G17 到 G19）用于计算圆弧旋转方向，G2 为顺时针方向或者 G3 为逆时针方向；建议指定一个通用的工作平面，也可以在选择的工作平面（不在张角说明和旋转线上）之外加工圆弧。在这种情况下，作为圆弧终点给出的轴地址将决定圆弧平面。

（2）编程的进给率　用 FGROUP 可以确定哪些轴应该以编程的进给率运行，参见轨迹特性。

2.8.3.3　给出半径和终点的圆弧插补

圆弧运动以圆弧半径 CR = 和直角坐标 *X*、*Y*、*Z* 中的终点来描述圆弧半径必须用符号 +/- 表示运行角度是否应该大于或者小于 180°，正号可以省略。实践中，最大可编程的半径没有限制。

1. 指令

```
G2/G3 X... Y... Z... CR =
G2/G3 I... J... K... CR =
```

其中：

CR =：圆弧半径。若 CR = +...：角度小于或者等于 180°，而 CR = -...：角度大于 180°。当用圆弧半径指令时不需指定圆心。整圆不能用 CR = 来编程，而是用圆弧终点和插补参数来编程。

其余指令同前。

注意：当用 I J K 和 CR 编程时，终点将不确定。

2. 举例

逆时针方向车一圆弧，尺寸见图 2-9。

增量尺寸指令圆心：

```
N120 G0 X12 Z0
```

```
N125 G1 X40 Z-25 F0.2
N130 G3 X70 Z-75 I-3.335 K-29.25
N135 G1 Z-95
```

绝对尺寸指令圆心：

```
N120 G0 X12 Z0
N125 G1 X40 Z-25 F0.2
N130 G3 X70 Z-75 I=AC (33.33) K=AC (-54.25)
```

2.8.3.4　给出张角和中心点的圆弧插补

圆弧运动以张角AR=和以直角坐标X、Y、Z给定的终点或者以地址I、J、K给定的圆心来编程。

1. 指令

G2/G3 X... Y... Z... AR=

G2/G3 I... J... K... AR=

其中AR=：张角，取值范围0°至360°。但实际上，不能用AR=来编程整圆，而是通过圆弧终点和插补参数来编程。

其余指令同前。

2. 举例

仍见图2-9，车削圆弧，逆时针方向。

```
⋮
N125 G1 X40 Z-25 F0.2
N130 G3 X70 Z-75 AR=135.944          ; 圆弧终点和张角
```

或：

```
N130 G3 I-3.335 K-29.25 AR=135.944 ; 圆心和张角
```

或：

```
N130 G3 I=AC (33.33) K=AC (-54.25) AR=135.944
N135 G1 Z-95
⋮
```

2.8.3.5　带有极坐标的圆弧插补

圆弧运动以极角AP=和极半径RP-来描述。在这种情况下，使用以下规定：极点在圆心，极半径相当于圆弧半径。

1. 指令

G2/G3 AP=... RP=...

其中：

AP=：极角；RP=：极半径。

2. 举例

仍见图2-9，车削圆弧，逆时针方向。

```
⋮
N125 G1 X40 Z-25 F0.2
N130 G111 X33.33 Z-54.25
```

```
N135 G3 RP=30 AP=142.326
N140 G1 Z-95
⋮
```

2.8.3.6　给出中间点和终点的圆弧插补

可以用CIP编程空间中的斜向圆弧。在这种情况下，要用三个坐标来描述中间点和终点。圆弧运动用在地址I1=，J1=，K1=上的中间点和以直角坐标X、Y、Z给定的终点来描述。运行方向按照起点、中间点、终点的顺序进行。

1. 指令

CIP X... Y... Z... I1=AC（...）J1=AC（）K1=AC（）

其中：

CIP：通过中间点进行圆弧插补。

I1=J1=K1：以直角坐标给定的中间点（X、Y、Z方向）。

=AC（...）：绝对尺寸（程序段有效）。

=IC（...）：相对尺寸（程序段有效）。

其余参数同前。

CIP为模态有效。

2. 举例

仍见图2-9，车削空间圆弧，逆时针方向。

```
⋮
N125 G1 X40 Z-25 F0.2
N130 CIP X70 Z-75 I1=IC（26.665）K1=IC（-29.25）
N130 CIP X70 Z-75 I1=93.33 K1=-54.25
N135 G1 Z-95
⋮
```

2.8.3.7　带有切线过渡的圆弧插补

带有切线过渡功能是圆弧编程的一个扩展功能。圆弧以起点和终点以及起点的切线方向来定义。用G代码CT生成一个与先前编程的轮廓程序相切的圆弧。

一个CT程序段起点的切线方向是由前一程序段的编程轮廓的终点切线来决定的。

1. 指令

CT X... Y... Z...

其中：

CT：切线过渡的圆弧。

X... Y... Z...：以直角坐标给定的终点。

CT为模态有效。

2. 举例

见图2-10，应用CT功能，车削圆弧，顺时针方向。

```
N110 G1 X23.293 Z0 F10
N115 X40 Z-30 F0.2
```

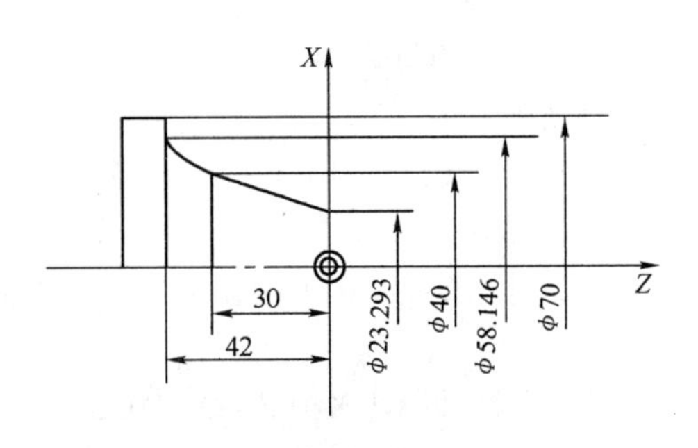

图2-10　CT圆弧例图

N120 CT X58.146 Z－42 ；使用切线过渡编程圆弧

N125 G1 X70

3. 其他信息

（1）样条 在处理样条时，切线方向是通过直线和最后两个点确定的。在ENAT或者EAUTO有效时，A和C样条轮廓的方向通常和样条轮廓终点的方向不一致。

B样条轮廓的过渡总是沿切线的，切线方向由A或C样条以及当前有效的ETAN定义。

（2）框架转换 如果在定义切线的程序段和CT程序段之间开始一次框架转换，那么切线必须进行转换。

（3）极限情况 如果起始切线的延长线经过终点，则将生成一条直线而不是圆（极限情况，半径无限长的圆）。在这种特殊情况下，要么不允许对TURN指令编程，要么必须是TURN＝0。

在接近极限情况的时候，会生成无限半径的圆，其结果是，即使在TURN不等于0时，也会因为超过软件极限而发生报警，从而导致加工中断。

（4）圆弧平面位置 圆弧平面位置取决于当前有效的平面（G17到G19）。如果前程序段的切线不在当前有效的平面上，那么，它的投影将被应用在当前有效的平面里。

如果起点和终点没有相同的垂直于当前有效平面的位置分量，那么将产生螺旋线而不是圆。

2.8.4 轮廓编程

轮廓段编程用来快速输入简单的轮廓。对于带1个、2个、3个点和过渡元素（如倒角或倒圆）的轮廓段，可以通过给定直角坐标和/或角度来编程，见图2-11。

在程序段中定义轮廓段时可以使用任意的扩展NC地址，例如用于扩展轴（单轴或垂直于工作平面的轴）的地址字母，辅助功能数据、G代码、速度等。

也可以借助轮廓计算器简单地进行轮廓段编程。它是操作界面上的一个工具，它可以方便一些简单和复杂工件轮廓的编程，并以图形加以显示。通过轮廓计算器编程的轮廓会被接收到零件程序中。

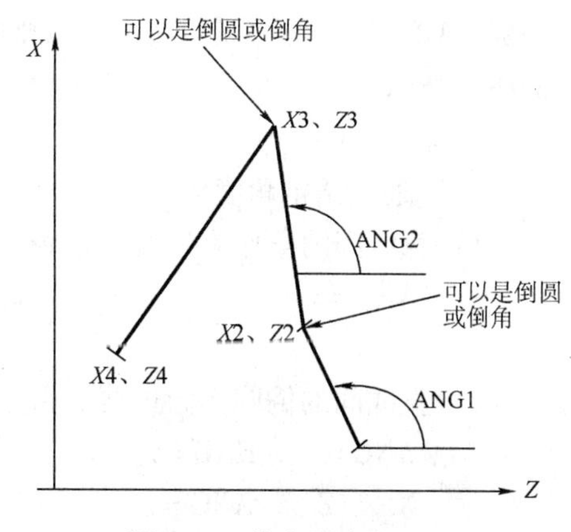

图2-11 轮廓段编程

在机床数据中定义角度、半径和倒角的名称参数。

MD10652 $MN_ CONTOUR_ DEF_ ANGLE_ NAME（轮廓段的角度名称）

MD10654 $MN_ RADIUS_ NAME（轮廓段的半径名称）

MD10656 $MN_ CHAMFER_ NAME（轮廓段的倒角名称）

该编程指令的前提是满足以下条件：

（1）G18被激活（有效的工作平面为Z/X平面。没有限制时也可以在G17或G19上进行轮廓段编程。）

（2）角度、半径和倒角定义为下列指令：ANG（角度）、RND（半径）、CHR（倒角）。

2.8.4.1 轮廓编程：一条直线（ANG）

通过以下的数据来定义直线的终点：角度 ANG，一个直角终点坐标（*X*2 或 *Z*2），见图 2-11。ANG：直线的角度，*X*1，*Z*1：起始坐标，*X*2，*Z*2：直线的终点坐标。

1. 指令

X... ANG=...

Z... ANG=...

其中：

X...：*X* 方向上的终点坐标。

Z...：*Z* 方向上的终点坐标。

ANG：用于角度编程的名称。给定的角度值取决于有效工作平面的横坐标（在 G18 上为 *Z* 轴）。

2. 举例

```
N10 X5 Z70 F1000 G18
N20 X88.8 ANG=110                    ；带指定角度的直线
或者，N20 Z39.5 ANG=110
N30...
```

2.8.4.2 轮廓编程：两条直线（ANG）

第一条直线的终点可以通过给定直角坐标或者通过给定两条直线的夹角来进行编程。第二条直线的终点必须总是被直角坐标编程。两条直线的交点可以设计为角度、倒圆或倒角。见图 2-11。

ANG1：第一条直线的角度；ANG2：第二条直线的角度；*X*1、*Z*1：第一条直线的起始坐标；*X*2、*Z*2：第一条直线的终点坐标或者第二条直线的起始坐标；*X*3、*Z*3：第二条直线的终点坐标。

1. 指令

（1）通过给定角度对第一条直线的终点进行编程

1）直线间的角作为过渡。指令

ANG=...

X... Z... ANG=...

2）直线间的倒圆作为过渡。指令

ANG=... RND=...

X... Z... ANG=...

3）直线间的倒角作为过渡。指令

ANG=... CHR=...

X... Z... ANG=...

（2）通过给定坐标对第一条直线的终点进行编程

1）直线间的角作为过渡。指令

X... Z...

X... Z...

2）直线间的倒圆作为过渡。指令

X... Z... RND =...

X... Z...

3）直线间的倒角作为过渡。指令

X... Z... CHR =...

X... Z...

其中：

ANG =...：用于角度编程的名称。给定值（角度）取决于有效工作平面的横坐标（在 G18 上为 *Z* 轴）。

RND =...：用于倒圆编程的指令名称。给定的值相当于倒圆的半径。

CHR =...：用于倒角编程的指令名称。给定的值相当于倒角在运行方向上的宽度。

X...，Z...：*X* 方向上和 *Z* 方向上的坐标。

2. 举例

```
N10 X10 Z80 F1000 G18
N20 ANG =148.85 CHR =5.5          ；带指定角度和指定倒角的直线
N30 X85 Z40 ANG =100              ；带指定角度和指定终点的直线
N40...
```

2.8.4.3　轮廓编程：三条直线（ANG）

第一条直线的终点可以通过给定直角坐标或者通过给定两条直线的夹角来进行编程。第三条直线的终点必须总是按直角坐标编程。直线的交点可以设计为夹角、倒圆或者倒角，见图 2-11。

此外，3 点轮廓段的编程也适用于多于三个点的轮廓段。

ANG1，ANG2，X1，Z1，X2，Z2，X3，Z3 含义见 2.8.4.2 节，其中，X3、Z3 又是第三条直线的起点坐标。X4、Z4：第三条直线的终点坐标。

1. 指令

（1）通过给定角度对第一条直线的终点进行编程

1）直线间的角作为过渡。指令

ANG =...

X... Z... ANG =...

X... Z...

2）直线间的倒圆作为过渡。指令

ANG =... RND =...

X... Z... ANG =... RND =...

X... Z...

3）直线间的倒角作为过渡。指令

ANG =... CHR =...

X... Z... ANG =... CHR =...

X... Z...

（2）通过给定坐标对第一条直线的终点进行编程

1）直线间的角作为过渡。指令

X... Z...
X... Z...
X... Z...

2）直线间的倒圆作为过渡。指令

X... Z... RND=...
X... Z... RND=...
X... Z...

3）直线间的倒角作为过渡。指令

X... Z... CHR=...
X... Z... CHR=...
X... Z...

其中，ANG=...，RND=...，CHR=... 及X...，Z... 的含义见2.8.4.2节。

2. 举例

```
N10 X10 Z100 F1000 G18
N20 AND=140 CHR=7.5                  ；带指定角度和指定倒角的直线
N30 X80 Z70 ANG=95.824 RND=10        ；带指定角度和指定倒圆、中间点上的
                                       直线
N40 X70 Z50                          ；终点上的直线
```

2.8.4.4 轮廓编程：带有角度的终点编程

如果在一个NC程序段中出现地址字母A，那么不可以再在当前有效平面中编程其他轴。

编程轴数目：

1）如果当前有效平面中没有轴被编程，则它是包含两个程序段的轮廓段的第一或第二程序段。如果它是此类轮廓段的第二程序段，则表示在当前有效平面中起点和终点是相同的。那么轮廓至少包括一个垂直于当前平面的运动。

2）如果有效平面中恰好只有一个轴被编程，那么它就是一条单独的直线，其终点是由角度和已编程的直角坐标确定的确，或者它是包含两个程序段的轮廓段的第二个程序段。在第二种情况下，省略的坐标就作为到达的下一个（模态）位置。

3）如果在当前有效平面中有两个轴被编程，那么它就是包含两个程序段的轮廓段的第二程序段。如果当前程序段不是在用角度编程的程序段之前，且当前平面中没有对轴进行编程，那么是不能编写这样的一个程序段的。

角度A只允许在线性插补或样条插补时编程。

2.8.5 恒定螺距的螺纹切削（G33）

使用G33功能可以车削圆柱螺纹、平面（端面）螺纹和圆锥螺纹。使用G33的技术前提条件是主轴必须带有行程测量系统并处于转速控制之下。

可以给定起点偏移来生成多线螺纹（带有偏移切口的螺纹）。在G33程序段中的地址SF下进行编程。如果没有指定起点偏移，则使用设置数据中确定的“螺纹起始角”。

通过依次编程多个G33程序段可以加工螺纹链。使用连续路径运行G64能够以预读速度控制各程序段，从而避免产生速度急动。

螺纹的旋转方向由主轴的旋转方向确定：顺时针运行使用 M3 生成右旋螺纹，逆时针运行使用 M4 生成左旋螺纹。

1. 指令

（1）圆柱螺纹，指令

G33 Z... K...

G33 Z... K... SF=...

（2）平面螺纹，指令

G33 X... I...

G33 X... I... SF=...

（3）圆锥螺纹，指令

G33 X... Z... K...

G33 X... Z... K... SF=...

G33 X... Z... I...

G33 X... Z... I... SF=...

其中：

G33：恒定螺距的螺纹切削指令。

X... Y... Z...：以直角坐标给定终点。

I... J... K...：分别为 *X*、*Y*、*Z* 方向的螺距。

圆锥螺纹的螺距数据 *I* 或 *K*，取决于圆锥角度：圆锥角 $<45°$ 时，通过 *K* 给定螺纹螺距（纵向螺纹螺距）。圆锥角 $>45°$ 时，通过 *I* 给定螺纹螺距（横向螺纹螺距）。圆锥角 $=45°$ 时，螺纹螺距可以用 *I* 或 *K* 给定。

SF=...：起点偏移（仅用于多线螺纹）。用绝对角度位置给定。取值范围：0～359.999°。

2. 举例

例 1. 带有 180°起点偏移的双线柱状螺纹。

```
N10 G1 G54 X99 Z10 S500 F1000 M3
N20 G33 Z-100 K4              ；圆柱螺纹
N30 G0 X102
N40 G0 Z10                    ；回到起始位置
N50 G1 X99
N60 G33 Z-100 K4 SF=180       ；第 2 线螺纹切削，起点偏移 180°
N70 G0 X110                   ；退刀
N80 G0 Z10
N90 M30                       ；程序结束
```

例 2：小于 45°角的圆锥螺纹。

```
N10 G1 X50 Z0 S500 F100 M3
N20 G33 X110 Z-60 K4          ；在 Z 方向上给定螺纹螺距（因为圆锥角度<45°）
N30 G0 Z0 M30                 ；退刀，程序结束
```

3. 其他信息

（1）螺纹切削时使用 G33 进刀　控制系统根据编程的主轴转速和螺纹螺距计算出必要

的进给率。车刀按此进给率在纵向和/或横向穿过螺纹长度。进给率 *F* 不能用于 G33，对于最大轴速度（快速运行）的限制由控制系统监控。

考虑到进给加速或减速、圆柱螺纹的螺纹长度、平面螺纹的螺纹直径以及圆锥螺纹的圆锥轮廓终点必须要留出导入行程和导出行程的余量。

（2）导入和导出行程的进给率调整（DITS，DITE）　用指令 DITS 设定一个较短的加速时的轨迹斜坡，用 DITE 设置一个较短的减速时的轨迹斜坡，以减少主轴转速。指令：

DITS = <值>

DITE = <值>

其中：

DITS：确定螺纹导入行程。

DITE：确定螺纹导出行程。

<值>：设定导入或导出行程的值。取值范围：-1.0，…，*n*。

在 DITS 和 DITE 中只编程行程，而不编程位置。指令 DITS 和 DITE 和设定数据 SD42010 $SC_ THREAD_ RAMP_ DISP [0，1] 一致，该数据中写入了编程的行程。如果在第一个螺纹程序段之前或者在程序段中没有编程导入/减速行程，即么这个值将由前面的 SD42010 设置决定。

例：

```
⋮
N40 G90 G0 Z100 X10 SOFT M3 S500
N50 G33 Z50 K5 SF =180 DITS =1 DITE =3
N60 G0 X20
```

如果导入和/或导出行程非常短，则螺纹轴的加速度要大于配置值，这会导致轴因加速而过载。在导入螺纹时将会发出报警 22280“编程的导入行程过短”（在机床数据 MD11411 $MN_ ENABLE_ ALARM_ MASK 中进行相应的设置）。报警仅供提示，它对于零件程序的执行没有影响。

通过 MD10710 $MN_ PROG_ SD_ RESET_ SAVE_ TAB 可以设置，通过零件程序写入的值在复位时会写入相应的设定数据。该值在上电后保持不变。

当使用指令 DITS 和/或 DITE 编写的程序段切换至插补器时，DITS 值被写入 SD42010 $SC_ THRED_ RAMP_ DISP [0] 中，而 DITE 值将被写入 SD42010 $SC_ THRED_ RAMP_ DISP [1] 中。

当前的尺寸系统设置（英制/米制）适用于编程的导入/导出行程。

2.8.6　递增螺距与递增螺距的螺纹切削（G34，G35）

使用指令 G43 和 G35 可以对 G33 的功能进行扩展，在地址 F 中另外对螺纹螺距的变化进行编程。在 G34 中，会导致螺纹螺距线性增加，而在 G35 中，会导致螺距线性减少。指令 G34 和 G35 可以用于制造自剪切螺纹。

1. 指令

（1）带有递增螺距的圆柱螺纹。指令

G34 Z... K... F...

（2）带有递减螺距的圆柱螺纹。指令

G35 Z... K... F...

（3）带有递增螺距的平面螺纹。指令

G34 X... I... F...

（4）带有递减螺距的平面螺纹。指令

G34 X... I... F...

（5）带有递增螺距的圆锥螺纹。指令

G34 X... Z... K... F...

G34 X... Z... I... F...

（6）带有递减螺距的圆锥螺纹。指令

G34 X... Z... K... F...

G34 X... Z... I... F...

其中：

G34：带线性递增螺距的螺纹切削指令。

G35：带线性递减螺距的螺纹切削指令。

X... Y... Z...：以直角坐标给定的终点。

I... J... K...：分别在 X、Y 和 Z 方向的螺距。

F...：螺纹螺距变化。如果已知一个螺纹的起始螺距和最终螺距，那么，编程的螺距变化：

$$F=(K_e^2-K_a^2)/(2I_G) \qquad (\mathrm{mm/r^2})$$

式中：

K_e：螺纹最终螺距（目标点的螺距）（mm/r）。

K_a：螺纹起始螺距（在 I、J、K 下编程）（mm/r）。

I_G：螺纹长度（mm）。

2. 举例

```
N1608 M3 S10
N1609 G0 G64 Z40 X216              ；起点
N1610 G33 Z0 K100 SF=R14           ；恒定螺距切削
N1611 G35 Z  200 K100 F18.75       ；螺距递减量18.75mm/r²，程序段结束处螺
                                     距50mm/r
N1612 G33 Z-240 K50                ；恒螺距切削
N1613 G0 X218
N1614 G0 Z40
N1615 M17                          ；子程序结束
```

2.8.7 不带补偿夹具的攻螺纹（G331，G332）

不带补偿夹具的攻螺纹的技术前提是主轴带行程测量系统并处于位置控制中。使用G331和G332编程不带补偿夹具的攻螺纹，在有行程测量系统的位置控制中，主轴可如下运行：

G331：带螺距的攻螺纹，按攻螺纹方向运行至终点。

G332：回程运行，使用与 G331 相同的螺距。

右旋螺纹或者左旋螺纹通过螺距的符号确定：

正螺距：顺时针方向旋转（同 M3）

负螺距：逆时针方向旋转（同 M4）

可在地址 S 下编程所需转速。

1. 指令

SPOS = <值>

G331S...

G331 X... Y... Z... I... J... K...

G332 X... Y... Z... I... J... K...

只在以下情况下需要在螺纹加工前编程 SPOS（或 M70）：

1）在多重加工中加工的螺纹

2）需要定义螺纹起始位置的加工

在加工多个连续螺纹时可省略 SPOS（或 M70）的编程，以节省时间。

必须在螺纹加工（G331 程序段）前，未进行轴运行的情况下，在单独的 G331 程序段中编程主轴转速。

其中：

G331：螺纹加工指令，通过孔深和螺距来描述，模态有效。

G332：螺纹加工回程指令。该运动采用与 G331 运行相同的螺距，主轴自动换向，模态有效。

X... Y... Z...：螺孔深度，以直角坐标给定螺纹终点。

I... J... K...：分别为 *X*、*Y*、*Z* 方向的螺距，±(0.01～2000.000)mm/r。

在 G332（后退）之后，可以用 G331 加工下一个螺纹。

2. 第二齿轮级数据组

为了在攻螺纹时有效地调节主轴转速和电动机转矩并提高加速度，可以在轴专用的机床数据中配置第二齿轮级数据组，以及另外两个可定义的开关阈值（最大转速和最小转速），该数据组不同于第一齿轮级数据，且与其转速开关阈值无关。

3. 举例

例 1：给出当前齿轮级已编程的螺纹加工转速

```
N10 M40 S500          ；换挡至齿轮级 1，因为编程的主轴转速为 500r/min，
                        在 20 至 1028r/min 的范围内
⋮
N55 SPOS = 0          ；主轴定向
N60 G331 Z-10 K5 S800 ；加工螺纹，主轴转速为 800r/min，齿轮级为 1
```

使用 M40 时通过第一齿轮级数据组测定与编程的主轴转速 S500 匹配的齿轮级。在当前齿轮级中输出编程的转速 S800，并且在必要时将其限制为齿轮级的最大转速。进行 SPOS 后不能进行自动齿轮换挡。自动齿轮换挡的前提条件是主轴的转速控制运行。

如果主轴转速为 800r/min 时，选择了齿轮级 2，此时必须在相应的第二齿轮级数据组的机床数据中设定最大转速和最小转速的开关阈值。

例2：使用第二齿轮级数据组。第二齿轮级数据组中最大转速和最小转速的开关阈值将在编程 G331/G332 时，以及编程有效主主轴 *S* 值时计算。自动齿轮换挡 M40 必须有效。由此测定的齿轮级会和生效的齿轮级相比较。如果两齿轮级有差别，则进行齿轮换挡。

```
N10 M40 S500            ; 选择齿轮级 1
⋮
N50 G331 S800           ; 带第 2 齿轮级数据组的主主轴，选择齿轮级 2
N55 SPOS =0             ; 主轴定向
N60 G331 Z -10 K5       ; 加工螺纹，从第 2 齿轮级数据组加速主轴
```

例3：未进行转速编程→齿轮级监控。

如果使用第二齿轮级数据组时，G331 指令中没有编程转速，则会以上次编程的转速加工螺纹。齿轮换挡不生效。在此情况下会监控上次编程的转速是否在当前齿轮级规定的转速范围（最大转速和最小转速开关阈值）内。若不在范围内，则输出报警 16748。

```
N10 M40 S800            ; 选择齿轮级 1，第 1 齿轮级数据组有效
⋮
N55 SPOS =0
N60 G331 Z -10 K5       ; 监控主轴转速 800r/min，齿轮级数据组 2，齿轮级 2
                          必须有效。若不在范围内，输出报警 16748
```

例4：无法进行齿轮换挡→齿轮级监控。

如果使用第二齿轮级数据组时，在 G331 程序段中除了几何数据之外，还编程了主轴转速，而该转速不在当前齿轮级的规定转速范围（最大转速和最小转速的开关阈值）内，那么将不会执行齿轮换挡，因为此时无法保持主轴和进给轴的轨迹运行。并相应地输出报警 10748。

```
N10 M40 S500            ; 选择齿轮级 1
⋮
N55 SPOS =0
N60 G331 Z -10 K5 S800  ; 无法执行齿轮换挡，监控主轴转速 800r/min，齿轮级
                          数据 2，齿轮级数据 2 必须有效，输出报警 16748
```

例5：不带 SPOS 的编程。

```
N10 M40 S500            ; 选择齿轮级 1
⋮
N50 G331 S800           ; 带第 2 齿轮级数据组主主轴，选择齿轮级 2
N60 G331 Z -10 K5       ; 加工螺纹，从第 2 齿轮级数据组加速主轴
```

主轴从当前位置开始执行螺纹插补，该位置由之前执行的零件程序区域决定，比如在执行齿轮换挡时。因此可能无法再对螺纹进行再加工。

必须注意的是，在使用多主轴加工时，钻削主轴必须为主主轴。通过编程 SETMS（<主轴编号>）可将钻削主轴设置为主主轴。

例6：螺纹加工，左旋螺纹

```
N10 SPOS [n] =0         ; 准备攻螺纹
N20 G0 X0 Y0 Z2         ; 运行到起点
```

```
N30 G331 Z-50 K-4 S200                 ；螺距 K 为负，主轴逆时针方向旋转
N40 G332 Z3 K-4                        ；回程，自动转向
N50 G1 F1000 X100 Y100 Z100 S300 M3    ；主轴再次在主轴运行方式下工作
⋮
```

2.8.8 带补偿夹具的攻螺纹（G63）

使用 G63 可以进行带补偿夹具的攻螺纹。编程：以直角坐标给定的钻孔深度、主轴转速和主轴方向、进给率。夹具将补偿出现的位移偏差。

后退运行时，同样使用 G63 来编程，但是主轴方向相反。

1. 编程

G63 X... Y... Z...

其中：

G63：带补偿夹具的攻螺纹。

X... Y... Z...：以直角坐标给定的钻孔深度（终点）。

G63 以程序段方式有效。在编程了 G63 的程序段之后，上一次编程的插补指令 G0，G1，G2... 仍然有效。

2. 进给速度

编程的进给速度必须和丝锥的转速和螺距的比例相匹配。计算公式：

$$进给率\ F(\mathrm{mm/min}) = 主轴转速\ S(\mathrm{r/min}) \times 螺距(\mathrm{mm/r})$$

使用 G63 将进给率倍率和主轴转速倍率开关设置为 100%。

3. 举例

加工一个 M5 螺纹，M5 螺纹的螺距为 0.8mm/r（查表）。选择转速 200r/min 时，进给率 F 为 160mm/min。

```
N10 X0 Y0 Z2 S200 F1000 M3     ；回到起点，激活主轴
N20 G63 Z-50 F100              ；攻螺纹，孔深 50mm
N30 G63 Z3 M4                  ；回程，主轴换向
⋮
```

2.8.9 螺纹切削时快速回程　（LFON，LFOF，DILF，ALF，LFTXT，LFWP，LFPOS，POLF，POLFMASK，POLFMLIN）

“螺纹切削快速回程”功能（G33）可在下列情况下顺利中断螺纹切削：NC 停止/NC 复位；快速运行激活时。

可通过以下方式编程向特定回程位置运行的回程：设定回程行程长度和回程方向或者设定绝对回程位置。不能在攻螺纹（G331/G332）时使用回程功能。

1. 指令

（1）通过回程行程和回程方向设定螺纹切削快速回程

G33... LFON DILF = <值> LFTXT/LFWP ALF = <值>

（2）通过绝对回程位置设定螺纹切削快速回程

POLF [<几何轴名称>/<机床轴名称>] = <值> LFPOS

POLFMASK/POLFMLIN（<轴名称1>，<轴名称2>...）

G33... LFON

（3）禁用螺纹切削快速回程

LFOF

其中：

LFON：使螺纹切削快速回程（G33）

LFOF：禁用螺纹切削快速回程（G33）

DILF =：确定回程行程的长度，可在零件程序中编程 DILF 来修改机床数据（MD21200 $MC_ LIFTFAST_ DIST）中预设的值。NC 复位后，设置的机床数据值总是生效。

LFTXT：使用 G 功能 LFTXT 和 LFWP 与 ALF 一起对回程方向进行控制。LFTXT 执行回程运行的平面通过轨迹切线和刀具方向计算（缺省设置）。

LFWP：执行回程运行的平面是有效的工作平面。

ALF =：在回程平面中，使用 ALF 以不连续的角度编程回程方向。使用 LFTXT 时，通过 ALF = 1 确定回程方向为刀具方向。使用 LFWP 时，工作平面中的方向被分配如下：

G17（*X/Y* 平面）：ALF =1，以 *X* 方向回程；ALF =3，以 *Y* 方向回程。

G18（*Z/X* 平面）：ALF =1，以 *Z* 方向回程；ALF =3，以 *X* 方向回程。

G19（*Y/Z* 平面）：ALF =1，以 *Y* 方向回程；ALF =3，以 *Z* 方向回程。

LFPOS：将使用 POLFMASK 或 POLFMLIN 指定的轴退回到使用 POLF 编程的绝对轴位置。

POLFMASK：使轴（<轴程称1>，<轴名称2>...）独立退回至绝对位置。

POLFMLIN：使轴退回至线性关联的绝对位置。受所有参与轴的动态特性的影响，到达退刀位置时不是总能建立起线性关联。

POLF [<轴>]：确定目录中给定的几何轴或机床轴的绝对回程位置。模态有效。

= <值>：在几何轴上，赋值被视为工件坐标系中的位置（WCS）。在机床轴上，赋值被视为机床坐标系中的位置（MCS）。赋值也可编程为增量值：= IC <值>。

LFON 或 LFOF 只在螺纹切削（G33）时使用。

POLF 和 POLFMASK/POLFMLIN 不仅仅限于在螺纹切削时使用。

2. 举例

例1：使螺纹切削快速回程。

```
N55 M3 S500 G90 G18
...
N65 MSG（"螺纹切削"）            ；进刀
MM_ THREAD：
N67 $AC_ LIFTFAST =0            ；在螺纹开始前复位
N68 G0 Z5
N69 X10
N70 G33 Z30 K5 LFON DILF =10 LFWP ALF =7
                                ；使螺纹切削快速回程。回程行程 =10mm，回程
```

```
                                平面：Z/X（G18），回程方向：－X（ALF＝3：
                                回程方向＋X）
N71 G33 Z55 X15
N72 G1                          ；取消螺纹切削
N69 IF  $AC_ LIFTFAST GOTOS MM_ THREAD
                                ；螺纹切削中断时
N90 MSG（“...”）
 ⋮
N70 M30
```

例 2：在攻螺纹前取消快速回程。

```
N55 M3 S500 G90 G0 X0 Z0
 ⋮
N87 MSG（“攻螺纹”）
N88 LFOF                        ；在攻螺纹前取消快速后退
N89 CYCLE...                    ；G33 攻螺纹循环
N90 MSG（“...”）
 ⋮
N99 M30
```

例 3：快速退回到绝对回程位置。

停止时 X 轴轨迹插补被取消，而是以 POLF［X］位置的最大速度插补运动。其他轴的运动继续由编程的轮廓或螺距和主轴转速决定。

```
N10 G0 G90 X200 Z0 S200 M3
N20 G0 G90 X170
N22 POLF［X］＝210 LFPOS
N23 POLFMASK［X］               ；激活（使能）X 轴的快速回程
N25 G33 X100 I10 LFON
N30 X135 Z－45 K10
N40 X155 Z－128 K10
N50 X145 Z－168 K10
N55 X210 I10
N60 G0 Z0 LFOF
N70 POLFMASK（）                ；禁用所有轴的回程
M30
```

2.8.10　倒角，倒圆（CHF，CHR，RND，RNDM，FRC，FRCM）

有效工作平面内的轮廓角可定义为倒角或倒圆。

可为倒角/倒圆编程一个单独的进给率，用以改善表面质量。如果未编程进给率，则轨迹进给率 F 生效。

使用“模态倒圆”功能可以对多个轮廓角以同样方式连续倒圆。

1. 指令

轮廓角倒角：

G... X... Z... CHR/CHF = <值> FRC/FRCM = <值>

G... X... Z...

轮廓角倒圆：

G... X... Z... RND = <值> FRC = <值>

G... X... Z...

轮廓角模态倒圆：

G... X... Z... RNDM = <值> FRCM = <值>

⋮

RNDM = 0

其中：

CHF = ...：轮廓角倒角；<值>：倒角长度。

CHR = ...：轮廓角倒角；<值>：原运行方向上的倒角宽度。

RND = ...：轮廓角倒圆；<值>：倒圆半径。

RNDM = ...：模态倒圆；<值>：倒圆半径；<值> = 0：取消模态倒圆功能。

FRC = ...：倒圆/倒角的进给率，程序段有效；<值>：进给速度，取决于G94/G95生效。

FRCM = ...：倒角/倒圆的进给率，模态有效；<值>：进给速度，取决于G94/G95生效；<值> = 0 在 *F* 中编程的进给率生效。

注意：

1）倒角/倒圆的工艺（进给率，进给类型，M指令）取决于机床数据 MD20201 $MC_CHFRND_MODE_MASK9（倒角/倒圆特性）中位0的设置，该设置由前一程序段或后一程序段导出。推荐设置为从前一程序段导出（位0 = 1）。

2）如果编程的倒角（CHF/CHR）或倒圆（RND/RNDM）的值对于相关轮廓段过大，那么倒角或倒圆会自动减小到一个合适的值。

在以下情况下不添加倒圆或者倒角：平面中没有直线或圆弧轮廓；轴在平面以外运行；平面切换；超出了机床数据中确定的，不包含运动信息（例如：仅有指令输出）的程序段数量。

3）如果在使用G0运行时进行倒角，那么FRC/FRCM无效；可根据 *F* 值编程指令且不会产生故障信息。只在程序段中编程了倒圆/倒角，或者激活了RNDM时，FRC才生效。FRC会覆盖当前程序段中的 *F* 值或FRCM值。FRC中编程的进给率必须大于零。

通过FRCM = 0 激活 *F* 中编程的进给用于倒角/倒圆。如果编程了FRCM，在G94与G95切换后必须对 *F* 和FRCM的值都进行重新编程。如果只重新编程了 *F* 值，且在进给类型转换前FRCM > 0，则输出故障信息。

2. 举例

例1：两条直线之间的倒角。

MD20201 位0 = 1（由前一程序段导出），G71有效，运行方向（CHR）上的倒角宽度为2mm，倒角进给率为100mm/min。如图2-12所示。

可以通过以下两种方式编程：

（1）使用 CHR 编程

```
⋮
N30 G1 Z... CHR =2 FRC =100
N40 G1 X...
⋮
```

（2）使用 CHF 编程

```
⋮
N30 G1 Z... CHF =2 (COSα *2) FRC =100
N40 G1 X...
⋮
```

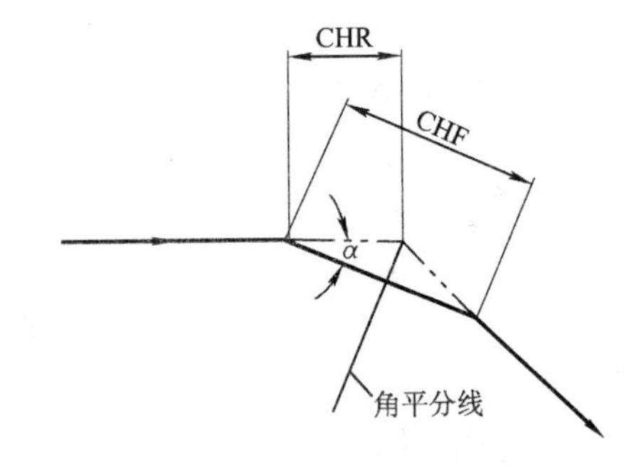

图 2-12　直线间倒角

例 2：两条直线之间的倒圆。

MD20201 位 0 =1（由前一程序段导出），G71 有效，倒圆半径为 2mm，倒圆进给率为 50mm/min，如图 2-13 所示。

```
⋮
N30 G1 Z... RND =2 FRC =50
N40 G1 X...
⋮
```

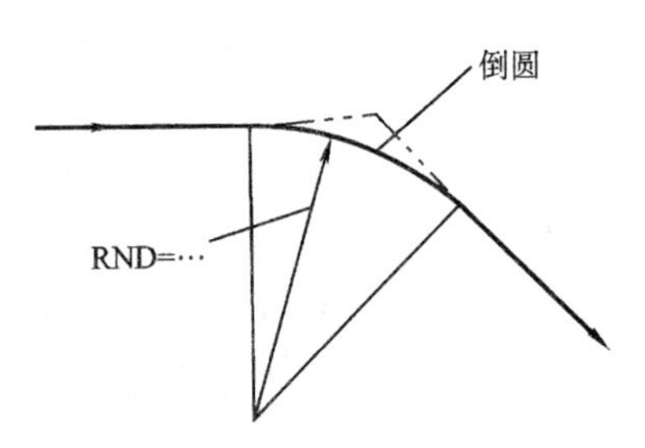

图 2-13　直线间倒圆

例 3：直线和圆弧之间的倒圆。

在任意组合的直线和圆弧轮廓段之间可通过 RND 功能以切线添加一个圆弧轮廓段。

MD20201 位 0 =1（由前一程序段导出），G71 有效，倒圆半径为 2mm，倒圆进给率为 50mm/min，如图 2-14 所示。

```
⋮
N30 G1 Z... RND =2 FRC =50
N40 G3 X... Z... I... K...
⋮
```

例 4：模态倒圆，用于工件去毛刺。

```
⋮
N30 G1 X... Z... RNDM =2 FRCM =50
;激活模态倒圆，倒圆半径 2mm，倒圆进给率 50mm/min
N40 ...
⋮
N120 RNDM =0
⋮
```

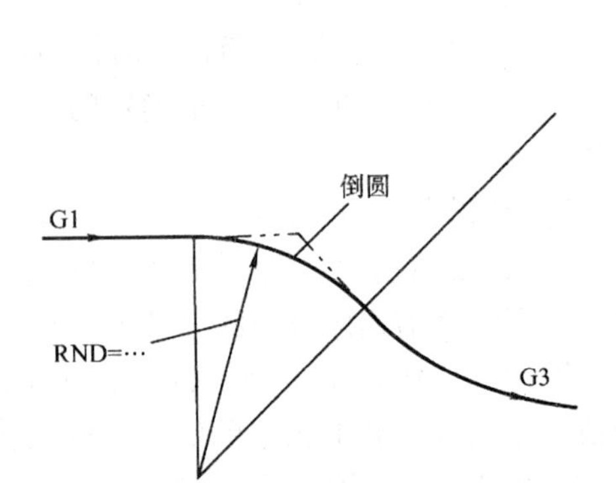

图 2-14　直线圆弧间倒圆

例 5：接收下一程序段或上一程序段的工艺。

（1）MD20201 位 0 =0，从下一程序段导出（默认设置）

```
N10 G0 X0 Y0 G17 F100 G94
```

```
N20 G1 X10 CHF=2                   ；倒角N20～N30，使用F=100mm/min
N30 Y10 CHF=4                      ；倒角N30～N40，使用FRC=200mm/min
N40 X20 CHF=3 FRC=200              ；倒角N40～N50，使用FRCM=50mm/min
N50 RNDM=2 FRCM=50
N60 Y20                            ；模态倒圆N60～N70，FRCM=50mm/min
N70 X30                            ；模态倒圆N70～N80
N80 Y30 CHF=3 FRC=100              ；倒角N80～N90，FRC=100mm/min
N90 X40                            ；模态倒圆N90～N100，F=100mm/min，
                                     取消FRCM
N100 Y40 FRCM=0                    ；模态倒圆N100～N120，G95 FRC=1mm/min
N110 S1000 M3
N120 X50 G95 F3 FRC=1
⋮
```

（2）MD20201位0=1，从前一程序段导出（推荐设置）

```
N10 G0 X0 Y0 G17 F100 G94
N20 G1 X10 CHF=2                   ；倒角N20～N30，F=100mm/min
N30 Y10 CHF=4 FRC=120              ；倒角N30～N40，FRC=120mm/min
N40 X20 CHF=3 FRC=200              ；倒角N40～N60，FRC=200mm/min
N50 RNDM=2 FRCM=50
N60 Y20                            ；模态倒圆N60～N70，FRCM=50mm/min
N70 X30                            ；模态倒圆N70～N80，FRCM=50mm/min
N80 Y30 CHF=3 FRC=100              ；倒角N80～N90，FRC=100mm/min
N90 X40                            ；模态倒圆N90～N100，FRCM=50mm/min
N100 Y40 FRCM=0                    ；模态倒圆N100～N120，F=100mm/min
N110 S1000 M3
N120 X50 CHF=4 G95 F3 FRC=1        ；倒角N120～N130，使用G95 FRC=1mm/r
N130 Y50                           ；模态倒圆N130～N140，F=3mm/r
N140 X60
⋮
```

2.9 特殊的位移指令

2.9.1 逼近已经过编码处理的位置（CAC，CIC，CDC，CACP，CACN）

通过指令可以将直线轴和回转轴通过位置号编码返回到机床数据表中设定的固定轴位置，这种编程类型称作“返回到编码位置”。

1. 指令

```
CAC（<n>）
CIC（<n>）
```

CDC (<n>)

CACP (<n>)

CACN (<n>)

式中：

CAC (<n>)：返回到位置号码 n 的编码位置。

CIC (<n>)：起始于当前的位置编号，向前（$+n$）或向后（$-n$）返回到 n 位置。

CDC (<n>)：以最短的行程返回到位置编码号 n 的编码位置。

CACP (<n>)：按正方向返回到位置编号 n 的编码位置（仅用于回转轴）。

CACN (<n>)：按负方向返回到位置编号 n 的编码位置（仅用于回转轴）。

<n>：机床数据表中的位置编号，取值范围：0，1，…（最大表位数 -1）。

2. 举例：返回到某个定位轴的编码位置

```
N10 FA [B] =300              ; 定位轴 B 的进给速度
N20 POS [B] =CAC (10)        ; 返回到位置号码 10 的编码位置
N30 POS [B] =CIC ( -4)       ; 返回到“当前位置号码” -4 的位置
```

2.9.2 用接触式探头测量（MEAS，MEAW）

通过功能“采用触发式探头测量”可以使轴移动到工件上的实际位置，在测量探头发出脉冲沿时，它可以测定所有测量程序段中写入轴的位置。并将每个轴的位置写入到存储单元之中。

1）在编程该功能时，可以使用下面两个指令：

MEAS：通过指令 MEAS 可以删除实际位置到给定位置之间的剩余程序行。

MEAW：指令 MEAW 适用于一些测量任务，其中在任何情况下都必须移动轴到编程的位置。

MEAS 和 MEAW 为编程段生效且可以和运行指令一同编程。进给率、插补类型（G0、G1，…）以及轴的数量应与各自的测量任务相匹配。

2）测量探头获取的测量结果包含在以下变量中：

$AA_MM[<轴>]:机床坐标系中的测量结果。

$AA_MW[<轴>]：工件坐标系中的测量结果。

读取这些变量时不会在内部生成预处理停止。必须在 NC 程序中用 STOPRE 在适当的位置上编辑一个预处理停止，否则会读入错误的值。

1. 指令

```
MEAS = <TE> G... X... Y... Z...
MEAW = <TE> G... X... Y... Z...
```

其中：

MEAS：测量带剩余行程删除指令，程序段有效。

MEAW：不带剩余行程删除指令，程序段有效。

<TE>：触发测量的触发事件，INT 型。取值范围：-2，-1，1，2。最多可使用两个测量探头，视扩建阶段而定。具体含义如下：

（+）1：测量探头 1（测量输入 1 上）的上升沿；

-1：测量探头 1（测量输入 1 上）的下降沿；

（+）2：测量探头 2（测量输入 2 上）的上升沿；

-2：测量探头 2（测量输入 2 上）的下降沿。

注意：最多可使用两个测量探头，视扩建阶段而定。

G...：插补类型，例如 G0，G1，G2 或 G3。

X...Y...Z...：以直角坐标给定的终点。

例：

```
N10 MEAS=1 G1 F1000 X100 Y730 Z40    ；带有一个测量输入端的测量探头和直线插
                                        补的测量程序段。自动产生预处理停止
```

2. 其他信息

（1）测量任务状态　如果需要在程序段中分析测量探头是否已工作，可以查询状态变量 $AC_MEA[n]（n=测量探头的编号）。当值为 0 时，测量任务未执行。当值为 1 时，测量任务已顺利结束（测量探头已工作）。

当探头在程序中偏转时，就将变量置为 1。当某个测量程序段开始执行时，自动将变量设定成探头的初始状态。

（2）记录测量值　采集程序段所有运动过的轨迹轴和定位轴的位置（轴上的最大数量要视控制系统配置而定）。如果编程 MEAS，在测量探头触发之后按照定义使运动停止。

如果在某个测量程序段中已经编程了某个几何轴，就保存所有当前几何轴的测量值。如果在某个测量程序段中编程了某个参与转换的轴，就保存所有参与该转换的轴的测量值。

2.9.3 适用于 OEM 用户的专用函数（OEMIPO1，OEMIPO2，G810～G829）

（1）OEM 地址　OEM 用户确定 OEM 地址的含义。该功能通过编译循环实现。保留 5 个 OEM 地址，地址名称可以设定，在每个程序段中允许 OEM 地址。

（2）保留的 G 组　带有 OEMIPO1、OEMIPO2 的组 1，OEM 用户可以定义 G 函数 OEMIPO1、OEMIPO2 的两个辅助名称。该功能通过编译循环实现，保留给 OEM 用户。带有 G810～G819 的组 31 和带有 G820～G829 的组 32，可以保留两个 G 组给 OEM 用户，每个有 10 个 OEM G 功能。这样 OEM 用户提供的功能可以供外界使用。

此外，OEM 用户也可以通过参数传送设计预定义功能和了程序。

2.10 轨迹运行特性

2.10.1 准停（G60，G9，G601，G602，G603）

准停是一种运行模式，在该模式下每个运行程序段结束时，所有参与运动但不跨程序段运行的轨迹轴和辅助轴将制动至静止状态。如果要生成一个尖的外角，或者要对内角进行精加工就需要使用准停。使用准停标准可以确定如何准备运行到拐角处，以及何时转换到下一个程序段，系统提供以下三种标准：

1）“精准停”。只要所有参加运行的轴能达到“精准停”的轴专用公差极限，就进行程序段转换。

2）“粗准停”。只要所有参加运行的轴能达到“粗准停”的轴专用公差极限，就进行程序段转换。

3）“插补结束”。如果控制系统计算出所有参加运行的轴的额定速度为零，则进行程序段转换。不用考虑参加运行轴的实际位置或者跟随误差。

每个轴“精准停”和“粗准停”的极限值可以通过机床数据进行设定。

1. 指令

G60...

G9...

G601/G602/G603...

其中：

G60：激活模态有效准停的指令。

G9：激活程序段有效准停的指令。

G601：用于激活“精准停”准停标准的指令。

G602：用于激活“粗准停”准停标准的指令。

G603：用于激活“插补结束”准停标准的指令。

用于激活准停标准（G601/G602/G603）的指令只在 G60 或 G9 激活时生效。

2. 举例

```
N5 G602               ；选择“粗准停”标准
N10 G0 G60 X... Y...  ；准停模态有效
N20 X... Y...         ；G60 继续有效
 ⋮
N50 G1 G601           ；选择“粗准停”标准
N60 G64 X... Y...     ；转换到连续路径运行
 ⋮
N100 G0 G9            ；准停只在这个程序段中有效
N110                  ；连续路径运行重新被激活
 ⋮
```

3. 其他信息

1）G9 在当前程序段中产生准停，G60 在当前程序段和在所有后续程序段中产生准停。

使用连续路径运行指令 G64 来取消 G60。

2）G601，G602。G601 和 G602 在终点处的运行轨迹如图 2-15 所示。在拐角处，运动被停止并作短暂停留。准停标准的限值范围应设置得尽可能小。界限范围截取得越小，则位置逼近时间越长，到目标位置的运行时间越长。

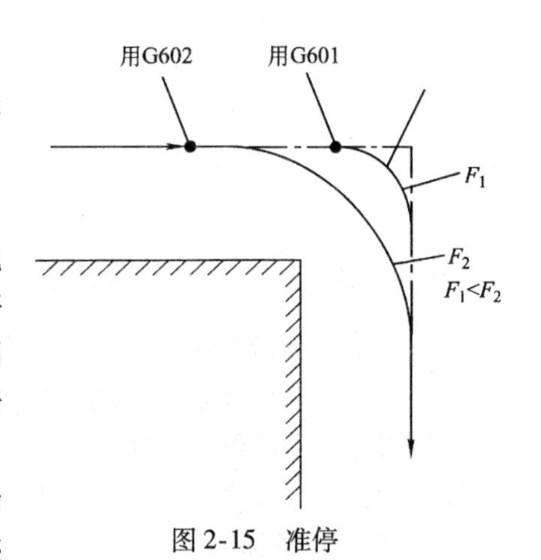

图 2-15　准停

3）G603。如果控制系统计算的插补轴给定速度为零，则执行程序段切换。此时根据轴的动态特性和轨迹速度，实际值滞后一个跟随运行分量。由此可以对工件拐角进行磨削。

4）设置准停标准。G0和G功能组1的其他指令可进行通道专用式保存，即区别于编程的准停标准，它们会自动使用预设的标准。

2.10.2　可编程的运动结束条件（FINEA，COARSEA，IPOENDA，IPOBRKA，ADISPOSA）

与轨迹插补（G601，G602和G603）的程序段转换条件相似，单轴插补的运动结束条件可以在一个零件程序或者适用于指令/PLC的同步动作中进行编程。根据运动结束条件，以不同的速度来结束带有单轴运动的零件程序的程序段或工艺循环程序段。通过FC15/16/18，同样适用于PLC。

1. 指令

```
FINEA[ <轴> ]
COARSEA[ <轴> ]
IPOENDA[ <轴> ]
IPOBRKA( <轴> [ <时间> ])
ADISPOSA( <轴> [ <模式> ,窗口大小])
```

其中：

FINEA：在到达“精准停”时运动结束。

COARSEA：在到达“粗准停”时运动结束。

IPOENDA：当到达插补器停止时运动结束。

IPOBRKA：可以在制动斜坡上进行程序段转换。

ADISPOSA：运动结束条件的公差窗口大小。

<轴>：通道轴名称（*X*，*Y*...）。

<时间>：程序段转换时间点与制动斜坡百分比有关。

<模式>：模式，取值：0：公差窗口无效；1：公差窗口与给定位置相关；2：公差窗口与实际位置相关。

<窗口大小>：公差窗口大小。该值以与主运行同步的方式输入到以下设置数据中。

SD43610 $SA_ADISPOSA_VALUE

2. 举例

例1：当到达插补器停止时运动结束。

```
⋮
N110 G1 POS[X] =100 FA[X] =1000 ACC[X] =
        90 IPOENDA[X]              ；以1000r/min的轨迹速度和90%的加速度值运
                                    行到位置X100，在到达插补器停止时运动结束
N120 EVERY $A_IN[1] DO POS[X] =50 FA[X] =2000 ACC[X]
      =140 IPOENDA[X]              ；当输入端1有效时，以2000r/min的轨迹速度和
                                    140%的加速度值运行到位置X50，到达插补器
                                    停止时运动结束
```

例2：零件程序中制动斜坡程序段转换条件。

```
                              ；默认设定生效
N10 POS [X] =100              ；如果 X 轴到达位置 100 和精准停就开始进行程序段转换
N20 IPOBRKA (X, 100)          ；激活制动斜坡程序段转换条件
N30 POS [X] =200              ；一旦 X 轴开始制动，就立即进行程序段转换
N40 POS [X] =250              ；X 轴不在位置 200 方向上制动，而是继续向位置 250 运
                                动，只要 X 轴开始制动，就立即进行程序段转换
N50 POS [X] =0                ；X 轴制动且向位置 0 运动，在到达位置 0 和精准停止时进
                                行程序段转换
N60 X10 F100
N70 M30
```

例 3：同步动作中制动斜坡程序段转换条件。

```
                              ；在工艺循环中
FINEA                         ；运动结束条件精准停
POS [X] =100                  ；当 X 轴已到达位置 100 和精准停止时，就进行工艺循环程
                                序段转换
IPOBRKA (X, 100)              ；激活制动斜坡程序段转换条件
POS [X] =100                  ；只要 X 轴开始制动，就立即进行工艺循环程序段转换
POS [X] =250                  ；X 轴不在位置 100 方向上制动，而是继续向位置 250 运
                                动。只要 X 轴开始制动，就立即在工艺循环中进行程序
                                段转换
POS [X] =0                    ；X 轴制动并返回到位置 0，程序段转换在位置 0 和精准停
                                时进行
M17
```

3. 其他信息

（1）读取运行结束条件　可以使用系统变量 $AA_MOTEND[轴]查询设置好的运动结束条件。其值与运动结束条件如表 2-3 所示。

表 2-3　$AA_MOTEND[轴]系统变量值与运动结束条件

值	含　义
1	使用“精准停”结束运动
2	使用“粗准停”结束运动
3	使用“IPOSTOP”结束运动
4	轴运动的制动斜坡程序段转换条件
5	制动斜坡中的程序段转换，带有相对于“额定位置”的公差范围
6	制动斜坡中的程序段转换，带有相对于“实际位置”的公差范围

在复位之后，最后编程的值仍存在。

（2）在制动斜坡中的程序段转换条件　在执行主过程的同时百分比值被记录在设定数据 SD43600 $SA_IPOBRKE_BLOCK_EXCHANGE 中。如果对数值不能说明，则设定数据中的当前值生效。设定范围：0% ~100%。

（3）IPOBRKA中附加的公差窗口 除了已有的指定斜坡中的程序段转换条件之外，还可以选择程序段转换条件公差范围。当轴到目前为止已经达到其制动斜坡的规定百分比值时，以及其当前实际位置或者额定位置与程序段中轴的终点位置的公差相差不大时，才可以激活。

2.10.3 带有拐角减速的进给减速（FENDNORM，G62，G621）

在自动拐角延迟时，在距离拐角很近处以钟形曲线降低进给速度。除此之外，关系到加工刀具的性能范围可以通过设定数据进行参数设定。它们是：开始和结束进给速度降低；用来减小进给速度的修调率；识别相关角。有些拐角被视为重要的拐角，即其内角小于通过调整数据所设定参数的角度。

使用FENDNORM默认值关闭自动拐角倍率的功能。

（1）指令

FENDNORM：自动拐角延迟关闭。

G62：激活刀具半径补偿时的内拐角减速。

G621：激活刀具半径补偿时在所有拐角减速。

（2）G62 仅作用于内角，带有有效的刀具半径补偿G41、G42和有效的轨迹控制运行G64，以降低后的进给速度逼近相应的角。

当刀具（以中心点轨迹为基准）在相应角应该变换方向时，表明已经到达了最大可能的进给减速。

（3）G621 G621与G62相似，作用于通过FGROUP所确定的轴的每个角。

2.10.4 连续路径运行（G64）

在连续路径运行中，在程序段结束并进行程序段切换时，轨迹速度不必降低到特定速度，以达到精准停标准，从而可以在程序段转换点处避免轨迹轴停止加工，尽可能从相同的速度转到下一个程序段。为了达到这个目标，选择连续路径运行时还应激活“预读速度控制（LookAhead）”功能。

通过连续路径运行可以实现：①省去了达到标准目标所需的制动和加速过程，从而缩短了加工时间；②通过均匀的速度运行获得更好的切削质量。

在下列情况下应使用连续路径运行：①需要尽可能快速地离开轮廓，比如通过快速运行；②在故障标准范围内，实际运行可以与编程的运行有所偏差，以获得稳定持续的运行特性。

在下列情况下不应使用连续路径运行：①要求准确离开轮廓；②要求绝对恒定速度。

连续路径运行通过隐式触发预处理停止的程序段中断，比如通过存取特定的机床状态数据（$A...）和辅助功能输出。

1. 指令

G64...

其中：G64：根据过载系数带速度降低的连续路径运行。

2. 举例

```
N10 G64 G1 X... F...   ；连续路径加工
N20 Y...
```

⋮

N180 G60...　　　　　　；转换到准确定位

3. 其他信息

1）在连续路径运行中，刀具在切向过渡时会尽可能以恒定的轨迹速度运行，在程序段界限处不进行制动。在拐角和准停程序段之前进行预先制动（预读功能）。拐角同样始终绕行。为了减少轮廓发生损坏的几率，在考虑到加速度极限和过渡系数的情况下，应相应地降低速度。

过载系数可在机床数据 MD32310 $MA_MAX_ACCEL_OVL_FACTOR 中设置。

为了避免在轨迹运行时发生意外停止（自由切削），必须注意以下几点：①在运行结束后或者在下一个运行开始前开启的辅助功能会中断连续路径运行，但快速辅助功能例外。②定位轴始终遵循准停原理运行，精定位窗口（如 601）。如果一个程序段中必须要等待定位轴，则轨迹轴的连续路径运行被中断。而进行注释，计算或子程序调用的中间编程程序段不会影响连续路径运行。

如果在 FGROUP 中并不包含所有的轨迹轴，则在程序段过渡处，对于没有包含的轴往往会有一个速度跃变。控制系统可以通过降低程序段切换处的速度，以限制这种速度跃变，使该值不超过机床数据 MD32300 $MA_MAX_ACCEL 和 MD32310 $MA_MAX_ACCEL_OVL_FACTOR 所允许的值。

2）预读速度控制（LookAhead）。在连续路径运行中，控制系统自动预先计算出多个 NC 程序段的速度控制。这样可以在连续的切向过渡中进行多个程序段的加速和制动。可通过预读速度控制，以较高的轨迹进给率行程，由较短运行组成运动链。可预读 NC 程序段的最大数量在机床数据中设置。

3）快速运行中的连续路径运行。对于快速运行，必须对所述功能 G60/G9 或 G64 中的一个进行设定。在其他情况下，机床数据中的预设生效。

4）信息作为可执行程序段，当进行连续路径运行时，可将零件程序中的信息也作为可执行程序段输出。为此必须使用第 2 调用参数和参数值“1”编制 MSG 指令：

MSG（“文本”，1）

如果不以第 2 参数对 MSG 进行编程，则会在下一可执行程序段中输出信息。

2.10.5 带前馈控制运行（FFWON，FFWOF）

通过前馈控制可以使得受速度影响的超程长度在轨迹运行时逐渐降低到零。使用带前馈控制的加工可以提高轨迹精度，改善加工质量。

指令：

FFWON：用于激活前馈控制的指令。

FFWOF：用于取消前馈控制的指令。

通过机床数据可以确定前馈控制方式，并且确定哪些轨迹轴必须进行前馈控制运行。标准设置：由速度决定的前馈控制；选择设置：由加速度决定的前馈控制。

例：

N10 FFWON

N20 G1 X... Y... F900 SOFT

2.10.6　轮廓精确度（CPRECON，CPRECOF）

在不带前馈控制（FFWON）的加工中，在弯曲轮廓处，由于给定位置和实际位置之间存在差值（与速度无关），可能会出现轮廓误差。

使用可编程的轮廓精度 CPRECON，可以在 NC 程序中存储一个最大允许的轮廓误差。轮廓误差值用设定参数 $SC_CONTPREC 指定。使用预读功能可以使整个轨迹以编程的轮廓精度进行。

指令：

CPRECON：激活可编程的轮廓精度。

CPRECOF：取消可编程的轮廓精度。

通过设定数据 $SC_MINFEED 可以定义最小速度，运行中不得低于该速度，也可直接在零件程序中通过系统变量 $SC_CONTPREC 写入相同的值。

控制系统从轮廓误差 $SC_CONTPREC 和相关几何轴的 KV 系数（速度与跟随误差之间的比例）计算出最大的轨迹速度，使用该轨迹速度确保跟随误差不会超出设定数据中存储的最小值。

例：

```
N10 X0 Y0 G0
N20 CPRECON                  ; 打开轮廓精度
N30 F10000 G1 G64 X100       ; 在连续路径运行中以 10m/min 的速度加工
N40 G3 Y20 J10               ; 在圆弧程序段中自动进给限制
N50 X0                       ; 无限制进给率 10m/min。
```

2.10.7　暂停时间（G4）

使用 G4 可以在两个程序段之间编程一个“暂停时间”，在此时间内工件加工中断。G4 会中断连续路径运行。G4 用于自由切削。

指令：

```
G4 F.../S<n>=...
```

G4 必须在单独的 NC 程序段中编程。

其中：

G4：激活暂停时间。

F：在地址 F 下以秒为单位编程暂停时间。

S<n>=...：在地址 S 下以主轴转数为单位编程暂停时间。

<n>：通过数字扩展符可以设定暂停时间生效的主轴的编号。若未设定数字扩展符（S...），则暂停时间生效于主主轴。

只有在 G4 程序段中，地址 F 和 S 才用于设定时间。在 G4 程序段之前编程的进给率 *F* 和主轴转速 *S* 被保存。

例：

```
N10 G1 F200 Z-5 S300 M3      ; 进给率 F 和主轴转速 S
N20 G4 F3                    ; 暂停时间 3s
```

```
N30 X40 Y10
N40 G4 S30                  ；主轴停留 30 转的时间（相应地在 S=300r/min 且
                              转速倍率为 100% 时，t=0.1min）
N50 X...
```

2.10.8 内部预处理程序停止

在存取机床的状态参数时（$A...），控制系统会自动生成内部预处理停止。只有当全部执行了所有预处理并缓存的程序段后，才开始执行后面的程序段。上一个程序段被停在准停位置中，如 G9。

例：

```
⋮
N40 POSA [X] =100
N50 IF $AA_IM[X] == R100 GOTOF MARKE1 ；存取机床的状态数据（$A...），
                                        控制系统生成内部预处理停止
N60 G0 Y100
N70 WAITP (X)
N80 MARKE1
⋮
```

2.10.9 加速性能的加速模式（BRISK，BRISKA，SOFT，SOFTA，DRIVE，DRIVEA）

关于加速模式的编程有下列零件程序指令可供使用：

（1）BRISK，BRISKA 单轴或轨迹轴以最大加速度运行，直至达到编程的进给速度（无急动限制的加速）。

（2）SOFT，SOFTA 单轴或轨迹轴以稳定的加速度运行，直至达到编程的进给速度（有急动限制的加速）。

（3）DRIVE，DRIVEA 单轴或轨迹轴以最大加速度运行，直至达到所设置的速度极限（机床数据设置）。此后降低加速度（机床数据设置），直至达到编程的进给速度。

轨迹速度的走势如图 2-16 所示。

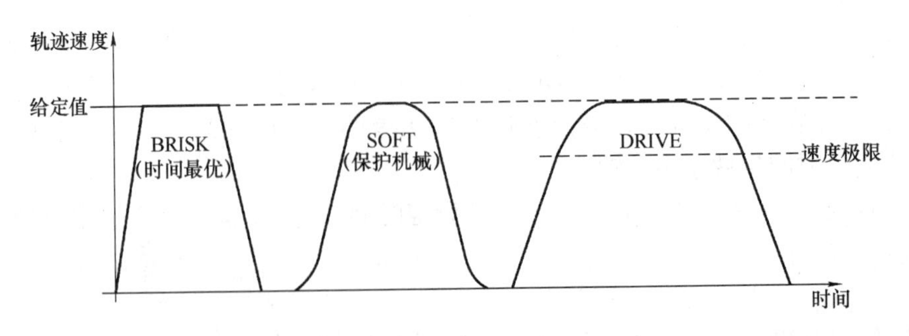

图 2-16 加速模式下的轨迹速度走势

1. 指令

```
BRISK
BRISKA ( <轴1>, <轴2>, ... )
SOFT
SOFTA ( <轴1>, <轴2>, ... )
DRIVE
DRIVEA ( <轴1>, <轴2>, ... )
```

其中：

BRISK：用于激活轨迹轴“无急动限制的加速”的指令。

BRISKA：用于激活单轴“无急动限制的加速”的指令。

SOFT：用于激活轨迹轴“有急动限制的加速”的指令。

SOFTA：用于激活单轴运行（JOG，JOG/INC，定位轴等）“有急动限制的加速”的指令。

DRIVE：超出速度上限（MD35220 $MA_ACCEL_REDUCTION_SPEED_POINT）时，激活轨迹轴降低加速度的指令。

DRIVEA：超出速度上限（MD35220）时，激活单轴运行（JOG，JOG/INC，定位轴，等）降低加速度的指令。

（<轴1>，<轴2>，...）：调用的加速模式适用的单轴。

2. 在加工时变换加速模式

如果加工时在一个零件程序中变换加速模式（BRISK← →SOFT），则在连续路径运行时也会在程序段结束的过渡处使用准停来更换程序段。

3. 举例

例 1：SOFT 和 BRISK。

```
N10 G1 X... Y... F900 SOFT
N20 BRISKA (AX5, AX6)
⋮
```

例 2：DRIVE 和 DRIVEA。

```
N5 DRIVE
N10 G1 X... Y... F1000
N20 DRIVEA (AX4, AX6)
⋮
```

2.10.10 对运动控制的影响（VELOLIM，JERKLIM）

在条件极为不利的程序段执行过程中，可能有必要将运动限制在最大可能值以下，以便减小机床的负荷或者改善加工质量。

1. 指令

```
VELOLIM[<轴>] = <值>
JERKLIM[<轴>] = <值>
```

式中：

VELOLIM：速度补偿指令，该功能仅对轨迹轴和定位轴有作用。

JERKLIM：突变补偿指令，该功能仅对轨迹轴有作用。SOFT 必须已激活。

<轴>：应对极限值进行调整的加工轴。

<值>：按百分比修改所允许的最大值。它与机床数值中对该轴的设定值有关。

对 VELOLIM 取值范围：1～100；对 JERKLIM 取值范围：1～200。值 100 对突变没有影响。

该设置在复位和零件程序启动之后有效。

2. 举例

例 1：在自动方式下。

```
N60 VELOLIM[X]=80   ；轴溜板在 X 方向应以轴的允许速度的 80% 进行运行
```

例 2：在自动方式下。

```
N70 JERKLIM[X]=75   ；轴溜板在 X 方向应以轴的允许突变值的 75% 进行加速/减速
```

例 3：突变和速度极限值的应用。

```
N1000 G0 X0 Y0 F10000 SOFT G64
N1100 G1 X20 RNDM=5 ACC[X]=20 ACC[Y]=30
N1200 G1 Y20 VELOLIM [X] =5  JERKLIM[Y]=200
                         ；轴溜板在 X 方向应以轴的最大允许速度的 5% 进行运行，轴溜板在 Y 方向应以轴的最大允许突变值的 200% 进行加速/减速
N1300 G1 X0 JERKLIM[X]=2 ；轴溜板在 X 方向应以轴的最大允许突变值的 2% 进行加速/减速
N1400 G1 Y0
⋮
```

2.10.11 跟随轴时的加速影响（VELOLIMA，ACCLIMA，JERKLIMA）

在轴耦合（耦合运动，引导值耦合）中，跟随轴/主轴的运行取决于一个或多个引导轴/引导主轴。即使是在已激活的轴耦合中，也可通过零件程序或同步动作中的 VELOLIMA、ACCLIMA 和 JERKLIMA 指令，对跟随轴/主轴的动态限值进行调节，且只能和“耦合运动”功能一起使用。注意，JERKLIMA 功能不能用于全部的耦合类型。

1. 指令

VELOLIMA：用于修改参数设置的最大速度。

ACCLIMA：用于修改参数设置的最大加速度。

JERKLIMA：用于修改参数设置的最大急动。

<轴>：需要调节动态限值的跟随轴。

<值>：修正值，按百分比值设定。

2. 举例

例 1：修改跟随轴（AX4）的动态限值。

```
⋮
VELOLIMA[AX4]=75   ；将限值修改为机床数据中存储的轴向最大速度的 75%
```

```
ACCLIMA[AX4] = 50      ；将限值修改为机床数据中存储的轴向最大加速度的 50%
JERKLIMA[AX4] = 50     ；将限值修改为机床数据中存储的轨迹运行最大轴向急动
                         的 50%
```

例 2：通过静态同步动作调节引导值耦合。

轴 4 通过引导值耦合与 *X* 轴耦合。通过静态同步动作 2，从位置 100 起将加速度特性限制为 80%。

```
⋮
N120 IDS = 2 WHENEVER  $AA_IM[AX4] > 100 DO
             ACCLIMA[AX4] = 80        ；同步动作
N130 LEADON (AX4, X, 2)               ；引导值耦合开启
⋮
```

2.10.12　可编程的加速度修调（ACC）（选项）

在一些重要程序段中，可能需要将加速度限制在最大值以内，例如防止出现机械振动。通过 NC 程序中的指令，使用可编程的加速度修调，可以改变各轨迹轴或主轴的加速度。极限值对所有的插补类型均有效。机床数据中确定的值为 100% 的加速度。

1. 指令

```
ACC[ <轴> ] = <值>
ACC[SPI( <n> )] = <值>
ACC(S <n> ) = <值>
```

关闭：

```
ACC[...] = 100
```

其中：

ACC：修改指定轨迹轴的加速度或者指定主轴的转速变化。

<轴>：轨迹轴的通道轴名称。

SPI（<n>）/S<n>：主轴名称。SPI（<n>）和 S<n>的功能相同。

<n>：主轴号。SPI 会将主轴号转换为轴名称。传输参数（<n>）中必须包含一个有效的主轴号。

<值>：加速度变化百分比值。该值参照或者叠加机床控制面板上设定的进给倍率。取值范围：1% ~200%，整数百分。注意，加速度较大时可能会超出机床制造商允许的最大值。

2. 举例

```
N50 ACC[X] = 80          ；仅以 80% 的加速度沿 X 轴方向运行溜板
N60 ACC[SPI(1)] = 50     ；应当只采用加速能力的 50% 对轴 1 进行加速或制动
```

3. 其他信息

1）使用 ACC 编程的加速度修调，输出时始终会考虑用 ACC［...］编程的加速度修调值，如同系统变量 $AA_ ACC 中的值。零件程序和同步动作中的读取会按 NC 运行的不同阶段进行。

2）在零件程序中，只有在同步未修改 ACC 时，系统变量 $AA_ACC 才采用零件程序中写入的值。也可以用同步动作来改变定义的加速度。例：

```
⋮
N100 EVERY  $A_IN[1] DO POS[X] =50 FA[X] =2000 ACC[X] =140
```

3）在同步动作中，只有在零件程序未修改 ACC 时，系统变量 $AA_ACC 才采用零件程序写入的值。

可以用系统变量 $AA_ACC[<轴>]来查询当前的加速度值。复位/零件程序结束时，最后设置的 ACC 值还是 100% 生效。

2.10.13　激活工艺专用动态值（DYNNORM，DYNPOS，DYNROUGH，DYNSEMIFIN，DYNFINISH）

借助于 G 功能组“工艺”可以为 5 个不同的工艺加工步骤激活匹配的动态性能。动态值和 G 指令可设计，因此受机床数据设置的影响。

1. 指令

（1）激活动态值

DYNNORM：用于激活一般动态的 G 指令。

DYNPOS：用于激活定位运行、攻螺纹动态的 G 指令。

DYNROUGH：用于激活粗加工动态的 G 指令。

DYNSEMIFIN：用于激活精加工动态的 G 指令。

DYNFINISH：用于激活精修整动态的 G 指令。

动态值已在程序段中生效，在该程序段中编程了相应的 G 指令，无法停止加工。

（2）读取或写入特定数组元素

```
R<m> = $MA...[n, x]
$MA...[n,x] = <值>
```

式中：

R<m>：编号为<m>的计算参数。

$MA...［n，x］：带动态特定数组元素的机床数据。

<n>：数组索引。取值范围：0～4。

0：一般动态（DYNNORM）。

1：定位运行动态（DYNPOS）。

2：粗加工动态（DYNROUGH）。

3：精加工动态（DYNSEMIFIN）。

4：精修整动态（DYNFINISH）。

<x>：轴地址。

<值>：动态值。

2. 举例

例 1：激活动态值。

```
DYNNORM G1 X10
DYNPOS G1 X10 Y20 Z30 F...              ; 一般动态
DYNROUGH G1 X10 Y20 Z30 F10000          ; 粗加工
DYNNSEMIFIN G1 X10 Y20 Z30 F2000        ; 精加工
```

```
DYNFINISH G1 X10 Y20 Z30 F1000          ; 精修整
```

例 2：读写特定数组元素，粗加工最大的速度，*X* 轴。

```
R1 = $MA_MAX_AX_ACCEL[2,X]              ; 读取
$MA_MAX_AX_ACCEL[2,X] =5                ; 写入
```

2.10.14　进给速度曲线（FNORM，FLIN，FCUB）

为了较为灵活地设定进给速度曲线，根据 DIN66025 的规定，进给编程增加了线性曲线和三次曲线。三次曲线可以直接编程或作为插补样条编程。从而可以根据待加工工件的曲线持续编程平滑的速度曲线。这种速度曲线实现了平滑，没有急动的加速度变化，并进而完成了均匀的工件表面加工。

1. 指令

```
F... FNORM
F... FLIN
F... FCUB
```

其中：

FNORM：初始设置。进给值通过程序段中的位移来规定。轨迹进给为恒定值，作为模态值有效。

FLIN：线性轨迹速度曲线。从程序段开头到程序段末尾的范围内，轴从当前值开始以进给值进行线性位移，然后模态值生效。这种属性可以和 G93 和 G94 组合使用。轨迹进给为线性值。

FCUB：三次曲线轨迹速度曲线。以程序段方式编程的 *F* 值（与程序段结束处有关）通过一个样条连接，样条开始时和前一个进给值相切，结束时和后一个进给值相切，并与 G93 和 G94 一起作用。如在一个程序段中缺少 F 地址，在这里使用最后编程的 *F* 值。进给值作为计算样条的支点。

2. 举例

```
⋮
N30 F1000 FLIN X50      ; 速度变化为线性
⋮
N50 F1400 FCUB X50      ; 速度变化为三次曲线
N60 F2000 X60
N70 F3800 X65
⋮
```

与编程的进给进程无关，轨迹运行方式编程的功能有效。可编程的进给速度曲线，基本上绝对独立于 G90 或者 G91。

2.10.15　带有缓存的程序运行过程（STOPFIFO，STARTFIFO，FIFOCTRL，STOPRE）

1. 缓存功能

根据扩展级，控制系统具有一定数量的缓存存储器。它们会在加工前存储预处理的程序

段，并在加工过程中作为快速程序段输出。借此可以以较高速度运行较短的行程。只要控制系统的剩余时间允许，原则上缓存存储器都会被载满。

（1）标记缓存段　零件程序中需要在缓存中存储的程序段标有 STOPFIFO（开始）以及 STARTFIFO（结束）。当缓存已满或者执行指令 STARTFIFO 之后，才会开始执行经过预处理并处于缓存中的程序段。

（2）缓存的自动控制　缓存的自动控制通过指令 FIFOCTRL 调用。FIFOCTRL 的作用如同 STOPFIFO。在每次编程时都会等待缓存被载满，然后才开始执行程序。只是缓存在空运行时的属性有所不同，编程 FIFOCTRL 后，当缓存容量达到 2/3 时，轨迹速度会不断降低，从而避免出现完全的空运行和急剧的停止过程。

（3）预处理停止　如果在程序段中编程了 STOPRE 指令，程序段预处理和缓存过程将被终止。只有当全部执行了所有预处理并缓存的程序段后，才开始执行后面的程序段。之前的程序段会以准停方式停止（例如 G9）。

2. 指令

（1）标记缓存段

```
STOPFIFO
⋮
STARTFIFO
```

（2）缓存的自动控制

```
⋮
FIFOCTRL
⋮
```

（3）预处理停止

```
⋮
STOPRE
⋮
```

注意：指令 STOPFIFO、STARTFIFO、FIFOCTRL 和 STOPRE 必须在单独的程序段中编程。

其中：

STOPFIFO：STOPFIFO 标出了需要存储在缓存器中的程序段的开始。STOPFIFO 指令会停止处理并载满缓存，直至识别到 STARTFIFO 或 STOPRE，或者缓存已满或者达到程序末尾。

STARTFIFO：启动程序段的快速处理，同时会加载缓存。

FIFOCTRL：启用缓存的自动控制。

STOPRE：停止预处理。

当缓存程序段中包含的指令需要强制进行非缓存运行，例如回参考点、测量功能等，系统就不会执行或者中断缓存加载。当访问机床的状态数据时（$SA...），控制系统会生成内部预处理停止。当刀具补偿已启用且进行样条插补时，不应编程 STOPRE，否则会中断相关的程序段顺序。

3. 举例

停止预处理

```
⋮
N30 MEAW = 1 G1 F1000 X100 Y100 Z50   ；带有第一个测量输入端的测量探头和
                                       直线插补的测量程序段
N40 STOPRE                             ；预处理停止
⋮
```

2.10.16　可以有条件中断的程序段（DELAYFSTON，DELAYFSTOF）

可以有条件中断的零件程序段称为停机延时段（Stop - Delay）。在某些程序段内不应当停住且进给也不应当改变。基本上较短的程序段，例如用来制作螺纹的程序段，几乎都有防止停止事件的保护。在程序段处理完后，一个可能的停止才能产生作用。

1. 指令

DELAYFSTON：定义一个域的开始。在这个范围中“软”停止被延后，直至到达停止延迟区的末尾；单独在一个零件程序行中指令。

DELAYFSTOF：定义一个停止延迟区的结尾。单独在一个零件程序行中指令。

两个指令都只允许在零件程序中指令，而不可以在同步动作中。

对于机床数据 MD11550 $MN_STOP_MODE_MASK 位 0 = 0（默认），当 G331/G332 已激活且轨迹运动或者 G4 已编程时，就会隐性定义停止延时段。

2. 停止事件

在停止延时段中，会忽略进给和进给锁止的改变。它们在停止延迟区之后才产生作用。停止时间被区分为：“软”停止事件，反应为延迟；和“硬”停止事件，反应为立即。

选择几个停止事件，至少暂时停止，如表 2-4 所示。

表 2-4　停止事件反应及中断参数

事件名称	反应	中断参数
RESET	立即	NST：DB21... DBX7. 7 和 DB11... DBX20. 7
PROG_END	报警 16954	NC 程序：M30
INTERRUPT	延迟	NST：FC_9 和 ASUP DB10，... DBB1
SINGLEBLOCKSTOP	延迟	停止延时段中的单程序段运行被启用。NC 在停止延时段之外的第 1 个程序段的末尾处停止。单程序段已在停止延时段之前被选中 NST：“NC 在程序段结束处停止”DB21... DBX7. 2
STOPPROG	延迟	NST：DB21... DBX7. 3 和 DB11... DBX20. 5
PROG_STOP	报警 16954	NC 程序：M0 和 M1
STOP_ALARM	直接	报警：报警设计 STOP BY ALARM
NEWCONF_PREP_STOP	报警 16954	NC 程序：NEWCONF
ESR	延迟	扩展的停止和退回
EXT_ZERO_POINT	延迟	外部零点偏移
STOPRUN	报警 16955	BTSS：PI “_N_FINDST” STOPRUN

表中：

立即（“硬”停止事件）：立即在停止延迟区中停止。

延迟（“软”停止事件）：停止（也包括短时间的）只在停止延迟区后产生。

报警 16954：程序将被停止，因为在停止延迟区中使用了不被允许的程序命令。

报警 16955：在停止延迟区中进行一个不被允许的动作，程序继续。

例：在一个循环中，在停止延时段中按下“停止”，例如在程序段 N400 的加工中按下“停止”，NC 开始执行停止延时段范围之外的制动过程，在停止延时执行之后，在 N100 之前执行停止。

```
⋮
N99 MY_ LOOP:
N100 G0 Z200
N200 G0 X0 Z200
N300 DELAYFSTON ( )
N400 G33 Z5 K2 M3 S1000
N500 G33 Z0 X5 K3
N600 G0 X100
N700 DELAYFTSOF ( )
N800 GOTOS MY_ LOOP
```

3. 两个程序层中停止延时段的嵌套

```
N10010 DELAYFSTON ( )          ; 带 N10×××的程序段级面 1 的程序段
N10020 R1 = R1 + 1
N10030 G4 F1                   ; 开始停止延迟区
⋮
N10040 子程序 2
⋮
⋮                              ; 子程序 2 的说明
N20010 DELAYFSTON ( )          ; 程序级面 2 重复的开始，无效
⋮
N20020 DELAYFSTOF ( )          ; 无效，在另一个平面中结束
N20030 RET
N10050 DELAYFSTOF ( )          ; 相同层中停止延时段末尾
⋮
N10060 R2 = R2 + 2
N10070 G4 F1                   ; 结束停止延迟区。停止从现在起立即有效
```

4. 停止延时段的有效

在没有速度干扰的情况下处理程序段，在停止之后，如果用户使用 RESET 中断程序，则被中断的程序段就在受到保护的程序块后面。这样的程序段适用于作为一个跟踪搜索的目标。只要一个停止延迟区被加工，则主运行轴（指令轴和使用 POSA 运动的定位轴）不会被停止。零件程序指令 G4 在停止延时段中是允许的，与此相反，其他执行临时停止的零件程

序指令则不允许。G4 使停止延时段有效（就像一个轨迹运动）或者使其保持有效。

例：进给干预

如果在停止延时段前将修调率降低到 6%，则修调率就会在停止延时段中有效。如果在停止延时段中将修调率从 100% 降低到 6%，就会以 100% 使停止延时段执行结束，然后在以 6% 继续执行。进给锁止在停止延时段中不起作用，只由在离开停止延时段后才会停止。

5. 叠加/嵌套

如果两个停止延时段互相交叠，一个来自于语言指令，另一个来自于机床数据 MD1150：STOP_MODE_MASK，就会形成最有可能的停止延时段。下列各项用来调节语言指令 DELAYFSTON 和 DELAYFSTOF 与嵌套和子程序结束之间的相互作用。

1）当子程序结束时，DELAYFSTON 已经在其中被调用，DELAYFSTOF 就被隐式激活。

2）DELAYFSTON 停止延时段保持无效。

3）如子程序 1 在停止延迟区中调用子程序 2，那子程序 2 就是完整的停止延迟区。特别是 DELAYFSTOF 在子程序 2 中不起作用。

REPOSA 是一个子程序结束且 DELAYFSTON 在任何情况下均会被取消。如果一个“硬”的停止事件碰到“停止延迟区”，那“停止延迟区”完全不再被选择。这就是说，如果在该程序段中出现另一个任意的停止，就会立即停止。只有重新编程（更新的 DELAYFSTON）才可开始一个新的停止延时段。

如果停止键在停止延时段之前被按下且 NCK 必须进入停止延时段以进行制动，则 NCK 就会在停止延时段停止，并且停止延时段保持被取消。

如果倍率为 0% 时出现一个停机延时段，则停机延时段不被接受。

这适用于所有“软”停止事件。

使用 STOPALL 可从在停止延时段中制动。使用一个 STOPALL 可立即激活其他所有目前为止被延迟的停止事件。

6. 系统变量

可使用 $P_DELAYFST 在零件程序中识别一个停止延时段。如果系统变量中的位 0 值为 1 的话，零件程序的加工在这个时候处于一个停止延迟区内。

使用 $AC_DELAYFST 可在同步动作中识别一个停止延时段。如果系统变量中的位 0 值为 1 的话，零件程序的加工在这个时候处于一个停止延迟区内。

7. 兼容性

预设置机床数据 MD11550：STOP_MODE_MASK 位 0 = 0，可在 G 代码组 G331/G332 已编程且当一个轨迹运动或者 G4 已编程时，使隐式停止延时段有效。

位 0 = 1，可在 G 代码组 G331/G332 已编程且当一个轨迹运动或者 G4 已编程时（软件版本 6 以下的特性）实现停止。定义一个停止延时段时，必须使用指令 DELAYFSTON/DELAYFSTOF。

2.10.17 阻止 SERUPRO 的程序位置（IPTRLOCK，IPTRUNLOCK）

对于某些机械复杂的机床配置，要求阻止程序段查找 SERUPRO。

使用一个可编程的中断指示，可以使“查找中断点”时在不可查找的位置之前停止。也可以在零件程序范围中定义不可查找的区域，在其中 NCK 不可以再次进入。使用程序中断，NCK 记下最后加工的程序段，通过操作界面 HMI 可以查找到该程序段。

1. 指令

IPTRLOCK：开始不可查找的程序段。

IPTRUNLOCK：结束不可查找的程序段。

两个指令单独处于某个零件程序行中，并且可实现一个可编程的中断向量。两个指令仅允许在零件程序中，但不可在同步动作中。

2. 举例

在两个带有隐式 IPTRUNLOCK 的程序层中嵌套不可查找的程序段。子程序 1 中的隐式 IPTRUNLOCK 结束不可查找的程序段。

```
N10010 IPTRLOCK ()
N10020 R1 = R1 + 1
N10030 G4 F1                    ; 停止程序段，开始不可查找的程序段
 ⋮
N10040 子程序 2
 ⋮                              ; 子程序 2 的说明
N20010 IPTRLOCK ()              ; 无效，重复的开始
 ⋮
N20020 IPTRUNLOCK ()            ; 无效，在另一个平面中结束
N20030 RET
 ⋮
N10060 R2 = R2 + 2
N10070 RET                      ; 结束不可查找的程序段
N100 G4 F2                      ; 继续主程序
```

中断到 N100，重新提供了中断指令。

3. 采集和查找不可查找的区域

不可查找的程序段使用语言指令 IPTRLOCK 和 IPTRUNLOCK 进行标识。

指令 IPTRLOCK 将中断向量冻结成一个在主过程中可以执行的单程序段（SBL1）。该程序段在以下所述中被作为停止程序段。如果在 IPTRLOCK 之后出现一个程序中断，就可以在操作界面 HMI 上查找该停止程序段。

4. 再次停止在当前的程序段

使用后续程序段的 IPTRUNLOCK 将中断向量设置给中断点的当前程序段。在找到一个查找目标后，可以用该停止程序段重复一个新的查询目标。被用户编辑过的中断向量必须通过 HMI 重新删除。

5. 嵌套时调节

下列各项用来调节语言指令 IPTRLOCK 和 IPTRUNLOCK 与嵌套和子程序结束之间的相互作用。

1）当子程序结束时，IPTRLOCK 已经在其中被调用，IPTRUNLOCK 就被隐式激活。

2）IPTRLOCK 在一个不可查找的程序段中保持无效。

3）如果子程序 1 在一个不可查找的区域调用子程序 2，则子程序 2 保持不可查找。特

别是 IPTRUNLOCK 在子程序中不起作用。

6. 系统变量

可使用 $P_IPTRLOCK 在零件程序中识别一个不可查找的程序段。

7. 自动的中断指示

自动中断指示的功能，自动将一个先前确定的耦合方式确定为无法搜索。借助机床数据，当 EGON 时，电子控制式变速器在 LEADON 轴向主值耦合时激活自动中断指针。如果已编程的中断向量和可通过机床数据激活的自动中断向量相互交叠，就会形成最有可能的不可查找程序段。

2.10.18 返回轮廓（REPOSA，REPOSL，REPOSQ，REPOSQA，REPOSH，REPOSHA，DISR，DISPR，RMI，RMB，RME，RMN）

如果在加工过程中必须中断正在运行的程序，使刀具移开，比如由于刀具断裂或者需要测量尺寸，则可以通过程序控制再次返回轮廓到一个可选择的点。

REPOS 指令的作用如同一个子程序返回（例如通过 M17 返回）。中断程序中的以下程序段将不再执行。

1. 指令

```
REPOSA RMI DISPR =...
REPOSA RMB
REPOSA RME
REPOSA RMN
REPOSL RMI DISPR =...
REPOSL RMB
REPOSL RME
REPOSL RMN
REPOSQ RMI DISPR =... DISR =...
REPOSQ RMB DISR =...
REPOSQ RME DISR =...
REPOSQA DISR =...
REPOSH RMI DISPR =... DISR =...
REPOSH RMB DISR =...
REPOSH RME DISR =...
REPOSHA DISR =...
```

其中的返回行程：

```
REPOSA              ；所有轴线性返回
REPOSL              ；线性返回
REPOSQ DISR =...    ；以 1/4 圆弧返回，半径 DISR
REPOSQA DISR =...   ；所有轴以 1/4 圆弧返回，半径 DISR
REPOSH DISR         ；以半个圆弧返回，直径 DISR
REPOSHA DISR =...   ；所有轴以半个圆弧返回，半径 DISR
```

再次返回的点：

RMI	；返回中断点
RMI DISPR =...	；间距为 DISPR 的进入点，单位为 mm 或 in，在中断点前
RMB	；返回程序段起始点
RME	；返回程序段终点
RME DISPR =...	；返回程序段终点，间隔 DISPR，在终点之前
RMN	；返回到下一个轨迹点
A0 B0 C0	；应该返回的轴

2. 举例

例 1：返回，在一条直线上返回，REPOSA，REPOSL。

刀具以一条直线直接回到再次返回点。使用 REPOSA，所有轴自动处理。使用 REPOSL 时，可以指定待运行的轴。返回点距程序段终点 DISPR = 6mm。指令：REPOSL RMI DISPR =6 F400 或者 REPOSA RMI DISPR =6 F400。

例 2：返回，在 1/4 圆中返回，REPOSQ，REPOSQA。

刀具向半径为 DISR =... 的 1/4 圆上的重新起动点运动（直线）。控制系统自动计算起始点和再次返回点之间所必需的中间点。指令 REPOSH PMI DISR =20 F400。

例 3：返回，在半圆中返回，REPOSH，REPOSHA。

刀具向半径为 DISR =... 的半圆上的重新起动点运动。控制系统自动计算起始点和再次返回点之间所需的中间点。例，REPOSH RMI DISR =20 F400。

3. 确定重新起动点（不适用于带有 RMN 的 SERUPRO 起动）

考虑到程序中断的 NC 程序段，可以在三个再次返回点之间选择：RMI（中断点）RMB（程序段起始点或者最后的终点）；RME（程序段终点）。

使用 RMI DISPR =... 或者使用 RME DISPR =... 可以确定位于中断点前或者程序段结束点前的重新起动点。

使用 DISPR =... 可围绕中断点或者结束点前重新起动点的轮廓轨迹。该点可以（也适用于较大数值）处于程序段开始点。

如果没有编程 DISPR =...，则 DISPR =0，且中断点（当 RMI）以及程序段结束点（当 RME）有效。

4. DISPR 的前置符

分析 DISPR 的前置符，在正号时，特性同前。当前置符为负时，就在中断点之后或者当 RMB 时在开始点之后重新起动。

中断点和重新起动点之间的间距从 DISPR 的值中得出。对于总量较大的值，该点最大可以位于程序段终点处。

例：通过一个传感器，可以识别出到夹板的附近触发一个 ASUP，以此来围绕夹板运动。然后使用负的 DISPR 重新向夹板后面的某个点定位，并且继续执行程序。

5. SERUPRO 使用 RMN 起动

如果在任意一个位置上加工时被强迫中断，就可在使用 RMN 的情况下，用 SERUPRO 从中断位置以最短行程起动，以便接着执行完剩余行程。对此，启动一个 SERUPRO 过程到中断程序段，并用 JOG 键定位到目标程序段损坏位置之前。

对于 SERUPRO 而言，RMI 和 RMB 是一样的，RMN 不仅仅被限制到 SERUPRO，而且普遍有效。

6. 从下一个轨迹点起动 RMN

到了 REPOSA 的解释时刻时，在中断之后不会使用 RMN 再次完全开始重新启动程序段，而是仅执行完剩余行程，返回运行到中断程序段的最近轨迹点。

已中断程序段的有效 REPOS 模式，可以通过带有变量 $AC_REPOS_PATH_MODE 的同步动作读取：0：不定义返回运行；1：RMB：返回到开始；2：RMI：返回到中断点；3：RME：返回到程序段结束点；4：RMN：向已中断程序段的下一个轨迹点运动。

7. 使用新刀具起动

如果程序运行由于刀具损坏而停止：通过编程新的 D 号，该程序自再次返回点起，以修改后的刀具补偿值继续进行。如果刀具补偿值修改，则中断点可能不再返回。在这种情况下，返回到新轮廓上与该中断点最近的点（有时更改 DISPR）。

8. 返回轮廓

刀具的这种再次返回轮廓的运动可以编程。用指令说明待运行轴的地址。使用指令 REPOSA、REPOSQA 和 REPOSHA 自动重新定位所有轴，不需要进行轴说明。当编程 REPOSL、REPOSQ 和 REPOSH 时，所有几何轴自动起动，即使没有在指令中指定也会起动。所有其他轴必须在指令中指定。

REPOSH 和 REPOSQ 适用于圆弧运动，在指定的工作平面 G17 ~ G19 中作圆运动。如果在启动程序段指定第三个几何轴（进给方向），在刀具位置和已编程的位置在进给方向不一致的情况下，就会在一个螺旋线上，向重新起动点运动。

在下列情况下自动转换成线性起动 PRPOSL：没有为 DISR 指定值；没有定义的返回运行方向（在一个程序段中程序中断，没有运行信息），此时返回运行方向垂直于当前平面。

2.11　刀具补偿

2.11.1　刀具半径补偿（G40，G41，G42，OFFN）

刀具半径补偿（TRC）激活时，控制系统自动为不同刀具计算等距的刀具行程。

1. 指令

```
G0/G1 X... Y... Z... G41/G42 [OFFN = <值>]
⋮
G40 X... Y... Z...
```

其中：

G41：激活 TRC，加工方向为轮廓左侧。

G42：激活 TRC，加工方向为轮廓右侧。

OFFN = <值>：编程轮廓的加工留量（轮廓补偿正常，可选），比如可以生成等距的轨迹，用于半精加工。

G40：取消 TRC。

在编程了 G40/G41/G42 的程序段中，G0 或 G1 必须有效，并且至少必须给定所选平面的一根轴。如果在激活时仅给定了一个轴，则自动补偿第二个轴的上次位置，并在两个轴上运行。两个轴必须作为几何轴在通道中生效。编程 GEOAX 可以确保上述要求。

2. 举例

例1：车削轮廓。

```
⋮
N20 T1 D1                ; 仅激活刀具长度补偿
N30 G0 X100 Z20          ; 无补偿逼近 X100 Z20
N40 G42 X20 Z1           ; 半径补偿激活，补偿后逼近 X20 Z1
N50 G1 Z-20 F0.2         ; 按轮廓等距线运行
⋮
```

例2："典型"编程步骤，以铣削为例。

"典型"编程步骤：①刀具调用；②换刀；③激活工作平面和刀具半径补偿。

```
N10 G0 Z100                   ; 空运行，用于换刀
N20 G17 T1 M6                 ; 换刀
N30 G0 X0 Y0 Z1 M3 S300 D1    ; 调用刀具补偿值，选择长度补偿
N40 G1 Z-7 F500               ; 进刀
N50 G41 X20 Y20               ; 激活刀具半径补偿，刀具在轮廓左侧加工
N60 Y40                       ; 铣削轮廓
N70 X40 Y70
N80 X80 Y50
N90 Y20
N100 X20
N110 G40 G0 Z100 M30          ; 退刀，程序结束
```

3. 其他信息

在计算刀具位移时，控制系统需要以下信息：刀具号（T...）；刀沿号（D...）；加工方向（G41/G42）和工作平面（G17/G18/G19）。

（1）刀具号（T...）、刀沿号（D...）　通过铣刀半径或刀沿半径以及刀沿位置可以计算刀具轨迹和工件轮廓之间的距离。在平面D号结构中只需编程D号。

（2）加工方向（G41/G42）　控制系统由此判别出刀具轨迹应该运行的方向。若补偿值为负时，相当于切换补偿方向（G41⟷G42）。

（3）工作平面（G17/G18/G19）　由此控制系统判别工作平面，从而确定出补偿的轴方向。

```
⋮
N10 G17 G41...        ; 在XY平面进行刀具半径补偿，在Z轴方向进行长度补偿
⋮
```

在2轴机床中，刀具半径补偿仅可能在"真实"平面中进行，通常为G18平面。

（4）交点　通过设定数据选择交点：SD42496 $SC_CUTCOM_CLSD_CONT（封闭轮廓的刀具补偿特性）。

值为FALSE：如果在一个近似封闭的轮廓上或内侧的补偿上有两个交点（封闭轮廓段），由两个连续的圆弧程序段或者一个圆弧程序段和一个线性程序段组成，根据标准方法

会选择第一个子轮廓上更靠近程序段末尾的交点。如果第一个程序段的起点和第二个程序段的终点之间的距离小于生效的补偿半径的10%，但也小于1000个位移增量（相当于1mm，小数点后第3位），则视此轮廓为（近似）封闭的轮廓。

值为TRUE：在如上所述的相同情况中，会选择第一个子轮廓上更靠近开头的交点。

（5）补偿方向切换（G41←→G42）　可省略中间指令G40进行补偿方向切换（G41←→G42）编程。

（6）工作平面更换　G41/G42激活时，无法切换工作平面（G17/G18/G19）。

（7）刀具补偿数据组切换（D...）　可在补偿运行中切换刀具补偿数据组。从新的D号所在的程序段开始，修改过的刀具半径生效。注意：半径改变和补偿运动对整个程序段有效，并且只有到达编程的终点后才达到新的等距离。在线性运行中，刀具沿着起点和终点之间的斜线运行；在圆弧插补中为螺旋线运行。

（8）刀具半径修改　可通过系统变量进行更改。其过程与切换刀具补偿数据组时相同（D...）。注意：更改的值在重新编程T或D之后才生效。只由在后面的程序段中修改值才生效。

（9）补偿运行　补偿运行仅可为一定数量的连续，补偿平面中不包含运行指令或行程的程序段或M指令来中断。可通过机床数据对连续程序段或M指令的数量进行设置。行程为零的程序段同样视为中断。

2.11.2　轮廓返回和离开（NORM，KONT）

使用指令NORM或KONT，可根据所需的轮廓形状或毛坯外形，在刀具半径补偿激活（G41/G42）时匹配刀具的逼近/回退行程。

1. 指令

```
G41/G42 NORM/KONT X... Y... Z...
⋮
G40 X... Y... Z...
```

其中：

NORM：激活沿直线的直线逼近/回退运行，定位刀具，使刀具和轮廓点垂直。

KONT：根据编程的拐角特性G450或G451，激活带起点/终点绕行的逼近/回退运行。

2. 使用NORM逼近/回退

（1）逼近　NORM激活时，刀具直接以直线运行至补偿的起始位置（与通过编程的运行设定的逼近角无关），并且垂直于起点上的轨迹切线，如图2-17所示。

（2）回退　刀具处于与上次补偿的轨迹终点垂直的位置上，然后直接以直线运行（与通过编程的运行设定的逼近角无关）到下一个未补偿位置，比如换刀点。

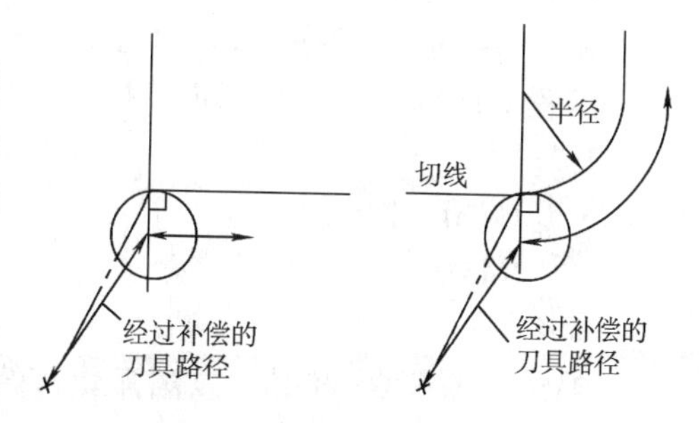

图2-17　NORM逼近/回退

更换逼近/回退角度可能会引发碰撞，必须在编程中考虑到逼近/回退角的变化，以避免碰撞的发生。

3. 使用KONT逼近/回退

逼近运行前，刀具可位于轮廓之前或之后，此时，以起始点的轨迹切线作为分界线，如图2-18所示。相应地，在使用KONT进行逼近/回退运行时可能会有两种情况：

（1）刀具位于轮廓之前　逼近/回退与NORM中相同。

（2）刀具位于轮廓之后

1）逼近。根据编程的拐角特性（G450/G451），刀具以圆弧轨迹（G450）或者通过等距线交点（G451）绕行起点，如图2-19所示。指令G450/G451用于从当前程序段向下一程序段的过渡。

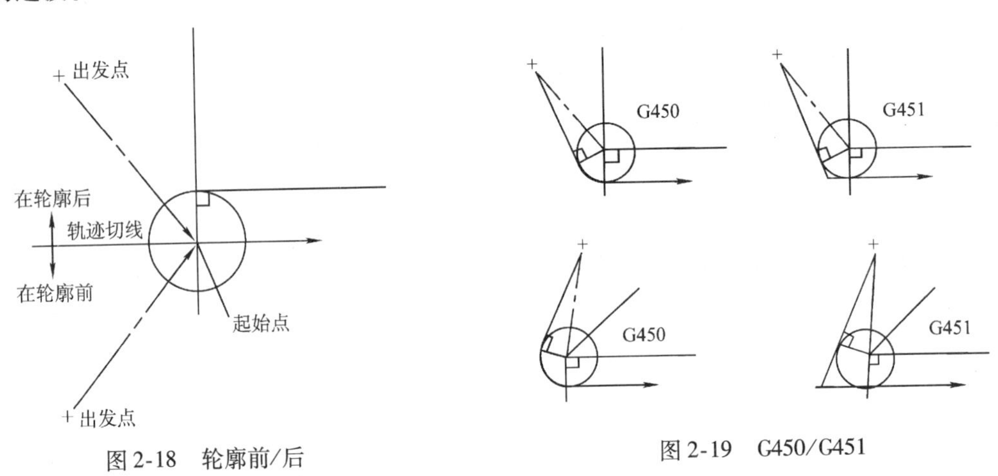

图2-18　轮廓前/后

图2-19　G450/G451

2）回退。在回退运行中，顺序与逼近运行相反。

2.11.3　外角的补偿（G450，G451，DISC）

在刀具半径激活时（G41/G42），可以使用指令G450或G451来确定绕行外角时补偿后的刀具轨迹曲线，如图2-20所示。

编程G450时，刀具中心点以圆弧形状绕行工件拐角，圆弧半径等于刀具半径。

编程G451时，刀具逼近两条等距线的交点，等距线与编程的轮廓之间的距离等于刀具半径。G451仅适用于直线和圆弧。

使用G450/G451逼近KONT生效时的逼近行程和轮廓后的逼近点，见图2-19。

编程G450时，可使用DISC指令弯曲过渡曲弧，从而生成尖锐的轮廓角。

1. 指令

G450 [DISC = <值>]

G451

式中：

G450：编程G450时，以圆弧轨迹绕行工件拐角。

DISC：G450中灵活的圆弧轨迹编程（可选），取值范围：1，2，3，…，100。当取值0时，为过渡圆弧；当取值100时，为等距线交点

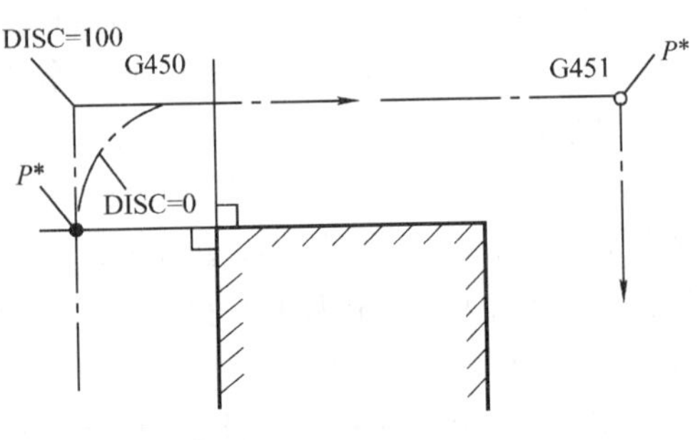

图2-20　外角补偿

（理论值），见图2-20。

G451：编程G451时，在工件拐角处逼近两条等距线的交点。刀具在工件拐角处空运行。

DISC只在调用G450时生效，但也可在上一个未编程G450的程序段中编程。两个指令均是模态生效。

2. 举例

在例中，在所有的外角处均添加一个过渡半径（根据N30中编程的拐角特性），从而避免在换向时刀具停止以及之后的空运行。

```
N10 G17 T1 G0 X35 Y0 Z0 F500     ；起始条件
N20 G1 Z-5                       ；进刀
N30 G41 KONT G450 X10 Y10        ；激活TRC逼近/回退模式KONT拐角特性G450
N40 Y60                          ；铣削轮廓
N50 X50 Y30
N60 X10 Y10
N80 G40 X-20 Y50                 ；取消补偿运行，沿过渡圆弧回退
N90 G0 Y100
N100 X200 M30
```

3. 其他信息

（1）G450/G451　在中间点P^*处控制系统执行指令，例如进刀运行或使能功能。这些指令在构成拐角的两个程序段之间的程序段中编程。从数据技术角度考虑，G450中的过渡圆弧属于下一个运行指令。

（2）DISC　如果设定的DISC值大于0，则过渡圆弧的显示会失真，可能为过渡椭圆或抛物线或者双曲线。通过机床数据可以确定一个上限值，通常为DISC=50。

（3）运行特性　G450激活时，在轮廓角为尖角或者轮廓角上DISC值很高时，会执行退刀。轮廓拐角从120°起可均匀地绕行轮廓，如图2-21所示。图中：R——刀具半径；S——运行超高；S/R——标准超高。

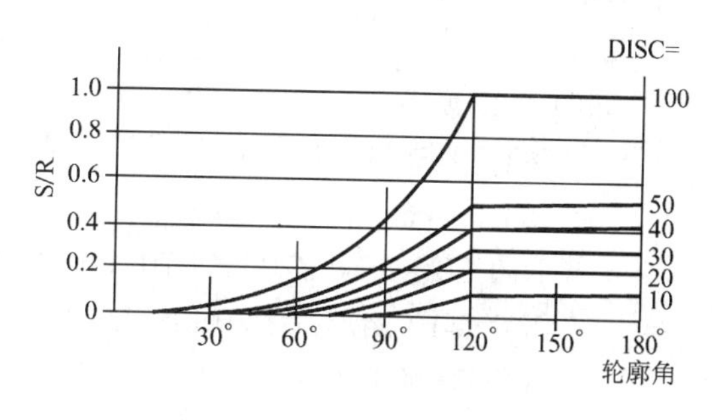

图2-21　G450运行特性

G451激活时，在轮廓尖角处的退刀运行可能会产生多余的刀具空运行，在这些情况下，通过机床数据可以确定自动地转换到过渡圆弧。

2.11.4　平滑逼近和回退

2.11.4.1　逼近和回退运行（G140至G143，G147、G148、G247、G248、G347、G348、G340、G341、DISR、DISCL、FAD、PM、PR）

平滑逼近和回退（SAR）功能主要用于切向逼近轮廓的起点，而不管出发点在何处。该功能主要与刀具半径补偿一起使用，但是并不强迫使用。逼近和回退由4个子运动组成：运动的起点$P0$；中间点$P1$，$P2$，$P3$；终点$P4$。点$P0$、$P3$和$P4$始终是经过定义的。中间点

$P1$ 和 $P2$ 可以省略，视参数设定和几何数据而定。

1. 指令

G140：逼近和退回取决于当前的补偿面（默认值）。

G141...G143：从左侧或者向左侧（G141）、从右侧或者向右侧（G142）逼近或回退；逼近和回退方向取决于起点或终点的切线方向的相对位置（G143）。

G147，G148：沿一条直线逼近、回退。

G247，G248：沿一个1/4圆弧逼近、回退。

G347，G348：沿半圆逼近、回退。

G340，G341：在空间中（默认值），在平面中逼近与回退。

DISR =... DISCL =... FAD =...

其中：

DISR：沿直线逼近和回退（G147/G148）时，为从铣刀边缘到轮廓起始点的距离；若沿圆弧逼近和回退（G247、G347/G248、G348）时，为刀具中心轨迹半径。但在REPOS带半圆的情况下，DISR表示圆弧直径。

DISCL：加工平面快速进刀运动的终点距离（DISCL =...）或绝对位置（DISCL = AC(...)）。

FAD：慢速进刀运动的速度。FAD =... 编程的值取决于15组的G代码（进给：G93、G94等）生效；FAD = PM（...）编程的值独立于当前有效的15组的G代码，视为线性进给（如G94）；PAD = PR（...）编程的值独立于当前有效的15组的G代码，视为旋转进给（如G95）。

2. 举例

如图2-22所示：

```
$TC_DP1[1, 1] =120                                          ；刀具定义T1/D1
$TC_DP6[1, 1] =10                                           ；半径
N10 G0 X0 Y0 Z20 G64 D1 T1 OFFN =5                          ；(P0an)
N20 G41 G247 G341 Z0 DISCL =AC (7) DISR =10 F1500 FAD =200  ；逼近 (P3an)
N30 G1 X30 Y -10                                            ；(P4an)
N40 X40 Z2
N50 X50                                                     ；(P4ab)
N60 G248 G340 X70 Y0 Z20 DISCL =6 DISR =5 G40 F10000        ；退回 (P3ab)
N70 X80 Y0                                                  ；(P0ab)
N80 M30
```

其中：

1）平滑逼近（程序段N20激活）。

2）沿一个1/4圆弧逼近（G247）。

3）逼近方向没有编程，G140生效，也就是说TRC被激活（G41）。

4）轮廓补偿OFFN =5（N10）。

5）当前的刀具半径 = 10mm，因此有效的TRC补偿半径 = 15mm，WAB轮廓的半径 =

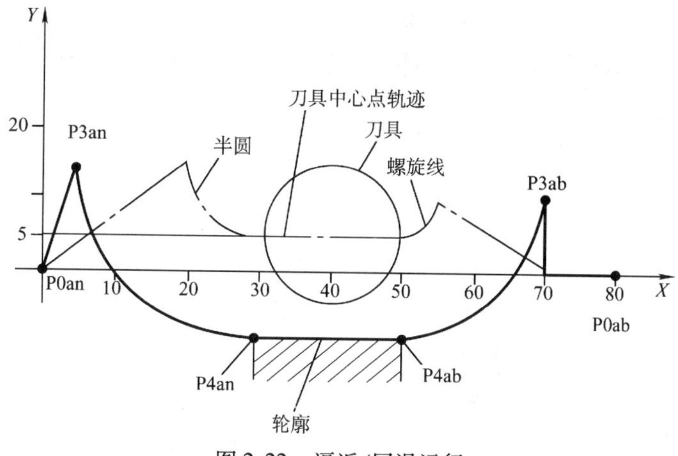

图2-22 逼近/回退运行

25mm，这样，刀具中心点轨迹的半径相当于 DISR =10。

6）圆弧的终点由 N30 产生，因为在 N20 中只编程 *Z* 位置。

7）进刀运动：从 *Z*20 快速到 *Z*7（DISCL = AC（7）），然后用 FA =200 运行到 *Z*0；采用 F1500 在 *XY* 平面上逼近圆及进行后续程序段（为了使该速度在后续程序段中有效，必须用 G1 覆盖 N30 中有效的 G0，否则用 G0 对轮廓继续进行加工）。

8）平滑回退运行（程序段 N60 激活）。

9）沿 1/4 圆弧（G248）和螺旋线（G340）回退运行。

10）FAD 没有编程，因为在 G340 时没有意义。

11）*Z* =2mm 在起点，*Z* =8mm 在终点，因为 DISCL =6。

12）当 DISR =5 时，WAB 轮廓的半径 =20mm，刀具中心点轨迹的半径 =5mm，位移运行从 *Z*8 到 *Z*20，平行于 *XY* 平面运行至 *X*70 *Y*0。

3. 其他信息

（1）选择逼近和回退轮廓　使用相应的 G 指令可以沿：①一条直线（G147、G148），见图2-23；②一个 1/4 圆弧（G247、G248），见图2-24；③或者一个半圆（G347、G348），见图2-25 来逼近和退回。

（2）选择逼近和回退方向　使用刀具半径补偿（G140，默认设定值），在刀具正半径上确定逼近和回退的方向：当 G41 有效时从左侧逼近；当 G42 有效时从右侧逼近；其他的逼近方向由 G141、G142 和 G143 给定。

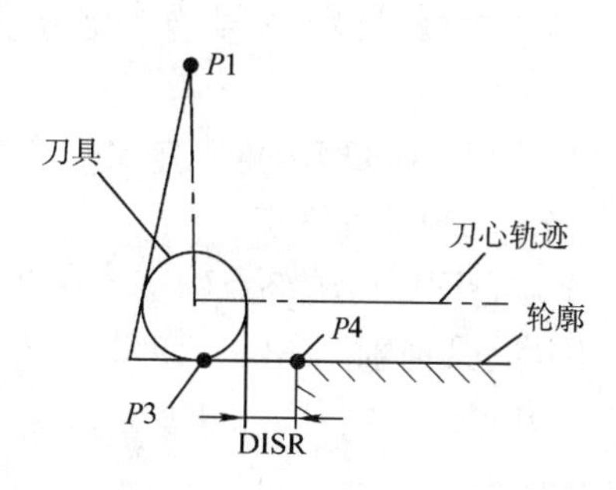

图2-23 沿直线逼近/回退

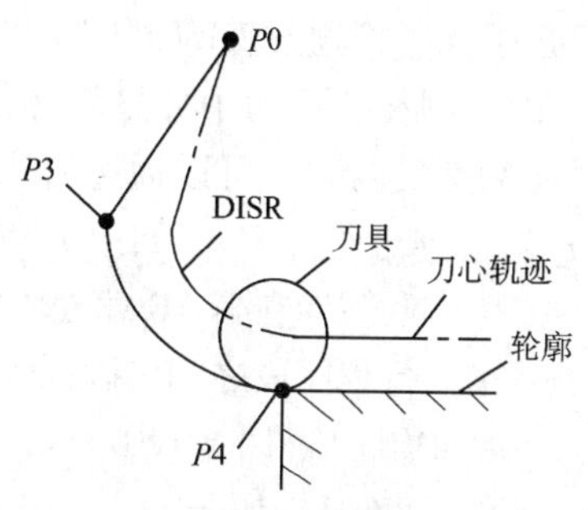

图2-24 沿1/4圆弧逼近/回退

只有当沿 1/4 圆弧或半圆逼近时，该 G 指令才有意义。

（3）从起点到终点的位移划分（G340、G341） 图 2-26 显示了从 *P*0 到 *P*4 的逼近运行特性。

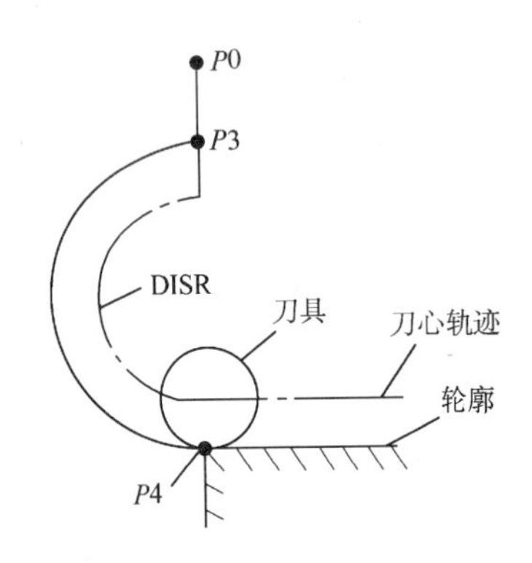

图 2-25 沿半圆逼近/回退

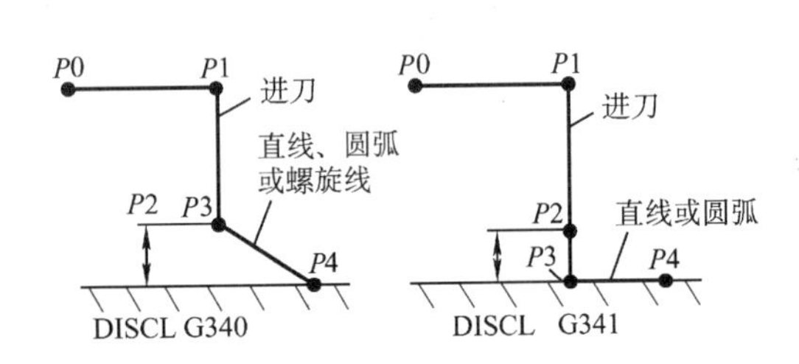

图 2-26 G340/G341 逼近/回退

牵涉到有效工作平面 G17 到 G19 的位置时（圆弧平面，螺旋面，垂直于有效工作平面的进刀运动），要考虑有效的旋转 FRAME。

（4）逼近直线长度或逼近圆弧半径（DISR）

1）沿直线逼近/回退。见图 2-23，DISR 给定了铣刀刀沿与轮廓起始点之间的距离，即在 TRC 激活时，直线长度为刀具半径和编程的 DISR 值的总和。只有当刀具半径为正时，才要对其进行考虑。所生成的直线长度必须为正，也就是说只要 DISR 的值小于刀具半径，则 DISR 可以为负值。

2）沿圆弧逼近/回退，见图 2-24 和图 2-25。DISR 给定刀具中心点轨迹半径。如果 TRC 激活，则产生一个圆弧，此时刀具中心点轨迹以编程的半径产生。

（5）加工平面的点的距离（DISCL） 见图 2-26，如果 P_2 的位置必须用垂直于圆弧平面的轴的绝对值说明，则该值必须以 DISCL = AC（...）形式编程。

当 DICL = 0 时，适用：

1）在 G340 时，全部的逼近运动只会由两个程序段组成（*P*1、*P*2 和 *P*3 落在一起）。逼近轮廓由 *P*1 到 *P*4 描绘出来。

2）在 G341 时，全部的逼近运动由三个程序段组成（*P*2 和 *P*3 落在一起）。*P*0 和 *P*4 在同一个平面中，只有两个程序段（进刀运行，从 *P*1 到 *P*3）。

3）必须要监控通过 DISCL 定义的 *P*1 和 *P*3 之间的点，也就是说，只要有一个分量垂直于加工平面，则在该运动中分量就必须有相同的符号。

4）在判别反向时，可以通过机床数据 WAB_CLEARANCE_TOLERANCE 定义一个公差。

（6）编程逼近终点 *P*4，回退 *P*0 通常以 X... Y... Z... 为编程终点。

1）编程逼近。*P*4 在 WAB 编程段中或 *P*4 通过下一个运行程序段的终点确定。在 WAB 程序段和下一个运行程序段之间可以插入其他的程序段，不运行几何轴。举例：如图 2-27 所示。

```
$TC_DP1[1, 1] =120          ; 铣刀 T1/D1
$TC_DP6[1, 1] =7            ; 半径 7mm
N10 G90 G0 X0 Y0 Z30 D1 T1
```

N20 X10

N30 G41 G147 DISCL =3 DISR =13 Z =0 F1000

N40 G1 X40 Y -10

N50 X50

⋮

N30/N40 可以用以下语句代替：

N30 G41 G147 DISCL =3 DISR =13 X40 Y -10 Z0 F1000 或

N30 G41 G147 DISCL =3 DISR =13 F1000

N40 G1 X40 Y -10 Z0

2）编程回退。

举例：如图2-28所示。

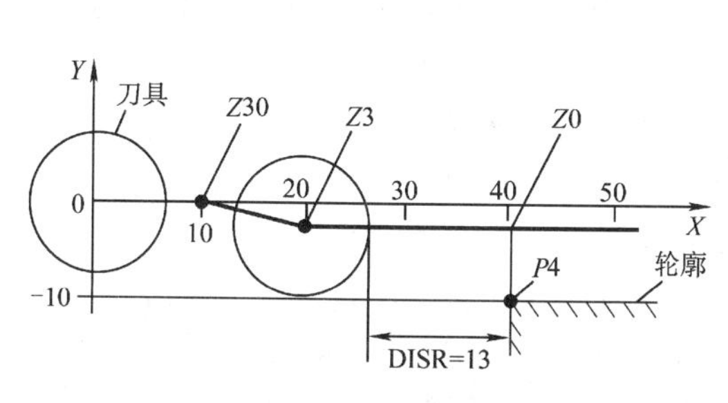

图2-27　编程逼近

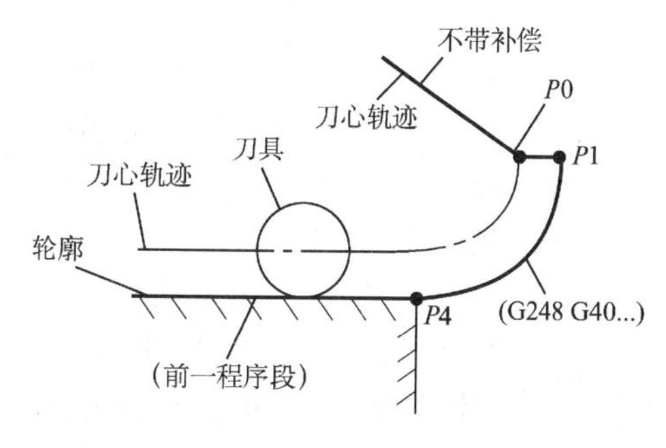

图2-28　编程回退

① 在WAB程序段中没有编程几何轴时，轮廓结束于P4。构成加工平面的轴的位置由位移运行轮廓产生。轴组件与垂直并通过DISCL进行定义。当DISCL =0时，运动完全在一个平面内运行。

② 如果在WAB程序段中只对垂直于加工平面的轴进行编程，轮廓结束于P1，其他轴的位置和前面说明的一样。WAB程序段同时也是TRC的取消程序段，这样会加入另一条从P1到P0的同类型路径，使得在TRC失效时不会在轮廓的结束处产生运动。

③ 如果只对加工平面的一根轴进行编程，则缺少的第二根轴会从前续程序段的最后位置处以模态方式加入。

（7）逼近或回退速度

举例：如图2-29所示。

$TC_DP1[1，1] =120

$TC_DP6[1，1] =7

N10 G90 G0 X0 Y0 Z20 D1 T1

N20 G41 G341 G247 DISCL = AC(5)

DISR = 13 FAD = 500 X40 Y -10

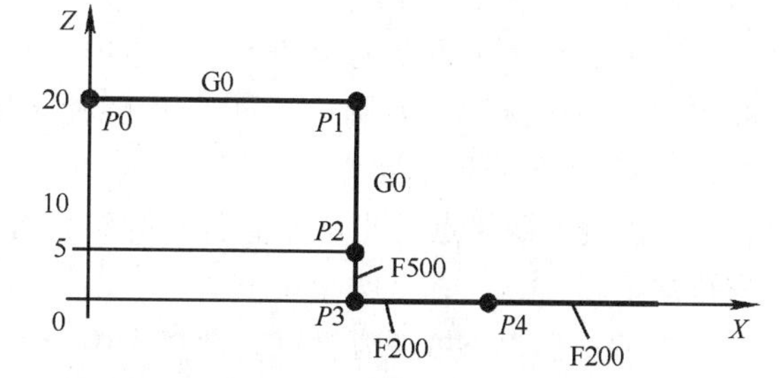

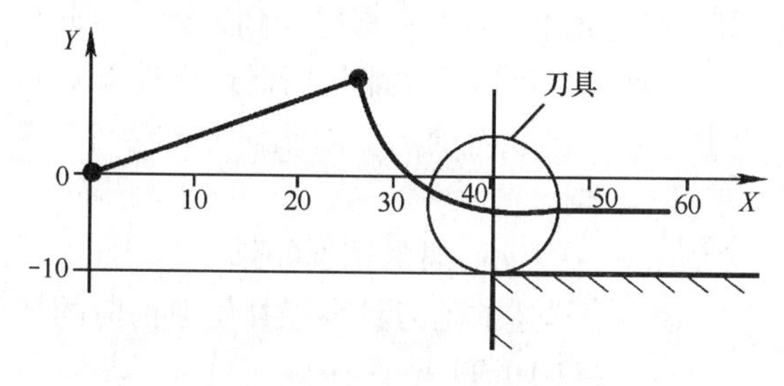

图2-29　逼近/回退速度

Z0 F200

N30 X50

N40 X60

⋮

1）前一程序段的速度（G0）。采用这个速度执行所有从 P0 到 P2 的运行。也就是说，运行平行于加工平面，并且进刀运行的部分一直要达到安全距离。

2）使用 FAD 编程。设定进给速度：若为 G341，进刀动作垂直于加工平面，从 P2 到 P3；若为 G340，从 P2 或 P3 到 P4。

如果没有编程 FAD，则轮廓的这一部分同样以前一程序段编程的模态有效的速度运行（如果在 WAB 程序段中没有编程 F 字）。

3）编程的进给率 F。如果没有对 FAD 进行编程，则该进给值从 P3 或 P2 起生效。如果在 WAB 程序段中没有编程 F 字，则前一程序段中的速度继续生效。

在回退时，前一程序段中模态有效的进给率与在 WAB 程序段中编程的进给值进行调整，也就是说，本身的后运行轮廓用旧的进给率运行，而新编程的速度则自 P2 到 P0 有效。

（8）读取位置　点 P3 和 P4 可以在逼近时作为系统变量在 WKS 中读取。

$P_APR：读取 P3（起始点）。

$P_AEP：读取 P4（轮廓起始点）。

$P_APDV：读取 $P_APR 和 $P_AEP 是否存在有效值。

2.11.4.2　用平滑运行策略进行逼近和回退（G460，G461，G462）

在某些特殊的几何形状中，与目前采用的带碰撞监控的逼近/回退程序段不同，需要在激活或取消刀具半径补偿时使用特殊扩展的逼近和回退方案。这样，碰撞监控可能会导致轮廓上的一段加工不完全，如图 2-30 所示。

1. 指令

G460；与当前一样（激活轮廓碰撞监控，用于逼近和回退程序段）。

G461；如果不可能有交点，则在 TRC 程序段中插入一个圆弧，其圆心位于未补偿程序段的终点，半径等于刀具半径。直到交点，采用辅助圆围绕轮廓终点（也就是直到轮廓结束处）进行加工。

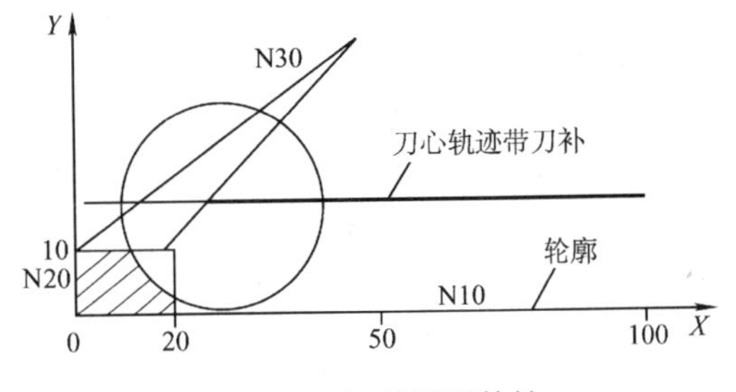

图 2-30　G460 的回退特性

G462；如果不可能有交点，则在 TRC 程序段中插入一条直线，程序段由末端切线延长（默认设定值）。加工一直进行到最后一个轮廓元件的延长部分（轮廓结束之前）。

注意：逼近运行性能与回退运行性能对称。逼近或退回的特性由逼近程序段或回退程序段中 G 指令的状态确定。因此逼近特性可以单独设定，而不受回退特性的影响。

2. 举例

例 1：在 G460 时的回退特性。

程序中描述的是刀具半径补偿取消时的情形，见图 2-30。逼近时的特性与此完全类似。

G42 D1 T1　　　　　　；刀具半径 20mm

⋮

```
G1 X110 Y0
N10 X0
N20 Y10
N30 G40 X50 Y50
```

例2：使用G461时的逼近运行。

```
N10  $TC_DP1[1, 1]=120          ; 铣刀
N20  $TC_DP6[1, 1]=10           ; 半径10mm
N30 X0 Y0 F10000 T1 D1
N40 Y20
N50 G42 X50 Y5 G461
N60 Y0 F600
N70 X30
N80 X20 Y-5
N90 X0 Y0 G40
N100 M30
```

3. 其他信息

（1）G461的回退特性　如果最后的TRC程序段与前一程序段不可能有一个交点，则该程序段的补偿线用一个圆弧延长，其圆心位于未补偿程序段的终点，半径与刀具半径相同，如图2-31所示。控制系统尝试用前面的一个程序段切削该圆弧。

碰撞监控CDON，CDOF。如果事先找到一个交点，则在有效的CDOF存在时停止这种寻找。这就是说，对是否在很前面的程序段中还存在一个交点不再进行检测。在CDON有效时，如果找到一个交点，则也会在后面继续寻找其他的交点。这样找到的交点是以前程序段的新终点和取消程序段的起始点。所插入的圆弧仅用于计算交点，自身并不会引起运行。如果没有找到交点，则发出报警10751（轮廓碰撞危险）。

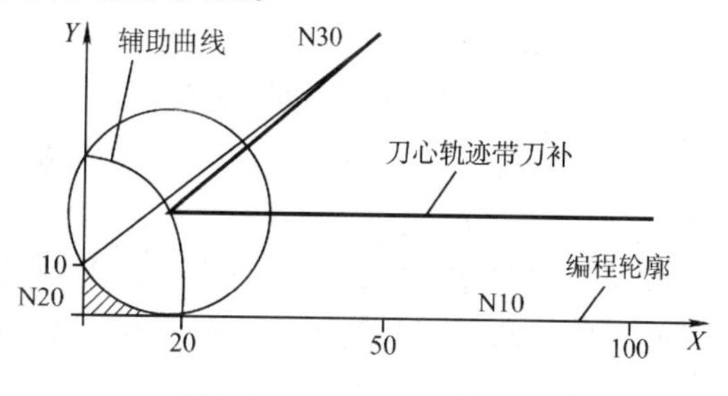

图2-31　G461回退特性

（2）G462的回退特性　如果最后的TRC程序段与前面的程序段不可能产生交点，则在用G462（默认设定值）触发运行时，在带刀具半径补偿的最后程序段的终点处，插入一条直线（该程序段通过其终点切线延长）。交点的寻找过程与在G461时一样。G462时的回退特性如图2-32所示。

使用G462时，N10和N20程序段中所形成的角度没有完全加工到其刀具允许加工的范围。但是这种性能可能是必要的，如果部分轮廓（偏离编程的轮廓），在此例中，在N20左侧，即使Y值大于10mm也不允许受到损伤。

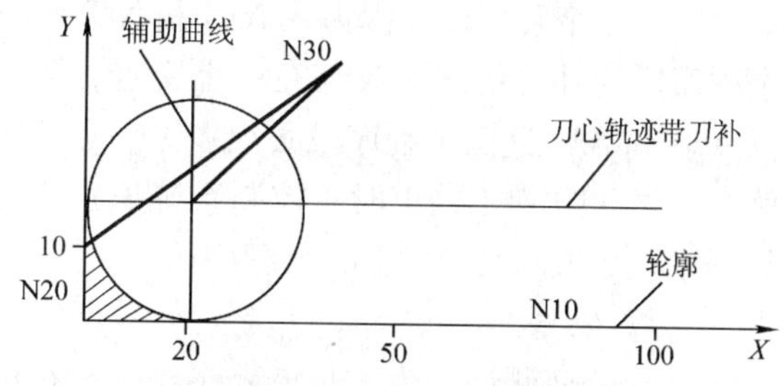

图2-32　G462的回退特性

（3）KONT时的拐角特性　如果KONT有效（轮廓在起始点或者终点绕行），则其特性不一样，取决于终点是在轮廓之前或者之后。

1）如果终点在轮廓之前，则回退特性与在NORM中相同。即使G451中的上一个轮廓程序段以直线或圆弧进行了延长，该属性也不改变。因此，无需为了防止轮廓终点附近出现碰撞而采用附加的绕行方案。

2）如果终点在轮廓之后，则根据G450/G451添加一条直线或圆弧。G460～G462此时没有作用。这种情况下的最后一个运行程序段与前续程序段间没有交点，只能用插入的轮廓文件或直线部件在绕行圆的终点和编程终点间生成一交点。插入的轮廓元件如果是圆（G450），则它和前续程序段生成一个交点，这同时也是在NORM和G461中的交点。在通常情况下，还有一个附加的圆弧段必须要运行。对于运行程序段的线性部分则不需要进行更多的交点计算，如果没有找到插入轮廓元件与前续程序段的交点，则在运行直线和前续程序段的交点上运行。

如果NORM有效，或者在KONT时特性需要与在NORM时几何上一致时，只会在G461或G462有效时相对于G460产生特性的变化。

2.11.5　碰撞监控（CDON，CDOF）

在刀具半径补偿有效时使用碰撞监控可以通过预先的轮廓计算对刀具行程进行监控。由此，可以及时地识别出可能的轮廓碰撞，并通过监控系统有效避免。可以在NC程序段中激活或关闭碰撞监控。

1. 指令

CDON：激活碰撞监控的指令。

CDOF：关闭碰撞监控的指令。如果碰撞关闭，则要在前面的运行程序段（内角）中寻找一个共同的交点，用于当前的程序段，必要时也可以在后面的程序段中寻找。使用CDOF可以避免狭窄处的错误识别，比如，由于缺少信息，它们在NC程序段中不存在。

与碰撞监控相关的NC程序段的数量可以通过机床数据设定。

2. 举例

在圆心轨迹上用普通刀具进行铣削。

NC程序定义了标准刀具的圆心轨迹。当前使用的刀具生成的轮廓产生一个不足的尺寸，在图2-33中它仅用于表示几何关系，尺寸放大显示。此外，在例中控制系统只概括显示了三个程序段。因为在N10和N40两个程序段的补偿线之间仅存在一个交点，所以N20和N30这两个程序段必须省去。在该例中，当N10加工结束时，控制系统识别不到程序段N40，仅能省去一个程序段。

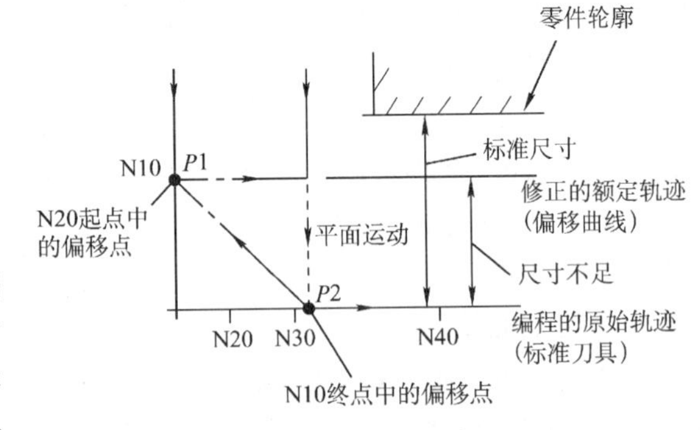

图2-33　无交点时的补偿运动

3. 其他信息

（1）程序测试　为了避免程序停止，在进行程序测试时应选择所使用刀具中半径最大的刀具。

（2）临界加工状态下进行平衡运动的示例 下面的示例显示了临界加工的状态，它们由控制系统识别，并由修改过的刀具轨迹进行补偿。在所有示例中都选择了过大半径的刀具加工工件的轮廓。

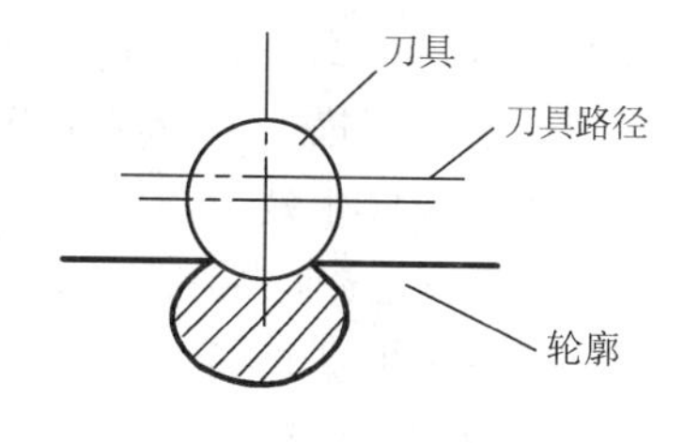

图2-34 瓶颈

例1：瓶颈识别。如图2-34所示，由于加工这一内角时的刀具半径太大，则绕行该“瓶颈”，给出一个报警。

例2：轮廓位移行程短于刀具半径如图2-35所示。刀具以一个过渡圆弧绕行工件拐角，并在接下去的轮廓加工中精确地沿着编程轨迹运行。

例3：内角加工时刀具半径过大，如图2-36所示。在这种情况下，刀具只能有限地加工轮廓，防止轮廓损伤。

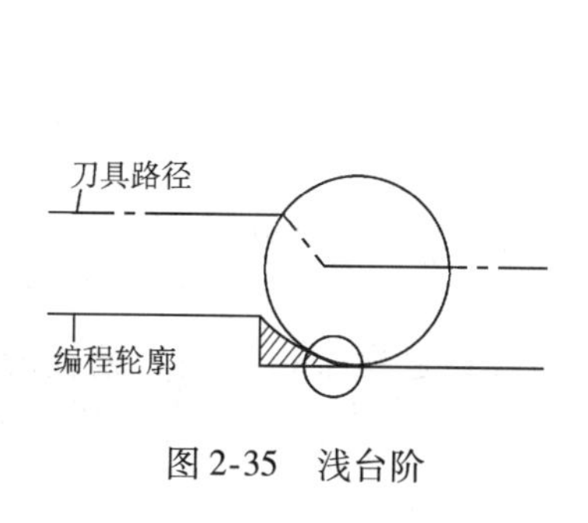

图2-35 浅台阶

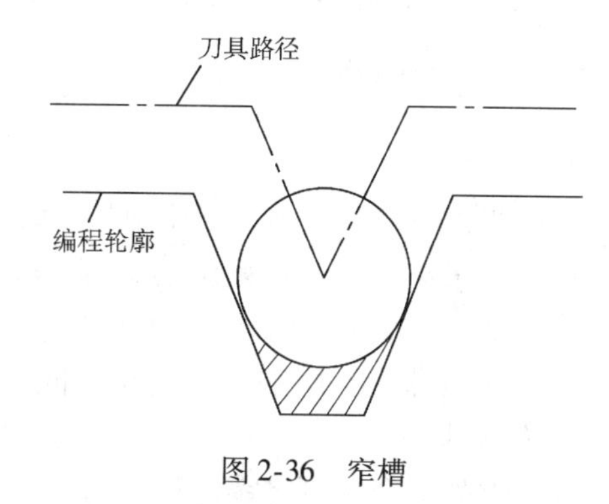

图2-36 窄槽

2.11.6 刀具带相应的刀沿时的补偿转换

如果刀具带相应的刀沿位置（车削刀具），则G40和G41/G42之间的转换被视为一次刀具的切换。初始功能发生以下改变：

1）从G40到G41/G42的转换以及相反的转换，均不作为刀具更换处理。因此在TRANSMIT时，就不会导致预处理程序停止。

2）使用程序段起点处与终点处刀沿圆心的直线，用来计算逼近程序段或退回程序段的交点。刀尖（刀位点）和中心点之间的差值由该运动覆盖。

在使用KONT逼近或者退回时（刀具绕行轮廓点），覆盖发生在逼近运行或者退回运行的直线段。因此在刀具带/不带相应刀沿时，其几何关系是一致的。只有在很少的情况下才会与当前的特性有所区别，即逼近运行程序段或者退回程序段与一个不相邻的运行程序段产生交点，此时运行的几何关系将发生变化。

3）如果刀具补偿生效，并且刀沿圆心和刀尖之间的距离改变，则在圆弧程序段的位移程序段中，不允许更换刀具。在其他的插补方式时，在转换有效时，比如TRANSMIT，可以进行刀具更换。

2.12 坐标转换（框架）

2.12.1 框架

框架定义一种运算规范，它把一种直角坐标系转换到另一种直角坐标系。

1. 基准框架（基准偏移）

标准框架描述了由基准坐标系（BCS）到基准零点坐标系（BZS）的坐标转换，像可设置的框架一样生效。

2. 可设定框架

可设定框架是通过G54到G57以及G505到G599指令可以从任意程序段中调用和设置的零点偏移。偏移值由操作人员预先设置，存储到控制系统的零点存储器中。使用这些偏移值可以定义可设定的零点坐标系（ENS）。

3. 可编程的框架

在一个NC程序中，有时需要将原先选定的工件坐标系（或者“可设定的零点坐标系”）通过位移、旋转、镜像或缩放定位到另一个位置。这可以通过可编程的框架进行。

2.12.2　框架指令

1. 功能

可编程框架会在当前程序中附加或替换生效。

（1）替换指令　删除所有之前程序的框架指令，以最后调用的可设定零点偏移（G54...G57，G505...G599）为基准。

（2）附加指令　附加设置到现有框架上，以当前设置的或通过框架指令最后编程的工件零点为基准。

通过框架指令，可将零点移动到工件上的任意位置。

2. 指令

替换指令/附加指令如下：

TRANS/ATRANS X...Y...Z...：以给定的几何轴方向移动WCS。

ROT/AROT X...Y...Z... 或

ROT/AROT RPL=...：WCS旋转，链接单个旋转，围绕给定的几何轴旋转，或者当前工作平面（G7/G18/G19）绕角度RPL=... 旋转。旋转方向按右旋法则为正，反之为负。旋转顺序：使用RPY符号，Z，Y'，X''；使用欧拉角：Z，X'，Z''。取值范围：单位为度。使用RPY符号：$-180 \leqslant X \leqslant 180$，$-90 \leqslant Y \leqslant 90$，$-180 \leqslant Z \leqslant 180$。

使用欧拉角：$0 \leqslant X \leqslant 180$，$-180 \leqslant Y \leqslant 180$，$-180 \leqslant Z \leqslant 180$。

ROTS/CROTS/AROTS X...Y...：通过设定的空间角进行WCS旋转。通过设定第二个空间角在空间中对平面进行定位。因此最多可以编程两个空间角：ROTS/AROTS X...Y.../Z...X.../Y...Z...。CROTS像ROTS一样生效，但是以数据存储中的有效框架为基准。

SCALE/ASCALE X...Y...Z...：以设定的几何轴的方向比例放大/缩小轮廓。

MIRROR/AMIRROR X0/Y0/Z0：通过对设定的几何轴执行镜像（方向切换）进行WCS镜像。其值可自由选择（此处为0）。

框架指令必须在单独的NC程序段中编程。框架指令可以单独使用，也可以任意组合使用。这些指令按照编程的顺序执行。

附加指令经常在子程序中使用。如果对有SAVE属性的子程序进行编程，则主程序中定义的基本指令在子程序结束后有效。

2.12.3　可编程的零点偏移

2.12.3.1　零点偏移（TRANS，ATRANS）

使用 TRANS/ATRANS 可以为所有的轨迹轴和定位轴编程设定轴方向上的零点偏移。通过该功能可以使用变换的零点进行加工。例如：可用于不同工件位置上的重复加工过程。

1. 指令

```
TRANS X... Y... Z...
ATRANS X... Y... Z...
```

其中：

TRANS：绝对零点偏移，以当前生效的、使用 G54... G57 和 G505... G599 设置的工件零点为基准。

ATRANS：如同 TRANS，但是零点偏移为附加方式，以当前设定的或者最后编程的零点为基准。

X... Y... Z... ：设定的几何轴方向上的偏移值。

使用 TRANS 指令对之前设置的可编程框架所有框架分量进行复位。如需在现有框架上创建偏移，必须使用 ATRANS 编程。

框架指令必须在单独的 NC 程序段中编程。

2. 举例

该工件的形状在程序中多次出现，该形状的加工程序存储在子程序中，通过零点偏移设置所需的工件零点，然后调用子程序进行加工。

```
⋮
N10 TRANS X0 Z150        ；绝对偏移
N15 L20                  ；子程序调用
N20 TRANS X0 Z140        ；绝对偏移，或者 ATRANS Z-10
N25 L20                  ；子程序调用
N30 TRANS X0 Z130        ；绝对偏移，或者 ATRANS Z-10
N35 L20                  ；子程序调用
⋮
```

2.12.3.2　可编程的零点偏移（G58、G59）

使用 G58 和 G59 可以轴向替换零点偏移的偏移分量：使用 G58 替换绝对偏移分量（粗偏移）；使用 G59 替换附加偏移分量（精偏移）。

只有设置了精偏移（MD24000　$MC_FRAME_ADD_COMPONENTS = 1）时，才能使用 G58 和 G59 功能。

1. 指令

```
G58/G59 X... Y... Z... A...
```

其中：

G58：为设定轴替换可编程零点偏移的绝对偏移分量，保留附加编程的偏移，以最后调用的可设定的零点偏移（G54... G57，G505... G599）为基准。

G59：为设定轴替换可编程零点偏移的附加偏移分量，保留绝对编程的偏移。

X... Y... Z...：设定的几何轴方向上的偏移量。

2. 举例

```
⋮
N50 TRANS X10 Y10 Z10          ; 绝对偏移
N60 ATRANS X5 Y5               ; 附加偏移，总偏移 X15 Y15 Z15
N70 G58 X20                    ; 替换 X 轴绝对偏移，总分量 X25 Y15 Z15
N80 G59 X10 Y10                ; 替换 X 轴、Y 轴附加偏移，总偏移 X30 Y20 Z10。
```

绝对偏移分量可以通过下面的指令进行修改：TRANS，G58，CTRANS，$P_PFRAME [X，TR]。

附加偏移分量可以通过下面的指令进行修改：ATRANS，G59，CFINE，$P_PFRAME [X，FI]。

CTRANS（）：取消偏移（包括精偏移分量）。

2.12.4 可编程旋转（ROT，AROT，RPL）

1. 功能

使用 ROT/AROT 可以选择让工件坐标系围绕几何轴 X、Y、Z 中的一个或者绕所选工作平面 G17 到 G19 的角度 RPL（或者绕垂直方向的进给轴）进行旋转。这样就可以加工斜面，或者在一个夹装位置对工件进行多面加工。

2. 指令

```
ROT X... Y... Z...
ROT RPL=...
AROT X... Y... Z...
AROT RPL=...
```

其中：

ROT：绝对旋转，以当前生效的、使用 G54...G57 和 G505...G599 设置的工件零点为基准。

RPL：平面中旋转，坐标系旋转的角度（使用 G17...G19 设定平面）。

通过机床数据来确定执行旋转的顺序。在默认设置中，RPY 符号（=滚动，倾斜，偏转）以 Z、Y、X 生效。

AROT：附加旋转，以当前设定的或者编程的零点为基准。

X... Y... Z...：空间旋转，围绕几何轴的旋转。

3. 举例

在平面中旋转

```
N10 G17 G54
N20 TRANS X20 Y10              ; 绝对偏移
N30 L10
N40 TRANS X50 Y35              ; 绝对偏移
N50 AROT RPL=45                ; 坐标系旋转 45°
N60 L10
```

```
N70 TRANS X20 Y40          ；绝对偏移（复位目前为止所有的偏移）
N80 AROT RPL=60            ；附加旋转60°
N90 L10
N95 TRANS                  ；复位目前为止所有的偏移
N100 G0 X100 Y100
N110 M30
```

4. 其他信息

（1）平面中旋转　坐标系旋转，在使用G17至G19选择的平面中，替换指令ROT RPL=... 或附加指令AROT RPL=...。在当前平面中围绕RPL=... 编程的旋转角。其他的说明见空间中的旋转。

（2）平面切换　如果在旋转指令之后编程了平面切换（G17... G19），则写入相应轴的旋转角保持生效，并且也适用于新的加工平面。因此，建议在平面切换之前取消旋转。

（3）取消旋转　对于所有轴编程ROT（无轴设定）。之前编程的框架的所有框架分量被复位。

（4）ROT X... Y... Z...　坐标系绕设定的轴以编程的旋转角旋转。最后指定的可设定零点偏移（G54... G57，G505... G599）用做旋转中心。注意，ROT指令会复位之前设置的、可编程框架的所有框架分量。如需在现有框架上创建新的旋转，必须使用AROT编程。

（5）AROT X... Y... Z...　以在设定轴方向编程的角度值旋转。当前设定的或者最后编程的零点作为旋转中心。请注意这两个旋转指令的顺序和旋转方向。

（6）旋转方向　确定正向转角：从坐标轴正向角度顺时针旋转为正。

（7）旋转顺序　在同一NC程序段中最多可编程3个几何轴的旋转。通过机床数据（MD10600 $MN_FRAME_ANGLE_INPUT_MODE）来设定执行旋转的顺序。RPY符号：Z、Y'、X''或者欧拉角Z、X'、Z''。

使用RPY符号（默认设置）得到以下顺序：①围绕第3几何轴（Z）旋转；②围绕第2几何轴（Y）旋转；③围绕第1几何轴（X）旋转。如果在一个程序段中编程几何轴，则此顺序生效。这与输入的顺序无关。如果只需旋转两个轴，则可以省略带第3个轴的设定（值为零）。

（8）RPY角度值的范围　角度仅可在以下范围内明确定义：

围绕第1几何轴旋转：$-180° \leqslant X \leqslant +180°$

围绕第2几何轴旋转：$-90° \leqslant Y \leqslant +90°$

围绕第3几何轴旋转：$-180° \leqslant Z \leqslant +180°$

在此取值范围内可以描述所有允许的旋转。如果值超出该范围，存取控制系统时这些值会被标准化到上述取值范围。该取值范围也适用于框架变量。

（9）RPY中读回举例

$P_UIFR[1]=CROT（X，10，Y，90，Z，40），读回时提供：

$P_UIFR[1]=CROT（X，0，Y，90，Z，30）。

$P_UIFR[1]=CROT（X，190，Y，0，Z，-200），在读时提供：

$P_UIFR[1]=CROT（X，-170，Y，0，Z，160）。

在读写框架旋转分量时，必须遵守取值范围限制，确保在读写或者重新写入时得到相同的结果。

（10）欧拉角度值的范围　角度仅可在以下范围内明确定义：

围绕第 1 几何轴旋转：$0° \leqslant X \leqslant +180°$

围绕第 2 几何轴旋转：$-180° \leqslant Y \leqslant +180°$

围绕第 3 几何轴旋转：$-180° \leqslant Z \leqslant +180°$

在此取值范围内可以描述所有允许的旋转。如果值超出该范围，存取控制系统时，这些值会被标准化到上述取值范围。该取值范围也适用于框架变量。

为了准确地读取写入的角度，必须保持定义的取值范围。

如果需要分别地确定旋转的顺序，必须使用 AROT 先后给每个轴编程所需要的旋转。

（11）工作平面一起旋转　在进行空间旋转时，用 G17/G18/G19 确定的工作平面也一起旋转。例如，工作平面 G17 XY，工件坐标系位于工件的顶面。通过偏移和旋转，坐标系转换到一个侧面。工作平面 G17 一起旋转。这样就可通过 *X/Y* 坐标继续编程平面内的目标位置，并编程 *Z* 轴方向上的进给。

前提条件是，刀具必须垂直于工作平面，进刀轴的正方向指向刀具装夹方向。通过设定 CUT2DF，刀具半径补偿在旋转平面中生效。

2.12.5　编程的框架旋转，带立体角（ROTS，AROTS，CROTS）

可通过编程绕空间角的框架旋转在空间中进行定向。ROTS、AROTS 和 CROTS 指令均用于此目的。ROTS 和 AROTS 的特性与 ROT 和 AROT 相似。

通过设定第二个空间角在空间中对平面进行定位，因此最多可以编程两个空间角。

在编程空间角 *X* 和 *Y* 时，新的 *X* 轴位于旧的 *Z/X* 平面中，编程：

```
ROTS X... Y...
AROTS X... Y...
CROTS X... Y...
```

在编程空间角 *Z* 和 *X* 时，新的 *Z* 轴位于旧的 *Y/Z* 平面中，编程：

```
ROTS Z... X...
AROTS Z... X...
CROTS Z... X...
```

在编程空间角 *Y* 和 *Z* 时，新的 *Y* 轴位于旧的 *X/Y* 平面中。编程：

```
ROTS Y... Z...
AROTS Y... Z...
CROTS Y... Z...
```

框架指令必须在单独的 NC 程序段中编程。

其中：

ROTS：绕空间角的绝对框架旋转，以当前生效的、使用 G54... G57、G505... G599 设置的工件零点为基准。

AROTS：绕空间角的附加框架旋转，以当前设定的或者编程的零点为基准。

CROTS：绕空间角的框架旋转，以数据存储中的有效框架和设定轴中的旋转为基础。

X... Y... /Z... X... /Y... Z...：空间角设定。

ROTS/AROTS/CROTS 也可以与 RPL 一起编程，从而在使用 G17... G19 设置的平面中进行旋转：ROTS/AROTS/CROTS RPL = ...。

2.12.6 可编程的比例系数（SCALE，ASCALE）

使用 SCALE/ASCALE，可以为所有的轨迹轴、同步轴和定位轴编程指定轴方向的缩放系统。这样就可以在编程时考虑到相似的几何形状或不同的收缩率。

1. 指令

```
SCALE X... Y... Z...
ASCALE X... Y... Z...
```

其中：

SCALE：绝对放大/缩小，以当前生效的、使用 G54... G57、G505... G599 设定的坐标系为基础。SCALE 指令会复位之前设置的、可编程框架的所有框架分量。

ASCALE：附加放大/缩小，以当前有效的、设定的或者编程的坐标系为基准。

X... Y... Z...：所给定的几何轴方向上的比例系数。

2. 举例

在工件上有两个形状相同的腔，但是大小不同且相互间发生了旋转。加工顺序存储在子程序中。

通过零点偏移和旋转可设定所需的工件零点，通过缩放轮廓，然后再次调用子程序。

```
N10 G17 G54
N20 TRANS 40 Y20
N30 L10
N40 TRANS X40 Y20
N50 AROT RPL = 35                  ；平面中旋转 35°
N60 ASCALE X0.7 Y0.7               ；比例系数，用于较小的腔
N70 L10
N75 TRANS
N80 G0 X300 Y100 M30
```

如果在 SCALE 指令之后使用 ATRANS 编程了一个偏移，则同样对偏移值进行缩放。

注意不同的比例系数，例如圆弧插补只能用相同的系数缩放，而在偏移变形圆弧时则需专门设置不同的比例系数。

2.12.7 可编程的镜像（MIRROR，AMIRROR）

使用 MIRROR/AMIRROR 可以将工件形状在坐标轴上进行镜像。之后，比如在子程序中编程的所有运行将以镜像执行。

1. 指令

```
MIRROR X... Y... Z...
AMIRROR X... Y... Z...
```

其中：

MIRROR：绝对镜像，以当前生效的、使用 G54... G57、G505... G599 设定的坐标系为

基准。

AMIRROR：附加镜像，以当前有效的、设定的或者编程的坐标系为基准。

X... Y... Z...：需要更改方向的几何轴。这里所给定的值可以自由选择，比如X0 Y0 Z0。

2. 举例

车削。

真正的加工保存为子程序，然后通过镜像和偏移来执行相应轴上的加工，如图2-37所示。程序如下：

```
N10 TRANS X0 Z140          ; 零点偏移到W
 ⋮                          ; 加工主轴1的第1侧
N30 TRANS X0 Z600          ; 零点偏移到主轴2
N40 AMIRROR Z0             ; Z轴镜像
N50 ATRANS Z120            ; 零点偏移到W1
 ⋮                          ; 加工主轴2的第2侧
```

3. 其他信息

（1）MIRROR X... Y... Z...　镜像功能通过所选工作平面的轴方向切换进行编程。例如工作平面G17 X/Y。*Y*轴上镜像要求在*X*轴上变换方向，然后用MIRROR X0进行编程，轮廓反射到镜像轴*Y*的另一侧，开始加工。镜像以当前生效的、使用G54...G57、G505...G599设定的坐标系为基准，注意MIRROR指令复位之前设置的可编程框架的所有框架分量。

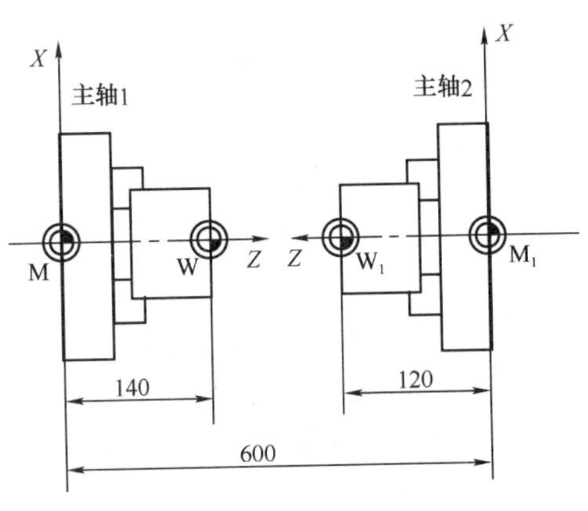

图2-37　镜像例图

（2）AMIRROR X... Y... Z...　如需在当前转换的基础上建立镜像，就使用AMIRROR编程，以当前设定的或者最后编程的坐标系作为基准。例如：用TRANS移动坐标系，再用AMIRROR镜像。

（3）取消镜像　对于所有轴，编程MIRROR（无轴设定）即复位之前编程的所有框架分量。

（4）刀具半径补偿　根据更改过的加工方向，控制系统通过镜像指令自动转换轨迹补偿指令（G41/G42或G42/G41）；同样也自动转换圆弧旋转方向（G2/G3或者G3/G2）。

如果在MIRROR指令后用AROT编程一个附加旋转，必须根据情况使用相反的旋转方向进行加工（正向/负向或者负向/正向）。控制系统会自动将几何轴上的镜像换算成旋转，必要时会换算成通过机床数据设定的轴的镜像。这也适用于可设定的零点偏移。

（5）镜像轴　通过机床数据可以设置以哪一根轴为基准进行镜像：

MD10610 $MN_MIRROR_REF_AX = <值>

当<值>=0时，以编程的轴为基准执行镜像（值取反）。

当<值>=1时，*X*轴为基准轴。

当<值>=2时，*Y*轴为基准轴。

当<值>=3时，*Z*轴为基准轴。

（6）编程值的编译　通过机床数据可以设置如何对编程的值进行编译：

MD10612 $MN_MIRROR_TOGGLE =<值>

当<值>=0时，不对编程的值进行处理。

当<值>=1时，对编程的值进行处理。当编程的轴的值≠0且尚未对轴执行镜像时，执行轴的镜像，当编程的轴的值=0时，取消镜像。

2.12.8 取消框架（G53，G153，SUPA，G500）

在执行特定的加工过程时，比如逼近换刀点时，必须定义不同的框架分量并进行定义时间的抑制。可设定框架可模态取消或程序段抑制。可编程框架可程序段抑制或删除。

指令：

（1）程序段抑制　G53/G153/SUPA

其中：

G53：对所有可编程序和可设定框架进行程序段抑制。

G153：G153像G53一样生效，此外它还对整体基本框架（$P_ACTBFRAME）进行抑制。

SUPA：SUPA像G153一样生效，此外它还抑制手轮偏移（DRF）、叠加运动、外部零点偏移、预设定偏移。

（2）模态取消　G500

其中，当G500中没有值时，所有可设定框架（G54...G57，G505...G599）都被模态取消。

（3）删除　TRANS/ROT/SCALE/MIRROR

其中，不进行轴设定的TRANS/ROT/SCALE/MIRROR指令将会删除可编程框架。

2.12.9 取消叠加运行（DRFOF，CORROF）

可使用零件程序指令DRFOF和CORROF取消通过手轮运行设置的附加零点偏移（DRF偏移）和通过系统变量$AA_OFF[轴]编程的位置偏移。

取消操作将会触发预处理停止，并将取消的叠加运行（DRF偏移或者位置偏移）的位置分量接收到基准坐标系的位置中。系统变量$AA_IM[<轴>]（当前轴的MCS设定值）的值不变，系统变量$AA_IW[<轴>]（当前轴的WCS设定值）的值改变，因为它限制了包含取消的叠加运行中的分量。

1. 指令

DRFOF：用于关闭（取消）通道中所有激活轴的DRF偏移的指令，模态有效。

CORROF（<轴>，"<字符串>"[，<轴>，"<字符串>"]）；用于关闭（取消）单个轴的DRF偏移/位置偏移（$AA_ OFF）的指令，模态有效。<轴>：轴名称（通道轴、几何轴或者机床轴名称）。"<字符串>"，=="DRF"：取消轴的DRF偏移。=="AA_OFF"：取消轴的$AA_OFF位置偏移。

CORROF只能在零件程序中写入，不可用于同步动作。

2. 举例

例 1：轴向取消 DRF 偏移（1）。

通过 DRF 手轮运行产生 X 轴上的 DRF 偏移。对于该通道中的所有其他轴，DRF 偏移不生效。

N10 CORROF（X，“DRF”）

此处 CORROF 作用如同 DRFOF。

例 2：轴向取消 DRF 偏移（2）。

通过 DRF 手轮运行产生了 X 轴和 Y 轴上的 DRF 偏移。对于该通道中的所有其他轴，DRF 偏移不生效。

N10 CORROF（X，“DRF”）；仅取消 X 轴的 DRF 偏移，保留 Y 轴的 DRF 偏移（DRFOF 时取消两个偏移）。

例 3：轴向取消 $AA_OFF 位置偏移。

N10 WHEN TRUE DO $AA_OFF[X] = 10 G4 F5；为 X 轴插补一个位置偏移 10

⋮

N80 CORROF（X，“AA_OFF”）；取消 X 轴的位置偏移，$AA_OFF[X] = 0 不运行 X 轴，位置偏移添加到 X 轴的当前位置

例 4：轴向取消 DRF 偏移和 $AA_OFF 位置偏移（1）。

通过 DRF 手轮运行产生 X 轴上的 DRF 偏移。对于该通道中的所有其他轴，DRF 偏移不生效。

N10 WHEN TRUE DO $AA_OFF[X] = 10 G4 F5 ；为 X 轴插补一个位置偏移 = = 10

⋮

N70 CORROF（X，“DRF”，X，“AA_OFF”） ；取消 X 轴上的 DRF 偏移和位置偏移，保留 Y 轴上的 DRF 偏移

例 5：轴向取消 DRF 偏移和 $AA_OFF 位置偏移（2）。

通过 DRF 手轮运行产生 X 轴和 Y 轴上的 DRF 偏移。对于该通道中的所有其他轴，DRF 偏移不生效。

N10 WHEN TRUE DO $AA_OFF[X] = 10 G4 F5；为 X 轴插补一个位置偏移 = = 10

⋮

N70 CORROR（Y，“DRF”，X，“AA_OFF”） ；取消 Y 轴的 DRF 偏移和 X 轴的位置偏移，保留 X 轴的 DRF 偏移

3. 其他信息

（1） $AA_VAL　通过 $AA_OFF 取消位置偏移后，相应轴的系统变量 $AA_OFF_VAL（轴叠加的积分行程）也归零。

（2）运行方式 JOG 下的 $AA_OFF　在运行方式 JOG 下，通过机床数据 MD36750 $MA_AA_OFF_MODE 使用了该功能后，更改 $AA_OFF 时，位置偏移将作为叠加运行插补。

（3）同步动作下的 $AA_OFF　如果通过零件程序指令 CORROF（<轴>，“AA_OFF”）取消位置偏移时同步动作有效。

$AA_OFF 会立即重新置位（DO $AA_OFF[<轴>] = <值>），然后 $AA_OFF 被取

消并不再置位，并输出报警21660。如果同步动作被取消，比如在CORROF之后的程序段中才生效，则$AA_OFF置位并插补位置偏移。

（4）自动通道切换 如果CORROF作用的轴在另一个通道中生效，则通过轴交换切换至此通道（前提：MD30552 $MA_AUTO_GET_TYPE>0），然后位置偏移和/或DRF偏移被取消。

2.12.10 通过框架变量转换坐标

坐标系除了前面说明的编程方法之外，还可以用预定义的框架变量编程。预定义的框架变量是指已经在控制器的语言中规定了相应的含义，并可以在NC程序中进行处理。可用的框架变量有：基准框架（基准偏移）变量、可设定的框架变量和可编程序的框架变量。

坐标系转换可以通过给一个框架变量赋值使框架激活。例如：

$P_PFRAME=CTRANS（X，10）

其中：

$P_PFRAME：框架变量，表示当前可编程框架。

CTRANS（X，10）：表示 *X* 轴可编程的零点偏移10mm。

坐标系已经定义的变量为：

$P_BFRAME，$P_UBFR，由BKS移向BNS。

$P_IFRAME，$P_UIFR，由BNS移向ENS。

$P_PFRAME，由ENS移向WKS。

通过零件程序中的预定义变量可以读取坐标系的当前实际值：

$AA_IM[轴]，在MKS中读出实际值。

$AA_IB[轴]，在BKS中读出实际值。

$AA_IBN[轴]，在BNS中读出实际值。

$AA_IEN[轴]，在ENS中读出实际值。

$AA_IW[轴]，在WKS中读出实际值。

预定义框架变量（$P_BFRAME，$P_IFRAME，$P_PFRAME，$P_ACTFRAME）：

（1）$P_BFRAME 当前的基准框架变量，建立基准坐标系（BKS）和基准零点坐标系（BNS）之间的关系。如果要使通过$P_UBFR写入的基准框架立即在程序中生效，就必须编程一个G500，G54...G599或者写入$P_BFRAME与$P_UBFR。

（2）$P_IFRAME 当前可设定的框架变量，建立基准零点坐标系（BNS）和可设定零点坐标系（ENS）之间的关系。编程$P_IFRAME相当于$P_UIFR［$P_IFRNUM］。例如在编程了G54之后，$P_IFRAME就会含有通过G54所定义的转换、旋转、缩放和镜像。

（3）$P_PFRAME 当前可编程的框架变量，建立可设定零点坐标系（ENS）和工件坐标系（WKS）之间的关系。$P_PFRAME含有：从编程TRANS/ATRANS、ROT/AROT、SCALE/ASCALE、MIRROR/AMIRROR或者从赋值CTRANS、CROT、CMIRROR、CSCALE给编程的框架得出的合成框架。

（4）$P_ACTFRAME 通过级联，从当前基准框架变量$P_BFRAME、当前的可设置框架$P_IFRAME与系统框架和当前的可编程框架变量$P_PFRAME与系统框架得出的当前的合成总框架。$P_ACTFRAME 所描述的是当前有效的工件零点。

如果 $P_BFRAME、$P_IFRAME 或者 $P_PFRAME 被改变，就重新计算 $P_ACTFRAME。

$P_ACTFRAME 相当于 $P_BFRAME：$P_IFRAME：$P_PFRAME。

如果 MD20110 RESET_MODE_MASK 按照如下方式设定，则复位之后，基准框架和可设定框架生效：

位 0 =1，位 14 =1→ $P_UBFR（基本框架）有效。

位 0 =1，位 5 =1→ $P_UIFR[$P_UIFRNUM]（可设置框架）有效。

（5）预定义可设定框架 $P_UBFR　通过 $P_UBFR 编程基准框架，但是不会在零件程序中同时生效。在下面的情况下，用 $P_UBFR 编写的基准框架一并考虑：

接通复位，MD20110。RESET _ MODE _ MASK 的位 0 和位 14 设置；语句 G500，G54... G599 已被执行。

（6）预定义可设定框架 $P_UIFR ［n］　通过预定义框架变量 $P_UIFR[n]，可以从零件程序出发读取或者写入可设置的零点位移 G54... G599。这些变量所表示的是名称为 $P_UIFR[n]的框架类型的一维数组结构。

（7）G 指令的分配　按照标准有 5 个可调节框架 $P_UIFR[0]... $P_UIFR[4]或者 5 个同样意义的 G 指令 G500 和 G54... G57，在这些地址下可以保存值。

$P_IFRAME = $P_UIFR[0]相当于 G500。

$P_IFRAME = $P_UIFR[1]相当于 G54。

$P_IFRAME = $P_UIFR[2]相当于 G55。

$P_IFRAME = $P_UIFR[3]相当于 G56。

$P_IFRAME = $P_UIFR[4]相当于 G57。

通过机床数据可以改变框架的个数：

$P_IFRAME = $P_UIFR[5]相当于 G505。

⋮

$P_IFRAME = $P_UIFR[99]相当于 G599。

这样可以生成总计 100 个坐标系，例如，可以超越编程范围将这些坐标系作为各种装置的零点来调用。

对框架变量和框架进行编程需要在 NC 程序中有一个自有 NC 程序段。特例：编程一个可设置的框架用 G54、G55、…。

2.12.11　给框架/框架变量赋值

1. 直接赋值（轴值，角度，尺寸）

在 NC 程序中可以直接给框架或者框架变量赋值。

（1）指令

$P_PFRAME = CTRANS（X，轴值，Y，轴值，Z，轴值…）

$P_PFRAME = CROT（X，角度，Y，角度，Z，角度…）

$P_UIFR[...] = CROT（X，角度，Y，角度，Z，角度…）

$P_PFRAME = CSCALE（X，比例，Y，比例，Z，比例…）

$P_PFRAME = CMIRROR（X、Y、Z）

$P_BFRAME 的编程与 $P_ PFRAME 相同。

其中：

CTRANS：在给定轴上的偏移。

CROT：围绕给定轴旋转。

CSCALE：在给定轴上的比例改变。

CMIRROR：在给定轴上的镜像。

X、Y、Z：在所给定的几何轴方向的偏移值。

轴值：位移的轴值赋值。

角度：围绕指定轴的旋转角赋值。

比例：改变比例。

（2）举例

1）通过在当前的可编程框架上赋值来激活平移、旋转和镜像：

N10 $P_PFRAME = CTRANS（X，10，Y，20，Z，5）：CROT（Z，45）：CMIRROR（Y）。先平移，再旋转，再镜像。

2）用 CROT 给 UIFR 的所有三个组件赋值：

$P_UIFR[5] = CROT（X，0，Y，0，Z，0）

N100 $P_UIFR[5，Y，RT] = 0

N100 $P_UIFR[5，X，RT] = 0

N100 $P_UIFR[5，Z，RT] = 0

3）可以接连几个程序计算。

$P_PFRAME = CTRANS（...）：CROT（...）：CSCALE（...）

请注意，必须通过级联运算符“：”（冒号）将这些指令相互联系起来，由此，这些指令首先必须要相互逻辑联系，然后按照编程的顺序加法执行。

用所给出的指令编程的值赋给框架，并存储。只有当这些值被赋给某个激活的框架变量 $P_ BFRAME 或者 $P_ PFRAME 时才会激活。

2. 读取和修改框架组件（TR、FI、SC、MI）

可以对某个框架的各个数据进行访问，例如，某个特定的位移值或者旋转角等。这些值可以修改，或者赋值给另一个变量。

指令：

R12 = $P_UIFR[25,Z, TR]	；从已设置的编号为25的框架的数据集得出的 Z 轴中的位移值 TR 应当赋值给变量 R12。
R15 = $P_PFRAME[Y, TR]	；在当前可编程的框架中，将 Y 轴的偏移值 TR 赋值给变量 R15。
$P_PFRAME[X,TR] = 25	；在当前可编程的框架中，改变 X 轴的编程值 TR，X25 立即适用。

其中：

$P_UIFRNUM：使用该变量可以自动建立与当前可设定零点偏移坐标系的联系。

$P_UIFR[n, ... , ...]：通过给出框架号 n，从而使用可设定框架 n。对需要送出或者修改的分量进行说明。

TR：TR 转换。

FI：FI 精细转换。

SC：SC 比例。

MI：MI 镜像。

X、Y、Z：（参见举例）此外，还指定相应的轴 X、Y、Z。

说明：1）通用框架。通过指定系统变量 $P_UIFRNUM 可以直接访问使用 $P_UIFR 或者 G54，G56，…最新设置的零点位移（$P_UIFRNUM 含有最新设置的框架的编号）。所有其他所保存的可设置框架 $P_UIFR，可通过指定相应的编号 $P_UIFR[n]来调用，可以为预定义框架变量和自定义框架指定名称。例如 $P_IFRAME。

2）数据调用。在方括号中的是要访问或者修改的轴名称和值的框架组件。例如[X, RT]或者[Z, MI]。

3. 完整框架的逻辑联系

在 NC 程序中，可以将某个完整的框架赋给另外一个框架或者使框架级联。例如，框架级联用来描述排列在一个托盘上且应在一个加工流程中进行加工的多个工件。描述托盘任务时，例如仅含有部分值，可以通过其级联来生成各种工件零点。

（1）给框架赋值　将自定义框架 EINSTELLUNG1 的值赋给当前的可编程框架，当前的可编程框架存储在中间存储器中，在需要时再次返回。

```
DEF FRAME EINSTELLUNG 1
EINSTELLUNG1 = CTRANS (X, 10)
$P_PFRAME = EINSTELLUNG 1
DEF FRAME EINSTELLUNG 4
EINSTELLUNG 4 = $P_PFRAME
$P_PFRAME = EINSTELLUNG 4
```

（2）框架级联　框架以所编程的顺序相互级联，框架组件按照位移、旋转等先后顺序累加运行。

```
$P_IFRAME = $P_UIFR[15] : $ P_UIFR[16]
                          ; $P_UIFR[15]含有零点位移等的数据，然后以此为
                            基础，对 $P_UIFR[16]的数据，例如旋转的数据，
                            进行处理
$P_UIFR[3] = $P_UIFR[4]: $P_UIFR[5]
                          ; 可设定的框架 3，通过级联，由可设定框架 4 和 5
                            产生
```

注意，框架必须通过级联运算符“:”（冒号）相互联系起来。

4. 定义新框架（DEF FRAME）

除了前面所说的预定义的、可设定的框架之外，还可以产生一些新框架。在此，与 FRAME 类型变量有关，可以定义任意名称。使用功能 CTRANS、CROT、CSCALE、CMIRROR 可以在 NC 程序中给定义的新框架赋值。

指令：

```
DEF FRAME PALETTE 1
PALETTE 1 = CTRANS (...): CROT (...) ...
```

其中：

DEF FRAME：生成新框架。

PALETTE 1：新框架的名称。

=CTRANS（...）：CROT（...）...：给可能有的功能赋值。

2.12.12　精偏移和粗偏移（CFINE，CTRANS）

精偏移，使用指令 CFINE（X，...，Y...，...）可以对基本框架和所有可设置框架的精位移进行编程。精偏移只有在 MD18600 $MN_MM_FRAME_FINE_TRANS=1 时才可以编程。

粗偏移，使用 CTRANS（...）来确定粗位移。

精偏移和粗偏移相加称为最后的总偏移。

```
$P_UBFR = CTRANS (X, 10): CFINE (X, 0.1): CROT (X, 45)
                              ；位移的级联，精位移和旋转
$P_UIFR[1] = CFINE (X, 0.5, Y, 1.0, Z, 0.1)
                              ；整个框架可使用 CFINE，包括粗位移来覆盖
```

通过组件说明 FI 访问精位移的各个组件（精平移）

```
DEF REAL FINEX                ；定义变量 FINEX
FINEX = $P_UIFR[$P_UIFNUM, X, FI]
                              ；通过变量 FINEX 读取精位移
FINEX = $P_UIFR[3, X, FI]
                              ；通过变量 FINEX 读取第三个框架中 X 轴的精位移
```

其中：

CFINE（X，值，Y，值，Z，值）：多个轴的精位移，累加式位移（平移）。

CTRANS（X，值，Y，值，Z，值）：多个轴的粗位移，绝对位移（平移）。

X、Y、Z：轴的零点位移（最多8个轴）。

值：平移量。

借助 MD18600 $MN_MM_FRAME_FINE_TRANS 可以用以下的变量设计精偏移。

当其值为0时，不可以输入或者编程精位移，不可以为 G58 和 G59 编程精位移。

当其值为1时，可以输入或者编程可设置框架、基本框架、可编程框架、G58 和 G59 的精位移。

只有在激活相应的框架之后，某个通过 HMI 操作所改变的精位移才会激活。也就是说，通过 G500，G54...G599 激活。只要框架生效，激活的框架精偏移就一直有效。

可编程的框架没有精偏移部分。如果带有精偏移的框架赋值给可编程的框架，则总偏移由粗偏移和精偏移的和构成。在读可编程框架时，精偏移始终为零。

2.12.13　外部零点偏移

可以使用外部零点偏移功能，在基准坐标系和工件坐标系之间再次进行零点偏移。在有

外部零点偏移功能时，仅可以编程线性偏移。

通过对特定轴的系统变量 $AA_ETRANS 赋值来编程位移值。偏移值赋值：

$AA_ETRANS[轴] = R1

其中：RI 是含有新值的 REAL 型计算变量。

在通常情况下，外部偏移不在零件程序中说明，而是由 PLC 设置。

只有当 VDI 接口上（NCU_PLC_接口）设定有相应的信号时，在零件程序中写入的值才会有效。

2.12.14 预设定位移（PRESETON）

对于一些特殊的应用场合，有时要求对一个或多个轴的当前位置（停止状态）赋值一个新的、编程的实际值。

指令：PRESETON（轴，值，...）

其中：

PRESETON：设定实际值。

轴：加工轴说明。

值：新的实际值，适用于所给定的轴。

只可使用关键字“WHEN”或者“EVERY”来进行带有同步动作的实际值设定。

使用 PRESETON 功能后基准点变为无效。因此这种功能仅仅应用于不需回参考点的轴中。如果要恢复原来的系统，就必须使用 G74 来逼近基准点。

举例：在机床坐标系中进行实际值赋值，值以机床轴为基准。

```
N10 G0 A760
N20 PRESETON（A1，60）
```

轴 A 向位置 760 运动。加工轴 A1 在位置 760 上获得新的实际值 60。从现在起在新的实际值系统中进行定位。

2.12.15 NCU 全局框架

对于所有的通道，每个 NCU 仅有一个 NCU 全局框架。NCU 全局框架可以由所有的通道读写，分别在各个通道中激活 NCU 全局框架。

通过全局框架可以对带有位移的通道轴和加工轴进行缩放和镜像。

1. 几何关系和级联

在全局框架中各个轴之间没有几何关系，因此不可以进行旋转和编程几何轴名称。

（1）在全局框架中不可以使用旋转　程序旋转时会产生报警“18310 通道%1 程序段%2 框架不可以旋转”。

（2）可以进行全局框架和通道专用框架的级联　最后生成的框架包含所有的框架分量，用于所有轴的旋转。如果带旋转分量的框架赋值于一个全局框架，则产生报警“框架不可以旋转。”

2. NCU 全局基本框架和可设置框架

（1）NCU 全局基本框架 $P_NCBFR[n]　可以设计 8 个以下的 NCU 全局基本框架。通道专用的基本框架可以同时存在。全局框架可以由一个 NCU 的所有通道读写。在写全局框架时，由用户考虑通道的协调，例如可以通过等候标记（WAITMC）来实现。全局基本框架的数量通过机床数据设计。

（2）NCU 全局可设置框架 $P_UIFR[n]　所有可设置框架 G500，G54...G599 可以设计成 NCU 全局型或者通道专用型。所有可设置的框架可借助机床数据 $MN_MM_NUM_GLOBAL_USER_FRAMES 再次设计为全局框架。使用框架的编程指令时，可以使用通道轴名和加工轴名作为轴名称。编程几何轴名称时会出现报警，从而无法进行编程。

2.12.15.1　通道专用框架（$P_CHBFR，$P_UBFR）

可设置框架或者基准框架可以通过零件程序和机床控制面板由操作装置（例如 HMI Advanced 和 PLC）写入和读取。

精偏移也可以用于全局框架。和通道专用框架一样，也通过 G53、G153、SUPA 和 G500 来抑制全局框架。

通过 MD28081 $MM_NUM_BASE_FRAMES 可以设定通道中基准框架的个数。默认配置被设计成每个通道至少有一个基准框架的形成。每个通道最多可以有 8 个基准框架。在通道中除了 8 个基准通道之外，还可以有另外 8 个 NCU 全局基准框架。

通道专用框架有：

（1）$P_CHBFR[n]　通过系统变量 $P_CHBFR[n]可以读取和写入基本框架。当写入某个基本框架时，级联的全局基本框架不会激活，而是在执行某个基本框架时才会激活，级联的全部基本框架不会激活，而是在执行某个 G500，G54...G599 语句时才会激活。该变量主要在从 HMI 或者 PLC 写入到基本框架的过程中作为存储器使用。这些框架变量通过数据存储进行保护。

（2）$P_UBFR　向预定义变量 $P_UBFR 写入时，不会同时激活数组索引为 0 的基本框架，而是在执行某个 G500，G54...G599 语句时才会激活。变量也可以在程序中读写。

$P_UBFR 和 $P_CHBFR[0]一样。在默认情况下通道中始终有一个基本框架，使得这些系统变量可与较早的版本兼容。如果没有通道专用基准框架，则在读写时会产生报警“框架：指令不允许”。

2.12.15.2　在通道中有效的框架

在通道中有效的框架由零件程序通过这些框架的有关系统变量来输入。这里也包括系统变量。通过这些系统变量可以在零件程序中读写当前的系统框架。

1. 通道中当前有效的系统框架

$P_PARTFRAME：用于 TCARR 和 PAROT。

$P_SETFRAME：实际值设定。

$P_EXTFRAME：外部零点偏移。

$P_NCBFRAME[n]：当前的 NCU 全局基准框架。

$P_CHBFRAME[n]：当前的通道基准框架。

$P_BFRAME：通道中当前的第一个基准框架。

$P_ACTFRAME：总的基准框架。

$P_CHBFRMASK 和 $P_NCBFRMASK：全部基准框架。

$P_IFRAME：在编程 G54 之后，包含由 G54 定义的平移旋转、比例和镜像，均属于当前可设定的框架。

$P_TOOLFRAME：用于 TOROT 和 TOFRAME。

$P_WPFRAME：工件基准点。

$P_TRAFRAME：转换。

$P_PFRAME：当前可编程的框架。

$P_CYCFRAME：用于循环。

$P_ACTFRAME：当前的总框架。

FRAME 级联：当前框架由全部基准框架组成。

其中部分框架介绍如下：

（1） $P_NCBFRAME[n]　当前的 NCU 全局基准框架。通过系统变量 $P_NCBFRAME[n]可以读取和写入当前的全局基准框架数组元素。在通道中的写过程中，最后生成的总基准框架一起计算在内。

修改的框架仅在编程的通道中生效。如果要求修改一个 NCU 所有通道的框架，则必须同时说明 $P_NCBFR[n]和 $P_NCBFRAME[n]。然后其他通道必须激活带有例如 G54 的框架。在写一个基准框架时，重新计算总的基准框架。

（2） $P_CHBFRAME[n]　当前的通道基准框架。通过系统变量 $P_CHBFRAME[n]可以读取和写入当前的通道基准框架数组元素。在通道中的写过程中，最后生成的总框架一起计算在内。在写一个基准框架时，重新计算总的基准框架。

（3） $P_BFRAME　通道中当前的第 1 个基准框架。通过预定义框架变量 $P_BFRAME 可以在零件程序中读取和写入带有在通道中有效的数组索引的当前基准框架。写入的基准框架立即计算在内。

$P_BFRAME 和 $P_CHBFRAME[0]一样。在正常情况下，系统变量始终有一个有效值。如果没有通道专用基准框架，则在读写时会产生报警“框架：指令不允许”。

（4） $P_ACTFRAME　总的基准框架。变量 $P_ACTFRAME 用来检查级联的全部基准框架。该变量仅可读。

$P_ACTFRAME 相当于 $P_NCBFRAME[0]：...：$P_NCBFRAME[n]：$P_CHBFRAME[0]：...：$P_CHBFRAME[n]。

（5） P_CHBFRMASK 和 $P_NCBFRMASK　全部基准框架。用户可以通过系统变量 $P_CHBFRMASK 和 $P_NCBFRMASK 来选择要在计算“全部”基准框架时同时考虑哪些基准框架。变量仅在程序中编程，通过机床控制面板读入。将变量的值作为位掩码解释并且指定将 $P_ACTFRAME 的哪些基准框架数组元素考虑到计算中。

使用 $P_CHBFRMASK 可以设定将哪些通道专用基准框架考虑在内，且使用 $P_NCBFRMASK 来设定哪些 NCU 全局基准框架考虑在内。

编程这些变量重新计算总的基准框架和总的框架。复位之后，在标准设置中有以下的数值：

$P_CHBFRMASK = $MC_CHBFRAME_RESET_MASK

$P_NCBFRMASK = $MC_CHBFRAME_RESET_MASK

例如：

$P_NCBFRMASK = “H81”：$P_NCBFRAME[0]：$P_NCBFRAME[7]

$P_CHBFRMASK = “H11”：$P_CHBFRAME[0]：$P_CHBFRAME[7]

（6） $P_IFRAME　当前的可设置框架。通过预定义框架变量 $P_IFRAME 可以在零件程序中读取和写入在通道中有效的当前可设置框架。写入的可设置框架立即计算在内。

在NCU全局的、可设定的框架中，修改的框架仅在编程的通道中生效。如果要修改某个NCU所有通道的框架，就必须同时写入$P_UIFR[n]和$P_IFRAME。然后其他通道必须激活带有例如G54的相应框架。

（7）$P_PFRAME　当前的可编程框架。该框架从TRANS/ATRANS，G58/G59，ROT/AROT，SCALE/ASCALE，MIRROR/AMIRROR的编程中或者从赋值给可编程框架的CTRANS，CROT，CMIRROR，CSCALE中得出。

当前的可编程框架变量，用来在可设置的零点系统（ENS）和工件坐标系（WCS）之间建立关系。

（8）$P_ACTFRAME　当前的总框架。当前的合成总框架$P_ACTFRAME现在作为级联受控于所有基准框架、当前的可设置框架和可编程框架。如果框架分量改变，则当前框架会更新。

$P_ACTFRAME相当于$P_PARTFRAME：$P_SETFRAME：$P_EXTFRAME：$P_ACTBFRAME：$P_IFRAME：$P_TOOLFRAME：$P_WPFRAME：$P_TRAFRAME：$P_PFRAME：$P_CYCFRAME

2. 框架级联

根据以上所说的当前的总框架，当前的框架由总的基准框架、可设定的框架、系统框架和可编程的框架组成，如图2-38所示。

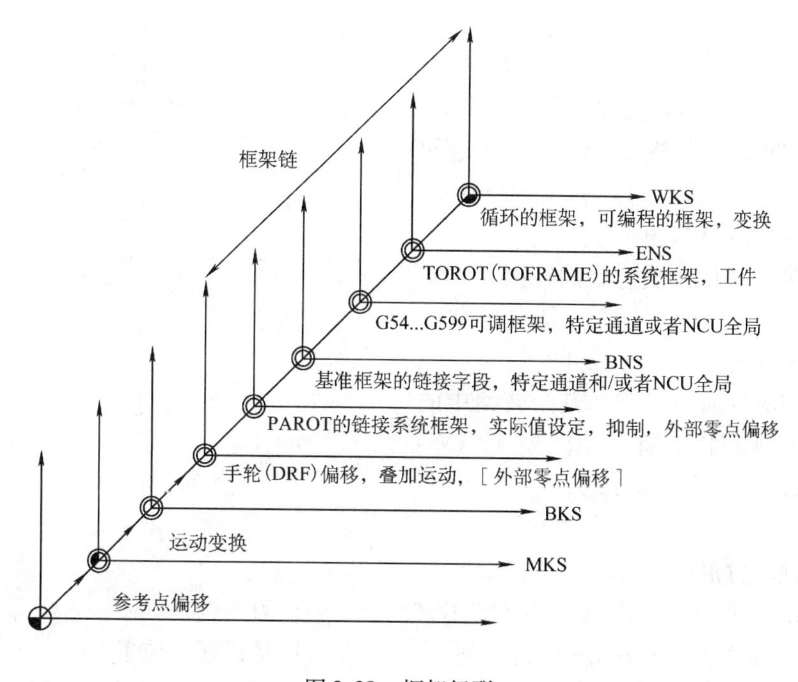

图2-38　框架级联

2.13　运动变换

运动变换用于车削中心对端面和外圆进行铣削加工。

2.13.1　端面铣削（TRANSMIT）

功能 TRANSMIT 可以用于：

1）对车削件的端面进行钻孔和轮廓铣削。

2）加工编程可以使用直角坐标系。

3）控制系统将编程设计的直角坐标系的运动转换成实际加工轴的运行（标准情况）：回转轴，垂直于回转轴的横向进给轴，纵轴平行于旋转轴，线性轴互相垂直。

4）运行相对于旋转中心的刀具中心偏移。

5）速度导向考虑到为旋转运行所定义的限制。

TRANSMIT 加工可以设置的转换类型：

1）在默认情况下（TRAFO_TYPE_n＝256）。

2）有辅助线性轴 Y（TRAFO_TYPE_n＝257）。

扩展转换类型 257 可以用来使用实轴 Y 对刀具的装夹进行补偿。

1. 指令

```
TRANSMIT 或者 TRANSMIT（n）
TRAFOOF
```

不能编程回转轴，因为他们被一个几何轴覆盖并且因此作为通道轴不能直接编程。

其中：

TRANSMIT：激活第一个约定的 TRANSMIT 功能，该功能也被称为极转换。

TRANSMIT（n）：激活第 n 个约定的 TRANSMIT 功能，n 最大可以是 2（TRANSMIT（1）和 TRANSMIT 相符）。

TRAFOOF：关闭当前有效的转换。

OFFN：偏移轮廓（标准）是端面加工与已编参考轮廓的间距。

如果在相应的通道中激活其余转换中的某一个转换，则同样会有一个转换 TRANSMIT 会被中断（例如 TRACYL）。

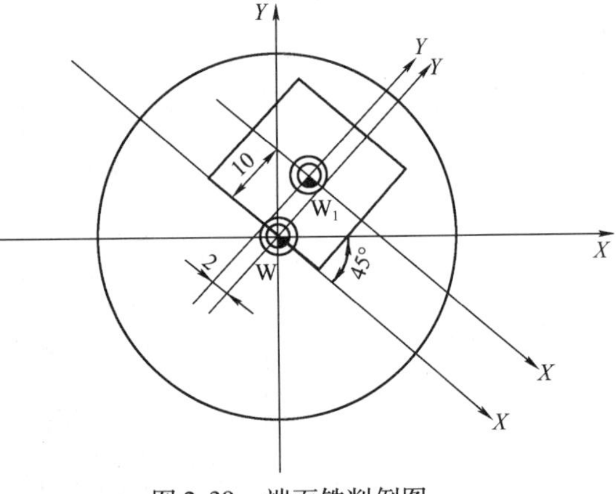

图 2-39　端面铣削例图

2. 举例

在端面铣一方形图样，如图 2-39 所示。

```
N10 T1 D1 G54 G17 G90 F5000 G94        ; 刀具选择
N20 G0 X20 Z10 SPOS =45                ; 接近起始位置
N30 TRANSMIT                           ; 激活 TRANSMIT 功能
N40 ROT RPL = -45                      ; 设置框架
N50 ATRANS X -2 Y10
N60 G1 X10 Y -10 G41 OFFN =1           ; 粗加工四方形，加工余量为 1mm
N70 X -10
N80 Y10
```

```
N90 X10
N100 Y-10
N110 G0 Z20 G40 OFFN=0              ；换刀
N120 T2 D1 X15 Y-15
N130 Z10 G41
N140 G1 X10 Y-10                    ；精加工四方形
N150 X-10
N160 Y10
N170 X10
N180 Y-10
N190 Z20 G40
N200 TRANS                          ；撤销框架选择
N210 TRAFOOF
N220 G0 X20 Z10 SPOS=45             ；回起始位置
N230 M30
```

2.13.2　柱面铣削（TRACYL）

1. 功能

圆柱表面曲线转换 TRACYL 可以用于铣削加工圆柱体上的纵向槽、横向槽和任意运行的槽。槽的运行要根据展开的圆柱表面来编程。

（1）TRACYL 转换类型　圆柱面坐标转换有三个特征：

1）TRACYL 没有槽壁补偿（TRAFO_TYPE_n=512）。

2）TRACYL 有槽壁补偿（TRAFO_TYPE_n=513）。

3）TRACYL 有辅助线性轴和槽壁补偿（TRAFO_TYPE_n=514）。

使用 TRACYL 通过第三个参数对槽壁补偿进行参数设定。

当使用槽壁补偿进行圆柱面曲线转换时，用于补偿的轴应当位于零点（$Y=0$），以便沿着已编程的槽中心线对槽进行加工。

（2）轴使用　下列轴不可以作为定位轴或者摆动轴使用：

1）沿圆柱表面（Y 轴）的圆周方向的几何轴。

2）在槽壁补偿时附加的线性轴（Z 轴）。

2. 指令

TRACYL（d）或者 TRACYL（d、n）或者用于转换类型 514 TRACYL（*d*、*n*、槽壁补偿）

TRAFOOF

其中：

TRACYL（d）：激活第一个在通道机床数据中约定的 TRACYL 功能。*d* 参数用于加工直径。

TRACYL（d、n）：激活第几个在通道机床数据中约定的 TRACYL 功能。*n* 最大值为 2。TRACYL（d、1）相当于 TRACYL（d）。

d：加工直径的值。加工直径是刀尖和旋转中心之间的两倍距离。始终必须设定该直径且必须大于1。

n：可选用的第二个参数，用于 TRACYL 参数，记录1（临时选择）或者2。

槽壁补偿：可选用的第三个参数，其用于 TRACYL 的值临时从机床数据的模式中选择。其值范围：0：转换类型514，没有如目前为止的槽壁补偿；1：转换类型514，有槽壁补偿。

TRAFOOF：转换关（BKS 和 MKS 再次一致）。

OFFN：偏移轮廓（标准），到编程设计的基准轮廓的槽壁距离。

不能编程回转轴，因为它们被一个几何轴覆盖，并且因此作为通道轴不能直接编程。

如果在相应的通道中激活其余转换中的某一个转换，则同样会有一个转换 TRACYL 会被中断（例如 TRANSMIT）。

3. 举例

（1）刀具定义　下例适用于对圆柱转换 TRACYL 的参数设定进行测试。

1）刀具参数编号（DP）：

$TC_DP1[1, 1] =120：刀具类型、铣刀。

$TC_DP2[1, 1] =0：刀沿位置，仅用于车刀。

2）几何尺寸，长度补偿：

$TC_DP3[1, 1] =8：长度补偿矢量，根据类型计算和平面决定。

$TC_DP4[1, 1] =9。

$TC_DP5[1, 1] =7。

3）几何尺寸，半径：

$TC_DP6[1, 1] =6：半径，刀具半径。

$TC_DP7[1, 1] =0：切槽锯片的槽宽口，铣削刀具的倒圆半径。

$TC_DP8[1, 1] =0：超出规定范围 K。

$TC_DP9[1, 1] =0。

$TC_DP10[1, 1] =0。

$TC_DP11[1, 1] =0。

4）磨损，长度和半径补偿：

$TC_DP12[1, 1] =0：剩余参数直到 $TC_DP24 =0；基本尺寸/适配器。

（2）加工一个钩形槽（刀具在 *X* 轴上，圆柱体中心为 *Z* 轴）

1）打开圆柱体表面转换：

```
N10 T1 D1 G54 G90 F5000 G94        ; 刀具选择
N20 SPOS =0                        ; 接近起始位置
N30 G0 Z25 X0 Y 105 BB =200
N40 TRACYL (40)                    ; 启动圆柱面曲线转换
N50 G19                            ; 选择平面
```

2）加工钩形槽：

```
N60 G1 X20                         ; 将刀具向槽底进给
N70 OFFN =12                       ; 确定相对于槽中心线的槽壁间距为12mm
```

```
N80 G1 Z100 G42              ；向右侧槽壁运动
N90 G1 Z50                   ；槽截面平行于圆柱轴线
N100 G1 Y10                  ；槽截面平行于周边
N110 OFFN=4 G42              ；向左侧槽壁运动，确定相对于槽中心线
                               的槽壁间距为4mm
N120 G1 Y70                  ；槽截面平行于周边
N130 G1 Z100                 ；槽截面平行于圆柱轴线
N140 G1 Z105 G40             ；离开槽壁
N150 G1 X25                  ；空运行
N160 TRAFOOF                 ；关闭圆柱面曲线转换
N170 G0 X25 Y0 Z105 CC=200   ；接近起始位置
N180 M30
```

4. 说明

（1）没有槽壁补偿（转换类型512） 控制系统将编程设计的圆柱坐标系的运行转换成实际的加工轴的运行：回转轴，垂直于回转轴的横向进给轴和纵轴平行于旋转轴。线性轴互相垂直，横向进给轴与回转轴相交。

（2）有槽壁补偿（转换类型513） 运动同上，但是纵轴平行于圆周方向，线性轴互相垂直。速度导向考虑到为旋转运行所定义的限制。

（3）槽横截面 如果槽宽正好和刀具半径相等，那么在轴配置1时，与回转轴成纵向的槽只是被平行限制。与圆周平行的槽（横向槽）在开始和结束时不平行。

（4）有辅助线性轴和槽壁补偿（转换类型514） 如果是带有另一个线性轴的机床，该转换方案可充分利用冗余度来进行较好的刀具补偿。对于第二个线性轴，则使用较小的工作范围，并且第二个线性轴不应用于退出零件程序。确定机床数据设置是零件程序和在BKS或者MKS中安排相应轴的前提条件。

5. 正常轮廓偏置OFFN（转换类型513）

为了使用TRACYL铣削，应在零件程序中通过OFFN半个槽宽度对槽中心线进行编程。

OFFN只有与选中的刀具半径补偿相配合才有效，以防止损伤槽壁。此外，应使OFFN≥刀具半径，以防止损伤对面的槽壁。

特点：

1）选择WRK。WRK不是根据槽壁，而是根据相对于编程设计的槽中心线来编程。为了使刀具在槽壁左侧运行，要输入G42（代替G41）。如果在OFFN中输入带有符号的槽宽度，就可以避免这种情况。

2）OFFN与TRACYL配合使用的作用与没有TRACYL的作用不同。因为当WRK激活时，OFFN也可在没有TRACYL的情况下被考虑在内，所以OFFN应在TRAFOOF之后重新置为零。

3）可以在零件程序内修改OFFN，因此槽中心线可以从中心偏移。

4）如果是导向槽，使用TRACYL就不会生成如同使用刀具直径等于槽宽度的刀具所加工出来的槽。原则上不可能用一个较小的圆柱形刀具生成同一个槽壁几何尺寸，用较大的刀具也不行。TRACYL可减少误差。为了不出现精确性问题，刀具半径只能略小于半

槽宽。

当 TRAFO_TYPE_n = 512 时，OFFN 项下的值就作为相对于 WRK 的加工余量。当 TRAFO_TYPE_n =513 时，在 OFFN 中编程半个槽宽度，轮廓用 OFFN_WRK 开始运行。

2.14　轴耦合—联动（TRAILON，TRAILOF）

当一个已定义的引导轴运动时，指定给该轴的耦合轴（ = 跟随轴）会在参照某个耦合系数的情况下，开始运行引导轴所引导的位移。引导轴和跟随轴共同组成耦合组合。

应用范围：

1）通过一个模拟轴进行轴运行，引导轴是一个模拟轴，而耦合轴是一个真正的轴。从而可以使真实轴参照耦合系数运行。

2）用两个耦合组合进行两面加工：第 1 引导轴 *Y*，耦合轴 *V*；第 2 引导轴 *Z*，耦合轴 *W*。用 *Y*、*Z* 轴加工一面，而用 *V*、*W* 轴加工另一面。

1. 指令

TRAILON（<跟随轴>，<引导轴>，<耦合系数>）

TRAILOF（<跟随轴>，<引导轴>，<引导轴 2>）

TRAILOF（<跟随轴>）

其中：

TRAILON：用于启用和定义耦合轴组合的指令，模态有效。

<跟随轴>：参数 1，耦合轴的名称。一个耦合轴也可以是其余耦合轴的引导轴。以这种方式可以建立不同的耦合组合。

<引导轴>：参数 2，引导轴的名称。

<耦合系数>：参数 3，耦合系数。耦合系数说明耦合轴和引导轴位移之间的关系。<耦合系数> = 耦合轴位移/引导轴位移。预设值为 1。负值表明引导轴和耦合轴在相反方向运行。如果在编程中未指定耦合系数，则耦合系数 1 自动生效。

TRAILOF：关闭耦合组合的指令，模态有效。

有两个参数的 TRAILOF 只关闭指令引导轴的耦合：TRAILOF（<跟随轴>，<引导轴>）；如果一个耦合轴拥有两个引导轴，可调用带有 3 个参数的 TRAILOF 来关闭这两个耦合：TRILOF（<跟随轴>，<引导轴>，<引导轴 2>）；如果编程了 TRAILOF，而没有指定引导轴，也会给出相同的结果：TRAILOF（<跟随轴>）。

耦合运动始终在基准坐标系（BCS）中进行，可同时激活的耦合组合的数量只由机床上现有的轴的组合方法限制。

2. 举例

须根据展示的轴结构加工工件两面。据此构成 2 个耦合组合。

```
⋮
N100 TRAILON（V，Y）              ；启用第 1 个耦合组合
N110 TRAILON（W，Z，-1）          ；启用第 2 个耦合组合，耦合系数为负，
                                    耦合轴与引导轴运动方向相反
N120 G0 Z10                       ；Z 轴和 W 轴以相反的轴向进给
```

```
N130 G0 Y20                    ；Y轴和V轴以相同的轴向进给
⋮
N200 G1 Y22 V25 F200           ；叠加耦合轴"V轴"的某个相关和不相关的运动
⋮
TRAILOF (V, Y)                 ；关闭第1个耦合组合
TRAILOF (W, Z)                 ；关闭第2个耦合组合
```

3. 其他信息

（1）轴类型　一个耦合组合可以由线性轴和回转轴的任意组合构成。一个模拟轴也可在此被定义为引导轴。

（2）耦合轴　一个耦合轴最多可同时指定两个引导轴，在不同的耦合组合中指定引导轴。可以为耦合轴编程所有系统提供的运动指令（G0、G1、G2、G3、…）。除了单独定义的位移，耦合轴还会按照耦合系数运行从引导轴导出位移。

（3）动态性能限制　动态性能的限制取决于激活耦合组合的方式：

1）在零件程序中激活。如果在零件程序中激活耦合，而所有的引导轴被用作当前生效的编程轴，那么在引导轴运行时会考虑所有耦合轴的动态性能，避免出现过载。

如果在零件程序中激活了耦合，而其中的引导轴没有被用作当前生效通道中的编程轴（$AA_TYP≠1），那么在引导轴运行时不会考虑耦合轴的动态性能。因此，如果某个耦合轴的动态性能稍稍低于耦合要求的水平，会使该轴出现过载。

2）在同步中激活。如果在同步中激活耦合，那么在引导轴运行时不会考虑耦合轴的动态性能。因此，如果某个耦合轴的动态性能稍稍低于耦合要求的水平，会使该轴出现过载。

（4）耦合状态　在零件程序中可以采用以下系统变量查询轴的耦合状态：

$AA_COUP_ACT[<轴>]

如果值等于0，则无耦合有效；若值等于8，则耦合运行生效。

2.15 运动同步动作

2.15.1 基础部分

1. 功能

同步动作提供可以同步执行处理程序段的可能性。动作的执行时间可以通过各个条件定义。这些条件在插补节拍中得以监控。这些运动是对实时事件的反应，执行并不是在程序段交接处进行。此外，同步动作还包含对其使用寿命的说明和对编程主运行变量的询问频率以及对启动动作的执行频率的说明。由此，一个动作可以一次或者也可以用循环（插补节拍）方式进行触发。

2. 可能的应用

零件程序经程序段预处理，同时系统将NCK输入的设定值、实际值、参数、标志、伺服值等条件一起送入实时处理，经同步动作、连接逻辑处理后，产生NCK输出、位置、速度、NC功能、测量、接通耦合器、输出M/H系数等动作。用于对运行时间紧张的应用进行

优化（例如换刀）、对外部事件的快速反应、编程 AC 调节、调节安全功能等。

3. 编程

一个同步动作在程序段中是单独的，并且从机床功能的下一个可执行程序段开始生效（例如带有 G0、G1、G2、G3 的切削运动）。同步动作由多达 5 个具有不同任务的指令单元组成：①ID 编号：适用范围；②关键字：查询频率；③可选 G 代码，用于条件；④DO；⑤可选 G 代码：用于动作/工艺周期。

1）产生动作和工艺周期的指令：

DO <动作 1>　<动作 2>...

<关键字>　<条件> DO <动作 1>　<动作 2>...

ID = <n>　<关键字>　<条件> DO <动作 1>　<动作 2>...

IDS = <n>　<关键字>　<条件> DO <动作 1>　<动作 2>...

其中：

DO：触发编程动作的指令。仅在满足 <条件> 时有效（如果已编程）。

<动作 1>　<动作 2>...：要启动的动作。例如分配变量、启动工艺循环。

<关键字>：通过关键字（WHEN、WHENEVER、FROM 或者 EVERY），定义一个同步动作 <条件> 的循环检查。

<条件>：主运行变量的链接逻辑，条件在 IPO 节拍中检查。

ID = <n> 或 IDS = <n>：识别号，通过识别号确定加工顺序中的使用范围和位置。

2）同步动作/工艺周期的协调，提供下列命令：

CANCEL（<n>）：删除同步动作

LOCK（<n>）：阻止同步动作

UNLOCK（<n>）：释放同步动作

RESET：复位工艺循环

3）举例：WHEN $AA_IW[Q1] >5 DO M172 H510：结果 Q1 的实际值超过 5mm，则辅助功能 M172 和 H510 输出到 PLC 接口。

2.15.1.1　适用范围和处理顺序（ID、IDS）

1. 适用范围

同步动作适用范围通过标识 ID 或 IDS 确定：

没有模态 ID：自动运行方式中的程序段有效的同步动作。

ID：程序段结束时在自动方式中模态有效的同步动作。

IDS：静态同步动作，在各个工作方式中模态有效，也通过程序结束有效。

应用在 JOG 方式下的 AC 循环，用于安全集成的连接逻辑，监控对所有运行方式中机床状态的反应。

2. 处理顺序

模态和静态有效的同步动作以插补节拍中 ID 或 IDS 编号（ID = <n> 或 IDS = <n>）的顺序处理。

程序段方式有效的同步动作（没有 ID 号）在处理模态有效的同步动作结束之后，按照编程的顺序进行处理。

通过机床数据设置可以保护模态有效的同步动作不会被改变或删除。

3. 编程

（1）没有模态ID 同步动作仅在自动运行方式中有效。仅适用于带有运动指令或者其他机床动作的程序段。为程序段有效。

举例：WHEN $A_IN[3]==TRUE DO $A_OUTA（4）=10

（2）ID=<n>... 同步动作在下列模态程序段中有效且可通过CANCEL（<n>）关闭或者通过编程一个带有相同ID的新同步动作来覆盖。

M30程序段中有效的同步动作延迟程序结束。

ID同步动作仅在自动运行方式中有效。

值范围<n>：1~255。

举例：ID=2 EVERY $A_IN[1]==1 DO POS（X）=0

（3）IDS=<n> 静态同步动作在所有工作方式中模态有效。它们也可通过程序结束保持有效并能够直接在上电后用一个ASUP激活。因此可以激活动作，它们与NC中所选择的运动方式无关，可直接运行。<n>的取值范围：1~255。

举例：IDS=1 EVERY $A_IN[1]==1 DO POS[X]=100

2.15.1.2 条件循环检查（WHEN，WHENEVER，FROM，EVERY）

通过一个关键字定义一个同步动作的条件循环检查。如果未编程关键字，则在每个IPO节拍中执行同步动作。

1. 关键字

没有关键字：动作执行不受条件制约。在每个插补节拍中循环执行动作。

WHEN：在每个插补节拍中对条件进行查询，直到该条件被满足时为止，然后将相应的动作准确执行一次。

WHENEVER：在每个插补节拍中对条件进行循环检查，只要条件被满足，就在每个插补节拍中执行相应的动作。

FROM：在每个插补节拍中对条件进行检查，直到条件满足时为止，然后就执行动作。同步动作激活的时间有多久，该动作就会执行多久，也就是说，即使条件不再满足时，也会继续执行该动作。

EVERY：在每个插补节拍中对条件进行查询。只有当条件满足后，才执行一次动作。

脉冲沿控制：当条件从状态FALSE变成TRUE时，就会再次执行动作。

2. 主运行变量

在插补节拍（IPO节拍）中分析所使用的变量。同步动作中的主运行变量不触犯进给停止。

如果在某个零件程序中出现主运行变量（例如实际值，某个数字输入或者输出端的位置等），就会停止进给运动，直到上一个程序段执行完毕并且主运行变量的值存在时为止。

3. 举例

例1：没有关键字。

```
DO $A_OUTA[1] = $AA_IN[X]     ；发送实际值到模拟输出端
```

例2：WHENEVER。

```
WHENEVER $AA_IM[X]>10.5*SIN（45） DO...
```

；和预先算出的表达式进行比较

WHENEVER $AA_IM[X] > $AA_IM[X1]DO...

；和其他主运行变量进行比较

WHENEVER（$A_IN[1]==1）OR（$A_IN[3]==0）DO...　　；两个相互关联的比较

例 3：EVERY。

ID=1 EVERY $AA_IM[B]>75 DO POS[U]=IC（10）FA（U）=900　　；当 MKS 中轴 *B* 的实际值总是超过值 75 时，*U* 轴应以轴向进给量 900 移动 10 继续定位

4. 其他信息

（1）条件　条件表示一个可以由布尔运算符任意建立的逻辑表达式，布尔表达式必须总是在括号中加以说明。在插补节拍中检查该条件。在条件前可以用一个 G 代码说明。这样就能做到为分析条件和需要执行的动作/工艺循环而定义的设置与正处于激活状态的零件程序无关；要求同步动作去除与程序外围的耦合，因为是在任意时间、根据所满足的释放条件，在定义的输出状态中执行同步动作。

（2）应用情况　通过 G 代码 G70、G71、G700、G710 来确定条件分析和动作的测量单位制。条件的某个规定 G 代码适用于条件分析，并且当动作没有规定 G 代码时，也适用于动作。每个条件只可编程 G 代码组的一个 G 代码。

（3）可能有的条件　包括比较主运行变量（模拟/数字输入输出以及其他）；比较结果之间的布尔关系；计算实时表达式；时间/距离程序段开始；距离程序段结束；测量值，测量结果；伺服值；速度，轴状态。

2.15.1.3　动作（DO）

在同步动作中可以编程一个或者多个动作。所有在一个程序段中编程的动作以相同的插补节拍激活。

指令：

DO <动作 1>，<动作 2>...

其中：

DO：当满足条件时，执行一个动作或者工艺循环。

<动作>：当满足条件时，给已开始的动作（例如变量）赋值，接通轴耦合，设定 NCK 输出，输出 M、S 和 H 功能，规定已编程的 G 代码...

G 代码可在动作/工艺循环的同步动作中编程。有时，在程序段中和工艺循环中所有的动作给定一个另外的 G 代码。此代码与在条件中所设置的不同。如果工艺循环在动作部分中，则 G 代码在结束工艺循环后也适用于随后的动作，直至下一个 G 代码模态继续。

每个动作部分仅允许编程 G 代码组的一个 G 代码（G70、G71、G700、G710）。

举例：带有两个动作的同步动作。

WHEN $AA_IM[Y]>=35.7 DO M135 $AC_PARAM=50：如果条件已满足，就会将 M135 送给 PLC 并且将倍率设定为 50%。

2.15.2 条件和动作的运算符

比较运算符（==，< >，<，>，< =，> =）：在条件中可以比较变量或者比较部分表达式，允许所有已知的比较运算符。结果始终为数据类型BOOL。

布尔运算符（NOT，AND，OR，XOR）：可以使用布尔运算符将变量、常量或者表达式相互联系起来。

逐位运算符（B_NOT，B_AND，B_OR，B_XOR）：可以使用逐位运算符B_NOT，B_AND，B_OR，B_XOR。

基本计算类型（+，-，*，/，DIV，MOD）：主运行变量可以通过基本计算类型相互连接或者与常量连接。

数学函数（SIN，COS，TAN，ASIN，ACOS，ABS，TRUNC，ROUND，LN，EXP，ATAN2，POT，SQRT，CTAB，CTABINV）：在数据类型为REAL的变量上可以使用数学函数。

索引：可以用主运行表达式进行定位。

举例：

（1）关联基本计算类型　适用于四则运算，允许表达式有括号，也允许将运算符用于数据类型REAL。

DO $AC_PARAM[3] = $A_INA[1] - $AA_IM[Z1]：减法，两个主运行变量。

WHENEVER $AA_IM[X2] < $AA_IM[X1] -1.9 DO $A_OUT[5] =1：从变量中减去一个常量。

DO $AC_PARAM[3] = $A_INA[1] -4 * SIN（45.7 * $P_EP[Y]） * R4：常量表达式，在进刀时计算。

（2）数学函数

DO $AC_PARAM[3] =COS（$AC_PARAM[1]）

（3）实时表达式

ID =1 WHENEVER（$AA_IM[Y] >30）AND（$AA_IM[Y] <40）DO $AA_OVR[S1] =80：选择一个位置范围。

ID =67 DO $A_OUT[1] = $A_IN[2] XOR $AN_MARKER[1]：分析两个布尔信号。

ID =89 DO $A_OUT[4] = $A_IN[1] OR（$AA_IM[Y] >10)：发送某个比较结果。

（4）定位主运行变量

WHEN... DO $AC_PARAM[$AC_MARKER[1]] =3

不允许的是$AC_PARAM[1] = $P_EP[$AC_MARKER]。

2.15.3 同步动作的主运行变量

2.15.3.1 系统变量

借助系统变量可以读取和写入NC数据。系统变量在进给变量和主运行变量中是有区别的：进给变量总是在进给时刻执行；主运行变量总是根据当前主运行状态来计算其值。

1. 名称

系统变量名称大多都是以$字符开始：

（1）进给变量

$M...　机床数据。

$S...　设定数据，保护区。

$T...　刀具管理参数。

$P...　编程的值，进给数据。

$C...　ISO包络循环的循环变量。

$O...　选项数据。

R...　*R*参数。

（2）主运行变量

$ $A...　当前主运行数据。

$ $V...　伺服数据。

$R...　*R*参数。

第2个字母说明变量的访问方法：

N...　NCK全局值（一般有效的值）。

C...　通道专用的值。

A...　轴专用的值。

第2个字母一般仅用于主运行变量。进给变量，如$P_，一般在没有两个字母的情况下执行。

前缀（$后面跟着一个或两个字母）后面总是跟着一个下划线和后缀变量名称（一般都作为英文标记或编写）。

2. 数据类型

1）主运行变量可以有下列数据类型：

INT：整数值的整数，带符号。

REAL：有理数的实数。

BOOL：布尔TRUE和FALSE。

CHAR：ASCII字符。

字符串：用数字字符组成的字符串。

AXIS：轴地址和主轴。

2）进给变量还可以有下列数据类型：

FRAME：坐标转换。

3. 变量数组

系统变量可以设定为1至3维。

可以支持以下数据类型：BOOL、CHAR、INT、REAL、STRING、AXIS。

索引的数据类型可以是类型INT和AXIS，在此可以对其任意分类。

字符串变量只能设定为2维的。

数组定义举例：

```
DEF BOOL  $AA_NEWVAR[X、Y、2]
DEF CHAR  $AC_NEWVAR[2、2、2]
DEF INT  $AC_NEWVAR[2、10、3]
```

DEF REAL $AA_VECTOR[X、Y、Z]

DEF STRING $AC_NEWSTRING[3、3]

DEF AXIS $AA_NEWAX[X、3、Y]

如果有针对系统变量的一个 BTSS 变量，则显示 3 维系统变量可以不受限制。

2.15.3.2　隐式类型转换

在赋值和参数传输时可以给变量分配和传输不同的数据类型。

隐式类型转换触发值的内部类型转换。可能的类型转换：REAL、INTEGER、BOOL 可以互相转换，但与 CHAR、STRING、AXIS 以及 FRAME 不能转换。

其中，从实数型到整数型的转换中，小数值 > =0.5 时向上圆整，否则舍去（ROUND 功能）。值超过时会触发报警。布尔转换中，值 < >0 对应 TRUE，值 = =0 对应于 FALSE。

转换结果：

REAL 或 INTEGER 类型转换为 BOOL：如果其值不等 0，结果 BOOL = TRUE；如果其值等于 0，结果 BOOL = FALSE。

BOOL 类型转换为 REAL 或 INTEGER：如果 BOOL 的值 = TRUE（1），结果 REAL = TRUE，INTEGER = TRUE；如果 BOOL 的值 = FALSE（0），结果 REAL = FALSE，INTEGER = FALSE。

举例：

1）INTEGER 类型转换为 BOOL：

$AC_MARKER[1] =561

ID =1 WHEN $A_IN[1] = =TRUE DO $A_OUT[0] = $AC_MARKER[1]

2）REAL 类型转换为 BOOL：

R401 =100.542

WHEN $A_IN[0] = =TRUE DO $A_OUT[2] = $R401

3）BOOL 类型转换为 INTEGER：

ID =1 WHEN $A_IN[2] = =TRUE DO $AC_MARKER[4] = $A_OUT[1]

4）BOOL 类型转换为 REAL：

R401 =100.542

WHEN $A_IN[3] = =TRUE DO $R10 = $A_OUT[3]

2.15.3.3　GUD 变量值

1. 同步动作允许的 GUD 变量

除了特定的系统变量，在同步动作中还可以使用一些预定义的全局同步用户变量（同步 GUD）。通过以下机床数据可以定义不同数据类型。

不同访问等级下的用户可以使用的同步动作 GUD 数量：

MD18660 $MM_NUM_SYNACT_GUD_REAL[<X>] = <数量>

MD18661 $MM_NUM_SYNACT_GUD_INT[<X>] = <数量>

MD18662 $MM_NUM_SYNACT_GUD_BOOL[<X>] = <数量>

MD18663 $MM_NUM_SYNACT_GUD_AXIS[<X>] = <数量>

MD18664 $MM_NUM_SYNACT_GUD_CHAR[<X>] = <数量>

MD18665 $MM_NUM_SYNACT_GUD_STRING[<X>] = <数量>

索引 <x> 下可以指定模块（访问权限）；<数量> 下可以指定相应数据类型（REAL，INT，...）的同步动作 GUD 数量。在各个模块中会继续为每个数据类型建立一个 1 维数组变量。变量名称和数据类型的对应关系如表 2-5 所示。

表 2-5 变量名称和数据类型的对应关系

索引 <x>	模块	数据类型 (MD18660... MD18665)					
		REAL	INT	BOOL	AXIS	CHAR	STRING
0	SGUD	SYG_RS[i]	SYG_1S[i]	SYG_BS[i]	SYG_AS[i]	SYG_CS[i]	SYG_SS[i]
1	MGUD	SYG_RM[i]	SYG_1M[i]	SYG_BM[i]	SYG_AM[i]	SYG_CM[i]	SYG_SM[i]
2	UGUD	SYG_RU[i]	SYG_1U[i]	SYG_BU[i]	SYG_AU[i]	SYG_CU[i]	SYG_SU[i]
3	GUD4	SYG_R4[i]	SYG_14[i]	SYG_B4[i]	SYG_A4[i]	SYG_C4[i]	SYG_S4[i]
…	…	…	…	…	…	…	…
8	GUD9	SYG_R9[i]	SYG_19[i]	SYG_B9[i]	SYG_A9[i]	SYG_C9[i]	SYG_S9[i]

表 2-5 中 i = 0 到（<数量> −1）；模块：_N_DEF_DIR/_N_... _DEF，例如用于 SGUD →_N_DEF_DIR/_N_SGUD_DEF。

2. 属性

同步动作 GUD 具有以下属性：

1）同步动作 GUD 可以在同步运动和零件程序/循环中读写。

2）同步动作 GUD 可以通过操作界面接口访问。

3）同步动作 GUD 会显示在 HMI 操作界面的操作区“参数”下。

4）同步动作 GUD 可以在 HMI 的向导程序中、变量视图和变量日志中使用。

5）同步动作 GUD 中，字符串类型的数组长度固定为 32 个字符，即 31 个字符 + \0。

6）即使没有手动建立全局用户数据（GUD）的定义文件，也可以通过机床数据中定义的同步动作 GUD，在 HMI 上从相应的 GUD 模块读取。

注意，只有当没有同步 GUD 定义了（MD18660 ~ MD18665）相同的名称时，用户变量（GUD，PUD，LUD）才可以和同步动作 GUD 有相同的名称（DEF... SYG_xy）。在同步动作中不能使用这些由用户定义的 GUD。

3. 存取权限

GUD 定义文件中写入的存储权限继续生效，但它只针对该 GUD 定义文件中写入的 GUD 变量。

4. 删除属性

如果重新激活某个指令 GUD 定义文件的内容，则首先删除主动文件系统中旧的 GUD 数据模块。同样，系统定义的同步动作 GUD 也被复位。该过程也可以通过 HMI 在操作界面“服务”“定义和激活用户数据（GUD）”中进行。

2.15.3.4 默认轴标识符（NO_AXIS）

未用某个值初始化的 AXIS 类型变量或参数，可以用定义的默认轴标识符表明，用该默认值初始化未定义的轴变量。

初始化无效的轴名称，通过询问一个同步动作中的“NO_AXIS”变量来识别。这一未初始化的轴标识符通过机床数据设计的默认轴标识符分配。

必须通过机床数据至少定义和预占用一个有效的现有轴标识符。也可以预占用所有的有效轴标识符。

现在，新设计的变量在定义时，自动分配给机床数据中保存的默认轴名称的值。

1）指令：

```
PROC UP (AXIS PAR1 = NO_AXIS, AXIS PAR2 = NO_AXIS)
IF PAR1 < > NO_AXIS...
```

其中：

PROC：子程序定义。

UP：要识别的子程序名称。

NO_AXIS：用默认轴标识符初始化形式参数。

2）举例：定义主程序中一个轴变量。

```
DEF AXIS AXVAR
UP (, AXVAR)
```

2.15.3.5 同步动作标记（$AC_MARKER[n]）

可以在同步动作中读取、写入数组变量 $AC_MARKER[n]。这些变量可能存储在主动或被动文件系统的存储器中。

同步动作变量数据类型 INT：

$AC_MARKER[n]：通道专用的标记/数据类型 INTEGER 的计数器。

$MC_MM_NUM_AC_MARKER[n]：机床数据，用于设置运动同步动作的通道专用标记个数；变量数组索引 0 ~ n。

举例：读取和写入标记变量：

```
WHEN... DO $AC_MARKER[0] = 2
WHEN... DO $AC_MARKER[0] = 3
WHENEVER $AC_MARKER[0] == 3 DO $AC_OVR = 50
```

2.15.3.6 同步动作参数（$AC_PARAM[n]）

同步动作参数 $AC_PARAM[n]用于进行计算，并且作为同步动作中的缓存。这些变量可能存储在主动或被动文件系统的存储器中。

同步动作变量数据类型 REAL，每个通道在相同的名称下参数只可以出现一次。

$AC_PARAM[n]：运动同步动作中的计算变量（REAL）。

$MC_MM_NUM_AC_PARAM[n]：机床数据，用于将运动同步动作的参数个数设置为最大 2000；参数数组索引 0 ~ n。

举例：同步动作参数 $AC_PARAM[n]：

```
$AC_PARAM[0] = 1.5
$AC_MARKER[0] = 1
ID = 1 WHEN $AA_IW[X] > 100 DO $AC_PARAM[1] = $AA_IW[X]
ID = 2 WHEN $AA_IW[X] > 100 DO $AC_MARKER[1] = $AC_MARKER[2]
```

2.15.3.7 计算参数（$R[n]）

该静态数组变量用于在零件程序和同步动作中进行计算。

指令：

1）在零件程序中编程：

```
REAL R[n]
REAL Rn
```

2）在同步动作中编程：

```
REAL $R[n]
REAL $Rn
```

使用计算参数可以存储数值。它们在程序结束、NC 复位和上电时保持不变；在 *R* 参数图中显示所存储的值。

例 1：

```
WHEN $AA_IM[X] > =40.5 DO $R10 = $AA_MM[Y]；在同步动作中使用 R10
G01 X500 Y70 F100
STOPRE                              ；进给停止
IF R10 >20                          ；分析计算变量
```

例 2：

```
SYG_AS[2] =X
SYG_IS[1] =1
WHEN $AA_IM[SYG_AS[2]] >10 DO $R3 = $AA_EG_DENOM
    [SYG_AS[1], SYG_AS[2]]
WHEN $AA_IM[SYG_AS[2]] >12 DO $AA_SCTRACE[SYG_AS[2]] =1
SYG_AS[1] =X
SYG_IS[0] =1
WHEN $AA_IM[SYG_AS[1]] >10 DO $R3 = $$MA_POSCTRL_GA-
    IN[SYG_IS[0], SYG_AS[1]]
WHEN $AA_IM[SYG_AS[1]] >10 DO $R3 = $$MA_POSCTRL_GAIN[SYG_AS[1]]
WHEN $AA_IM[SYG_AS[1]] >15 DO $$MA_POSCTRL_GAIN
    [SYG_AS[0], SYG_AS[1]] = $R3
```

2.15.3.8 读取和写入 NC 机床数据和 NC 设定数据

可以从同步动作中读取和写入 NC 机床数据/设定数据。编程在读取和写入机床数据数组元时可以省略一个索引。如果这一过程在零件程序中进行，则在读取第一个数组元时读取值，并在写入所有数组元时写入值。在这种情况下，在同步动作中读取或写入第一个元素。

MD、SD 带 $：读取同步动作编译时间的值；带 $$：读取主运行中的值。

1）读取进给时间的 MD 和 SD 值，使用 $$符号从同步动作导入这些数据后，对其寻址，并且在进给时进行分析。

ID =2 WHENEVER $AA_IM[Z] < $SA_OSCILL_REVERSE_POS2[Z] -6 DO $AA_OVR[X] =0：为摆动而假设的回转范围 2 在这点响应，不可以修改。

2）读取主运行时间的 MD 和 SD 值，使用 $$符号从同步动作导入这些数据后，对其寻址，并且在主运行时进行分析。

ID =1 WHENEVER $AA_IM[Z] < $$SA_OSCILL_REVERSE_POS2[Z] -6 DO $AA_OVR[X] =0：这里的出发点是通过加工过程中的操作来改变回转位置。

3）写入主运行时间的 MD 和 SD 值。当前已设置的访问权限必须允许写入访问。需要写入的 MD 和 SD 应使用 $$导入后进行寻址。

ID =1 WHEN $AA_IW[X] >10 DO $$SN_SW_CAM_PLUS_POS_TAB_1[0] =20 $$SN_SW_CAM_MINUS_POS_TAB_1[0] =30：改变 SW 凸轮的开关位置。说明开关位置必须在到达位置之前修改 2 ~3 个插补节拍。

2.15.3.9 计时变量（$AC_TIMER[n]）

系统变量 $AC_TIMER[n]可以在定义等候时间结束后起动动作。

定时器变量的数据类型 REAL：

$AC_TIMER[n]：数据类型 REAL 的通道专用定时器；单位：秒，定器变量索引：n。

1）设定定时器。通过赋值来启动定时器变量相加：

$AC_TIMER[n] = 值 n：时间变量号码，值，开始值（一般为 0）。

2）使定时器停止。赋给一个负值就可使定时器变量停止相加。

$AC_TIMER[n] = -1

3）读取定时器。可以在定时器变量正在计数或者停止时，读取当前的时间值。在赋给数值 -1 使定时器变量停止之后，最后的当前值就会停住，并且继续读取。

举例：通过模拟输出端发送某个实际值并识别某个数字输入之后的 500ms。

```
WHEN $A_IN[1] ==1 DO $AC_TIMER[1] =0            ；复位定时器并启动
WHEN $AC_TIMER[1] >=0.5 DO $A_OUTA[3] = $AA_IM[X] $AC_TIMER[1] = -1
```

2.15.3.10 FIFO 变量（$AC_FIFO 1[n]... $AC_FIFO 10[n]）

有 10 个 FIFO 变量（循环存储器）可用来保存相关的数据顺序，数据类型为实数型，用于循环测量和循环加工，可以对每个单元进行读写存取。

1. FIFO 变量

可使用 FIFO 变量的数量通过机床数据 MD28260 $MC_NUM_AC_FIFO 确定。

FIFO 变量中可写入值的数量通过机床数据 MD28264 $MC_LEN_AC_FIFO 定义。所有 FIFO 变量有相关的长度。

当在 MD28266 $MC_MODE_AC_FIFO 中设位 0 时，仅形成 FIFO 单元的和。

索引 0 ~5 具有特殊含义：

索引 0：当写入时，新值设立在 FIFO 中；在读取时，读最早的单元并从 FIFO 中去除。

索引 1：访问最早保存的单元。

索引 2：访问最新保存的单元。

索引 3：所有 FIFO 单元之和。

索引 4：在 FIFO 中可供使用的单元的数量。可以对 FIFO 的每个单元进行读写访问，将单元数量复位就可使 FIFO 变量复位，如果用第一个 FIFO 变量，$AC_FIFO 1[4] =0。

索引 5：相对于 FIFO 开始的当前写索引。

索引 6 至 n_{max}：访问第几个 FIFO 单元。

2. 举例：循环存储器

在生产过程中，使用一个传送带用于传送不同长度（a、b、c、d）的产品，同时输送不同数量的产品。因此，输送长度将视相应产品的长度而定，当输送速度相同时，必须将从输送带上取出产品的动作调整到与产品的可变到达时间相适应。

```
DEF REAL ZW1 =2.5                      ; 已放置产品之间的恒定间距
DEF REAL GESAMT =270                   ; 纵向测量位置与取件位置之间的间距
EVERY $A_IN[1] ==1 DO $AC_FIFO1[4] =0
                                       ; 在过程开始时将 FIFO 复位
EVERY $A_IN[2] ==1 DO $AC_TIMER[0] =0
                                       ; 某个产品中断光栅，开始时间测定
EVERY $A_IN[2] ==0 DO $AC_FIFO1[0] =
    $AC_TIMER[0] * $AA_VACTM[B]
                                       ; 如果光栅没有被挡住，从测得的时间和输送速
                                         度中算出产品长度并且保存在 FIFO 中
EVERY $AC_FIFO 1[3] + $AC_FIFO 1[4] * ZW1 > =GESAMT
DO POS[Y] = -30 $R1 = $AC_FIFO 1[0]
                                       ; 只要所有产品长度和间隔长度之和大于/等于放
                                         入和取件位置之间的长度，就将取件位置上的
                                         产品从输送带上取出，从 FIFO 中读取相应的产
                                         品长度
```

2.15.3.11　通过插补器中的程序段类型询问（$AC_BLOCKTYPE，$AC_BLOCKTYPEINFO，$AC_SPLITBLOCK）

下面的系统变量供同步动作使用，从而得到在主运行中当前程序段的信息：

$AC_BLOCKTYPE：程序段类型变量。

$AC_BLOCKTYPEINFO：程序段类型信息变量。

$AC_SPLITBLOCK：内部生成程序段变量。

（1）$AC_BLOCKTYPE　当值 =0 时，为原始程序段；当值≠0 时，为中间程序段；当值 =1 时，为内部生成的程序段，没有其他信息；当值 =2 时，为倒棱/倒圆；当值 =3 时，为 WAB 返回方式；当值 =4 时，为刀具补偿信息；当值 =5 时，为精磨削方式；当值 =6 时，为 TLIFT 程序段带提刀运动；当值 =7 时，为位移划分；当值 =8 时，为编译循环，ID 应用。

（2）$AC_BLOCKTYPEINFO　值 THZE 表示千百十个位，为中间程序段触发器。在千位中始终包含有块类型的数值，其值同 $ AC_BLOCKTYPE。适用于存在中间程序段的情况。在 $AC_BLOCKTYPEINFO 中，千位不可等于 0。

（3）$AC_SPLITBLOCK　值为 0 时：表示没有修改的编程的程序段（通过压缩器生成的程序段也作为编程的程序段处理）；值为 1 时，表示有一个内部生成的程序段或者一个缩短的原始程序段；值为 3 时，表示内部生成的程序段或者缩短的原始程序段中最后的程序段。

2.15.4　同步进行的动作

2.15.4.1　同步动作中的可能动作

同步动作中的动作由赋值、功能调用或参数调用、关键字或工艺循环组成。通过运算符

不能进行复杂的操作。可能的应用有：①在 IPO 节拍中计算复杂的表达式；②轴运动和主轴控制；③在线修改和分析同步动作中的设定数据（例如将软件凸轮的位置和时间发送给 PLC 或者 NC 外围设备）；④将辅助功能发送给 PLC；⑤设立其他安全功能；⑥在所有运动方式中执行动作；⑦从 PLC 对同步动作进行干预；⑧执行工艺循环；⑨输出数字和模拟量信号；⑩利用插补节拍采集同步动作的性能集合，并且采集用来评估利用率的位置调节器的计算时间；⑪操作界面中的诊断方法。同步动作的可能应用如表 2-6 所示。

表 2-6　同步动作的可能应用

同步动作	说　明
DO $V... = DO $A... =	分配伺服运行变量 分配主运行变量
DO $AC...[n] = DO $AC_MARKER[n] = DO $AC_PARAM[n] =	专门的主运行变量 读取和写入同步动作标记 读取和写入同步动作参数
DO $R[n] =	读取和写入计算变量
DO $MD... = DO $$SD... =	读取用于插补时间点的 MD 值 写入主运行中的 SD 值
DO $AC_TIMER[n] = 始值	定时器
DO $AC_FIFO1[n]... FIFO10[n] =	FIFO 变量
DO $AC_BLOCKTYPE = DO $AC_BLOCKTYPEINFO = DO $AC_SPLITBLOCK =	解释当前的程序段类型变量（主运行变量） 信息变量 内部生成程序段变量
DO M，S，和 H 例如 M7	输出 M，S 和 H 辅助功能
DO RDISABLE	设置读入禁止
DO STOPREOF	取消进给停止
DO DELDTG	在不停止进给的情况下快速删除剩余行程
DO SYNFCT（Polyn，Output，Input）	激活同步功能，AC 调节
DO G70/G71/G700/G710	确定定位任务的尺寸系统（寸制或者米制尺寸）
DO POS[轴] =/DO MOV[轴] = DO SPOS[主轴] =	启动/定位/停止指令轴 启动/定位/停止主轴
DO MOV[轴] = 值	启动/停止指令轴的无限运动
DO POS[轴] = FA[轴] =	轴向进给 FA
ID = 1... DO POS[轴] = FA[轴] = ID = 2... DO POS[轴] = $AA_IM[轴]FA[轴] =	从同步动作中定位
DO PRESETON（轴，值）	设定实际值（从同步动作预先设定）
ID = 1 EVERY $A_IN[1] = 1 DO M3 S... ID = 2 EVERY $A_IN[2] = 1 DO SPOS =	启动/定位/停止主轴
DO TRAILON（FA，LA，耦合系数） DO LEADON（FA，LA，NRCTAB，OVW）	接通联动 接通引导值耦合
DO[Feld n，m] = SET（值，值，...） DO[Feld n，m] = REP（值，值，...）	用列表初始化数组变量 用相同的值初始化数组变量

（续）

同步动作	说　明
DO SETM（标记编号） DO CLEARM（标记编号）	设置等待标记 删除等待标记
DO SETAL（报警编号）	设定循环报警（附加安全功能）
DO FXS[轴]= DO FXST[轴]= DO FXSW[轴]=	选择运行到固定挡块 改变夹紧力矩 改变监控窗口
ID=2 EVERY $AC_BLOCKTYPE==0 DO $R1 = $AC_TANEB	当前程序段终点中的轨迹切线和已编程下一程序段起点中的轨迹切线之间的夹角
DO $AA_OVR= DO $AC_OVR= DO $AA_PLC_OVR= DO $AC_PLC_OVR= DO $AA_TOTAL_OVR= DO $AC_TOTAL_OVR=	轴向倍率 轨迹倍率 由 PLC 规定的轴向倍率 由 PLC 规定的轨迹倍率 得出的轴向倍率 得出的轨迹倍率
$AN_IPO_ACT_LOAD= $AN_IPO_MAX_LOAD= $AN_IPO_MIN_LOAD= $AN_IPO_LOAD_PERCENT= $AN_SYNC_ACT_LOAD= $AN_SYNC_MAX_LOAD= $AN_SYNC_TO_IPO=	当前 IPO 计算时间 最长 IPO 计算时间 最短 IPO 计算时间 当前的 IPO 计算时间与 IPO 节拍之间的比例 当前的计算时间，用于所有通道的同步动作 最长的计算时间，用于所有通道的同步动作 所有同步动作的百分比部分
DO TECCYCLE	执行工艺循环
DO LOCK（n，n，...） DO UNLOCK（n，n，...） DO RESET（n，n，...）	禁用 释放 复位一个工艺循环
CANCEL（n，n，...）	带有标识 ID（S）的模态同步动作在零件程序中删除

2.15.4.2　辅助功能输出

（1）输出时间　辅助功能的输出在同步动作中可间接用于动作的输出时间。通过机床数据定义的辅助功能输出时间变为无效。当条件满足后，给出输出时间。

举例：在某个轴位置时打开切削液

WHEN $AA_IM[X] > =15 DO M07 POS[X] =20 FA[X] =250

（2）程序段方式同步动作（不带模态 ID）中允许的关键字　在程序段方式中只能使用关键字 WHEN 或者 EVERY 才能在程序段有效的同步动作中（没有模态 ID）编程辅助功能。

在同步动作中不允许以下辅助功能：M0、M1、M2、M17、M30［程序停止/结束（在工艺循环时为 M2、M17、M30）］、M6 或者通过机床数据设置的、用于换刀的 M 功能。

举例：WHEN $AA_IW[Q1] >5 DO M172 H510；当 Q1 轴的实际值大于 5mm 时，将辅助功能 M172 和 H510 发送给 PLC。

2.15.4.3　设定读入禁止（RDISABLE）

当满足条件时，使用 RDISABLE 停止主程序中的后续程序段处理。编程的运动同步动作继续执行，后面的程序段也继续处理。

在连续路径运行中，有 RDISABLE 的程序段的起始处，始终触发准停，而与 RDISABLE 是否有效无关。

例：与外部的输入端无关，以插补周期启动程序。

```
...
WHENEVER $A_INA[2]<7000 DO RDISABLE
                              ；如果在输入端 2 上电压低于 7V 就停止继续执行
                                程序（1000=1V）
N10 G1 X10                    ；当条件满足时，读入禁止就会在 N10 结束位置
                                发挥作用
N20 G1 X10 Y20
...
```

2.15.4.4 取消进给停止（STOPREOF）

如果是显式编程的预处理停止 STOPRE，或者是通过一个激活的同步动作隐式激活的预处理停止，只要满足了条件，STOPREOF 就会在结束下一个加工程序段后取消预处理停止。

STOPREOF 必须使用关键字 WHEN 并且以程序段方式（没有 ID 号）进行编程。

举例：在程序段结束处快速进行程序分支。

```
WHEN $AC_DTEB<5 DO STOPREOF        ；当与程序段结束处的距离小于 5mm 时，就
                                     取消预处理停止
G01 X100                           ；在线性插补执行完毕后取消预处理停止
IF $A_INA[7]>5000 GOTOF MARKE1     ；当输入端 7 上的电压超过 5V 时跳转到标志 1
```

2.15.4.5 删除剩余行程（DELDTG）

轨迹和指定轴的剩余行程删除可以按照某个条件启动。可以使用快速、经过预处理的剩余行程删除，或者使用未经预处理的剩余行程删除。

经过预处理的剩余行程删除 DELDTG 会对触发事件作出极为迅速的反应，因此可在时间紧张的情况下使用。例如当删除剩余行程和启动后续行程段之间的时间很短，或很可能会满足剩余行程删除的条件。

置于 DELDTG 后面的括号中的轴名称仅对一个定位轴有效。

轨迹的剩余行程删除指令：DO DELDTG；轴的剩余行程删除指令：DO DELDTG（轴 1）DELDTG（轴 2）…

例 1：轨迹快速剩余行程删除。

```
WHEN $A_IN[1]==1 DO DELDTG
N100 G01 X100 Y100 F1000；当输入端已设定时，中断运动
N110 G01 X...
IF $AA_DELT>50...
```

例 2：快速轴剩余行程删除。

1）中断定位运动：

```
ID=1 WHEN $A_IN[1]==1 DO MOV[V]=3 FA[V]=700
```

```
                                        ；启动轴
WHEN $A_IN[2]==1 DO DELDTG (V)
                                        ；剩余行程删除，使用 MOV=0 使轴停止
```

2）根据输入端电压，删除剩余行程：

```
WHEN $A_INA[5]>8000 DO DELDTG (X1)
                                        ；只要在输入端 5 上电压超过 8V，就删除轴
                                          X1 的剩余行程，轨迹运动会继续
POS[X1]=100 FA[X1]=10 G1 Z100 F1000
```

在预置式和剩余行程删除已被释放的运动程序段末尾处，隐性激活进给停止。因此在程序段结束处，用快速的剩余行程删除中断或者停止轨迹控制运行或定位轴运动。

预置的剩余行程删除，在有效的刀具半径补偿时不可以使用，仅在程序段方式有效的同步动作中（没有 ID 号）编程动作。

2.15.4.6　定位运动和定位轴

1. 定位运动

轴可以与零件程序完全异步，由同步动作定位。由同步动作编程定位轴，建议用于循环过程或者由事件控制的过程。从同步运动中编程的轴叫做指令轴。

同步动作中定位任务的测量单位用 G 代码 G70/G71/G700/G710 来确定。通过编程同步动作中的 G 功能，可以确定同步动作的 INCH/METRIC 求值系统，而与零件程序文本无关。

2. 定位轴（POS）

与对零件程序进行编程不同，定位轴运动对零件程序的执行没有影响。

指令：

POS[轴]=值

其中：

DO POS：启动/定位指令轴。

轴：应当运行的轴名称。

值：等运行值的说明（根据运行方式）。

3. 举例

例 1：

```
ID=1 EVERY $AA_IM[B]>75 DO POS[U]=100
                                  ；轴 U 根据运动模式以 100 (in/min) 的增量运动或
                                    者向控制零件的位置 100 (in/min) 运动
ID=1 EVERY $AA_IM[B]>75 DO POS[U]=$AA_MW[V]-$AA_IM[W]+13.5
                                  ；轴 U 以由主运行变量计算的位移向前移动
```

例 2：

1）编程环境影响定位轴的定位行程（同步动作的动作程序段中没有 G 功能）。

```
N10 R1=0
N110 G0 X0 Z0
N120 WAITP (X)
N130 ID=1 WHENEVER $R==1 DO POS[X]=10
```

```
N140 R1 = 1
N150 G71 Z10 F10          ; Z = 10mm, X = 10mm
N160 G70 Z10 F10          ; Z = 254mm, X = 254mm
N170 G71 Z10 F10          ; Z = 10mm, X = 10mm
N180 M30
```

2）同步动作的动作程序段中的 G71 用来唯一确定定位轴的定位行程（米制），与编程环境无关。整个程序除 N130 外，其余同前。

```
N130 ID = 1 WHENEVER $R = = 1 DO G71 POS[X] = 10
```

3）如果不要在程序段开始处启动轴运动，可将从某个同步动作到所需开始时间点的轴倍率保持为零。

```
WHENEVER $A_IN[1] = = 0 DO $AA_OVR[W] = 0 G1 X10 Y25 F750 POS[W]
    = 1500 FA = 1000          ; 一旦数字输入端1 = 0，则定位轴被一直停止
```

2.15.4.7 规定的参考区域中的位置（POSRANGE）

使用功能 POSRANGE（）可以确定某个轴的当前插补给定位置是否在某个规定参考位置的某个窗口中，位置参数可能以可规定的坐标系为参考，在询问某个模态轴的轴实际位置时，考虑取模补偿。仅可从同步动作中调用该功能。在从零件程序中调用时，不允许执行报警 14091%1 程序段%2 功能。索引:%3 使用索引 5 调用。

指令：

BOOL POSRANGE（轴，Refpos，Winlimit [，Coord]）

其中：

BOOL POSRANGE：指令轴的当前位置在规定参考位置的窗口中。

AXIS <轴>：加工轴，通道轴或几何轴的轴标识符。

REAL Refpos：Coord 坐标中的参考位置。

REAL Winlimit：量值，用于得出位置窗口的极限值。

INT Coord：可选择的是 MCS 有效。允许的值有：0：用于 MCS 机床坐标系；1：用于 BCS（基准坐标系）；2：用于 ENS（可设置的零点系统）；3：用于 WCS（工件坐标系）。

函数值：TRUE，如果 Refpos（Coord）－abs（Winlimit）≤Actpos（Coord）≤Refpos（Coord）＋abs（Winlimit）。

函数值：FALSE，其他。

2.15.4.8 起动/停止轴（MOV）

通过 MOV[轴] = 值，可以起动一个指定轴，而不对终点位置说明，轴在编程的方向运行，直至通过一个新的运动指令或者定位指令规定另一个运动，或者该轴通过一个停止指令停止。

指令：

MOV[轴] = 值

其中：

DO MOV：起动指令轴运动。

轴：应当起动的轴名称。

值：运动/停止运动的开始指令，前置符用来确定运动方向，该值的数据类型是 INTEGER。

值 >0（通常为 +1），正方向。

值 <0（通常为 -1），负方向。

值 ==0 停止轴运动。

当使用 MOV[轴] =0 使分度轴停止时，就会在下一个分度位置将轴停止。

举例：

... DO MOV[U] =0；U 轴被停止

2.15.4.9 轴交换（RELEASE，GET）

可以请求相应的指令轴作为某个带有 GET（轴）的同步动作用于刀具更换。该通道分配的轴类型和由此与该时间相连的插补权限可以通过系统变量 $AA_AXCHANGE_TYP 询问。根据自身的状态和由通道占用的该轴的当前插补权限，可以进行不同的过程。

如果已执行刀具更换，则可以为通道释放该指令轴作为某个带有 RELEASE（轴）的同步动作。

相关的轴必须通过机床数据分配到通道。

1. 指令

GET（轴[，轴{，...}]）：请求轴。

RELEASE（轴[，轴{，...}]）：释放轴。

其中：

DO RELEASE：轴被作为中性轴释放。

DO GET：取轴用于轴交换。

轴：应当起动的轴名称。

2. 举例

（1）为两个通道的一次轴交换运行程序　轴 Z 在通道 1 和 2 中已知。

1）在通道 1 中的程序运行。

```
WHEN TRUE DO RELEASE (Z)                ；Z 轴成为中性轴
WHENEVER ( $AA_TYP[Z] ==1) DO RDISABLE
                                        ；只要 Z 轴为程序轴就禁止读取

N110 G4 F0.1
WHEN TRUE DO GET (Z)                    ；Z 轴重新成为 NC 程序轴
WHENEVER ( $AA_TYP[Z] <>1) DO RDISABLE
                                        ；禁止读取，直到 Z 轴成为程序轴

N120 G4 F0.1
WHEN TRUE DO RELEASE (Z)                ；Z 轴成为中性轴
WHENEVER ( $AA_TYP[Z] ==1) DO RDISABLE
                                        ；只要 Z 轴为程序轴就禁止读取

N130 G4 F0.1
N140 START (2)                          ；启动第 2 个通道
```

2）通道 2 中的程序运行。

```
WHEN TRUE DO GET (Z)                    ；取 Z 轴至通道 2
WHENEVER ( $AA_TYP[Z] ==0) DO RDISABLE
```

```
                                              ；只要 Z 轴在另一个通道，禁止读取
N210 G4 F0.1
WHEN TRUE DO GET（Z）                          ；Z 轴成为 NC 程序轴
WHENEVER（$AA_TYP[Z]< >1）DO RDISABLE
                                              ；禁止读取，直到 Z 轴成为程序轴
N220 G4 F0.1
WHEN TRUE DO RELEASE（Z）                      ；Z 轴在第 2 通道为中性轴
WHENEVER（$AA_TYP[Z]==1）DO RDISABLE
                                              ；只要 Z 轴为程序轴就禁止读取
N230 G4 F0.1
N250 WAITM（10，1，2）                          ；与通道 1 同步
```

3）通道 1 中的其他程序运行。

```
N150 WAITM（10，1，2）                          ；与通道 2 同步
WHEN TRUE DO GET（Z）                          ；取 Z 轴至该通道
WHENEVER（$AA_TYP[Z]==0）DO RDISABLE
                                              ；只要 Z 轴在另一个通道，禁止读取
N160 G4 F0.1
N190 WAITE（2）                                 ；与通道 2 中等待程序结束
N999 M30
```

（2）在工艺循环中交换轴　轴 U（$MA_AUTO_GET_TYPE=2）在通道 1 和 2 中已知，当前通道 1 具有插补权，在通道 2 中启动下面的工艺循环：

```
GET（U）              ；在通道中取 U 轴
POS[U]=100            ；运行 U 轴到位置 100
```

如果 U 轴被取至通道 2，才执行指令运行 POS[U]。

3. GET 工作流程

在指令 GET（轴）激活的时间点请求的轴，可以按照用于轴交换的轴类型用系统变量（$AA_AXCHANGE_TYP[<轴>]）进行读取：

0：轴分配给 NC 程序。

1：轴分配给 PLC 或者作为指令轴激活。

2：另一个通道具有插补权。

3：轴是中性轴。

4：中性轴由 PLC 控制。

5：另一个通道具有插补权，轴被请求用于 NC 程序。

6：另一个通道具有插补权，轴被请求用做中性轴。

7：PLC 轴或者作为指令轴激活，轴被请求用于 NC 程序。

8：PLC 轴或者作为指令轴激活，轴被请求用做中性轴。

边界条件：相关的轴必须通过机床数据分配到通道。一个仅仅由 PLC 控制的轴不能分配给 NC 程序。

（1）用 GET 指令请求另一个通道的轴　在激活指令 GET 的时间点，另一个通道具有书

写权，即对轴（$AA_AXCHANGE_TYP[<轴>]==2）的插补权，则通过该通道的轴交换对轴请求（$AA_AXCHANGE_TYP[<轴>]==6），且一有可能就分配给请求的通道。

它接受中性轴状态（$AA_AXCHANGE_TYP[<轴>]==3）。

在请求的通道中无法重新分组。

分配作为带重新分组的 NC 程序轴：如果在激活指令 GET 的时间点，轴已经被请求作为中性轴（$AA_AXCHANGE_TYP[<轴>]==6），则轴被请求用于 NC 程序（$AA_AXCHANGE_TYP[<轴>]==5），且一有可能就分配给通道 NC 程序（$AA_AXCHANGE_TYP[<轴>]==0）。

（2）轴已经分配给请求的通道　分配作为带重新分组的 NC 程序轴。如果请求的轴在激活的时间点已经分配给了请求的通道，且为中性轴状态，不受 PLC 控制（$AA_AXCHANGE_TYP[<轴>]==3），则将其分配给 NC 程序（$AA_AXCHANGE_TYP[<轴>]==0）。

（3）轴在中性状态时由 PLC 控制　如果该轴在中性轴状态由 PLC 控制（$AA_AXCHANGE_TYP[<轴>]==4），则请求该轴作为中性轴（$AA_AXCHANGE_TYP[<轴>]==8），因此该轴在机床数据 MD10722 中与位 0 相关：禁止 AXCHANGE_MASK 用于通道间的自动交换（位 0==0），这符合（$AA_AXCHANGE_STAT[<轴>]==1）。

（4）轴作为中性指令轴或者回转轴激活或者分配给 PLC　如果该轴作为指令轴或者回转轴激活或者分配给 PLC 运行，PLC 轴==竞争定位轴（$AA_AXCHANGE_TYP[<轴>]==1），则请求该轴作为中性轴（$AA_AXCHANGE_TYP[<轴>]==8），因此该轴在机床数据 MD10722 中与位 0 相关：禁止 AXCHANGE_MASK 用于通道间的自动轴交换（位 0==0）。这符合（$AA_AXCHANGE_STAT[<轴>]==1）。

一个新的 GET 指令要求轴用于 NC 程序（$AA_AXCHANGE_TYP[<轴>]==7）。

（5）轴已经分配给 NC 程序　如果该轴已经分配给了通道的 NC 程序（$AA_AXCHANGE_TYP[<轴>]==0）或者已经请求分配，例如，释放 NC 程序的轴交换（$AA_AXCHANGE_TYP[<轴>]==5 或者 $AA_AXCHANGE_TYP[<轴>]==7），则不出现状态改变。

2.15.4.10　轴向进给（FA）

指令轴的轴向进给为模态有效。指令：FA[<轴>]=<值>。

举例：

```
ID=1 EVERY $AA_IM[B]>75 DO POS[U]=100 FA[U]=990
                                        ; 固定规定进给值
ID=1 EVERY $AA_IM[B]>75 DO POS[U]=100 FA[U]=$AA_VACTM[W]+100
                                        ; 由主运行变量构成进给值
```

2.15.4.11　SW 限位开关

限位开关与设定数据 $SA_WORKAREA_PLUS_ENABLE 相关，应考虑指令轴的 G25/G26 编程的工作区域限制。

通过零件程序中 G 功能 WALIMON/WALIMOF 对开关工作区域限制，这对指令轴不起作用。

2.15.4.12　轴协调

在标准情况下，一个轴由零件程序运行或者作为定位轴由同步动作运行。

如果同一个轴交替地由零件程序作为轨迹轴或者定位轴运行，或者由同步动作运行，则在两个轴运动之间进行一次协调传送。

如果一个指令轴紧接着由零件程序运行，则它要求一个预处理的重组。它再次决定零件程序加工的中断，与进刀停止类似。

（1）可选择从零件程序和同步动作中运动的 X 轴

举例：

```
N10 G01 X100 Y200 F1000                ；在零件程序中编程X轴
⋮
N20 ID =1 WHEN $A_IN[1] = =1 DO POS[X] =150 FA[X] =200
                                       ；当存在数字输入端时，从同步动作中开始定位
⋮
取消（1）                              ；取消同步动作
⋮
N100 G01 X240 Y200 F1000               ；X成为轨迹轴，如果数字输入端为1且已从同步运动中定位了X，就会由于轴变换而出现等候时间
```

（2）改变同一轴的运动指令

举例：

```
ID =1 EVERY $A_IN[1] > =1 DO POS[V] =100 FA[V] =560
                                       ；当数字输入端 > =1 时，从同步运动中开始定位
ID =2 EVERY $A_IN[2] > =1 DO POS[V] = $AA_IM[V] FA[V] =790
                                       ；轴跟随运动，第2个输入端被设定，即在连续运动的情况下，当有两个同步激活的同步动作时，V轴的终点位置和进给将被连续跟踪
```

2.15.4.13 设定实际值（PRESETON）

当执行 PRESETON（轴，值）时，不改变当前位置，给其赋一个新值。

出自同步动作的 PRESETON 可以用于：取模回转轴，由零件程序启动；已从同步动作中起动所有指令轴。

指令：

DO PRESETON（轴，值）

其中：

DO PRESETON：同步动作中的实际值设定。

轴：要改变其控制零点的轴。

值：以此来改变控制零点的值。

限制：PRESETON 不可用于已参与转换的轴。该轴仅可以错开时间由零件程序或者由一个同步动作运动。因此，如果该轴事先在一个同步动作中编程，则在由零件程序编程一个轴时可能会出现等待时间。如果交替使用相同的轴，则在两个轴运动之间协调传送一次，必须

为此中断零件程序处理。

例：移动某个轴的控制零点

```
WHEN $AA_IM[a] > =89.5 DO PRESETON (a4, 10.5)
                              ; 沿轴的正向将轴 a 的控制零点移动 10.5 个长度单位
```

2.15.4.14 主轴运动

主轴可以与零件程序完全异步，由同步动作定位。这种编程方式建议用于循环过程或者用于由事件控制的过程。

当通过同时激活的同步动作给某个主轴规定补偿指令时，则上一次的主轴指令有效。

例 1：起动/停止/定位主轴。

```
ID =1 EVERY $A_IN[1] ==1 DO M3 S1000        ; 设置旋转方向和转速
ID =2 EVERY $A_IN[2] ==1 DO SPOS =270       ; 定位主轴
```

例 2：设置旋转方向、转速/定位主轴。

```
ID =1 EVERY $A_IN[1] ==1 DO M3 S300         ; 设置旋转方向和转速
ID =2 EVERY $A_IN[2] ==1 DO M4 S500         ; 规定新的旋转方向和新的转速
ID =3 EVERY $A_IN[3] ==1 DO S1000           ; 规定新的转速
ID =4 EVERY ($A_IN[4] ==1) AND ($A_IN[1] ==0) DO SPOS =0
                                            ; 定位主轴
```

2.15.4.15 联动（TRAILON，TRAILOF）

在由同步动作接通耦合时，可能是引导轴处于运动中。在这种情况下，跟随轴加速到给定速度。在速度同步时引导轴的位置是联动的起始位置。

1. 指令

接通联动：DO TRAILON（跟随轴，引导轴，耦合系数）。

关闭联动：DO TRAILOF（跟随轴，引导轴，引导轴 2）。

其中：

1）激活异步联动：

...DO TRAILON（FA，LA，Kf）

其中：FA：跟随轴，LA：引导轴，Kf：耦合系数。

2）取消异步联动：

...DO TRAILOF（FA，LA，LA2）

其中：FA：跟随轴，LA：引导轴（选件），LA2：引导轴 2（选件）。

3）断开所有与跟随轴的耦合。

...DO TRAILOF（FA）。

2. 举例

```
$A_IN[1] ==0 DO TRAILON (Y, V, 1)           ; 当数字输入端为 1 时，启用
                                              第 1 个联动组合
$A_IN[2] ==0 DO TRAILON (Z, W, -1)          ; 启用第 2 个联动组合
G0 Z10                                      ; Z 与 W 轴反向进给
G0 Y20                                      ; Y 与 V 轴同向进给
```

```
⋮
G1 Y22 V25                              ；叠加“V”轴的某个相关和
                                          不相关的运动
⋮
TRAILOF（Y，V）                          ；关闭第1个联动组合
TRAILOF（Z，W）                          ；关闭第2个联动组合
```

3. 使用TRAILOF避免冲突

为了使某个已经耦合的轴断开，使其可以作为通道轴重新存取，必须预先调用功能TRAILOF。在通道请求相应的轴之前，必须保证已经执行了TRAILOF。在下面的例中并非这种情况。

```
⋮
N50 WHEN TRUE DO TRAILOF（Y，X）
N60 Y100
⋮
```

在这种情况下，不会及时释放轴，因为带有TRAILOF的逐段起作用的同步动作同时以N60激活。为了避免出现冲突情况，应以下列方式运动。

```
⋮
N50 WHEN TRUE DO TRAILOF（Y，X）
N55 WAITP（Y）
N60 Y100
```

2.15.4.16　初始化数组变量（SET，REP）

在同步动作中可以初始化数组变量或者写入指定值。

仅在同步动作中可描述的变量才能如此，因此，不得初始化机床数据。可以规定轴变量的值为NO_AXIS。

指令：

```
DO FELD[n，m]=SET（<值1>，<值2>，...）
DO FELD[n，m]=REP（<值>）
```

其中：

FELD[n，m]：编程的数组变址。赋予初值开始于编程的数组变址；对于2维数组，首先增加第2个变址；对于轴索引，不进行该过程。

SET（<值1>，<值2>，...）：使用值列表初始化。将数组从编程的数组变址开始，使用SET参数描述。有多少值被编程就有多少数组单元被赋值。如果被编程的值超过现有的剩余数组单元，就会触发系统报警。

REP（<值>）：使用相同的值初始化。将数组从编程的数组变址开始，直到数组末尾，使用参数REP的（<值>）重复描述。

举例：

```
WHEN TRUE DO SYG_IS[0]=REP（0）
WHEN TRUE DO SYG_IS[1]=SET（3，4，5）
```

结果：SYG_IS[0]=0

SYG_IS[1] =3
SYG_IS[2] =4
SYG_IS[3] =5
SYG_IS[4] =0

2.15.4.17 故障应答（SETAL）

通过同步动作可以对故障应答编程，此时查询状态变量并触发相应动作。

对故障的可能应答：停止轴（倍率 =0）；设置报警，使用 SETAL 可以由同步动作设置循环报警；设置输出端；同步动作中所有可能的动作。

设置循环报警，指令：

DO SETAL（<报警编号>）

其中：

SETAL：用于设置循环报警的指令。

<报警编号>：报警编号。用户循环报警范围：65000 至 69999。

举例：

```
ID =67 WHENVER（$AA_IM[X1] - $AA_IM[X2]） <4.567 DO $AA_OVR[X2] =0
                    ；如果轴 X1 和 X2 之间的安全距离太小，则轴 X2 停止
ID =67 WHENVER（$AA_IM[X1] - $AA_IM[X2]） <4.567 DO SETAL（65000）
                    ；如果轴 X1 和 X2 之间的安全距离太小，则输出报警 65000
```

2.15.4.18 运行到固定挡块（FXS，FXST，FXSW）

功能“运行到固定挡块”的指令通过零件程序指令 FXS、FXST 和 FXSW 在同步动作/工艺循环中编程。不用运动就可以激活这些指令。转矩立即被限制。一旦轴运动通过设定点，就会激活限制停止监控器。

1. 指令

```
FXS[<轴>]     ；仅在带数字驱动（VSA，HSA）的系统中选择
FXST[<轴>]    ；改变夹紧转矩 FXST
FXSW[<轴>]    ；改变监控窗口 FXSW
```

其中：

<轴>：轴名称。允许几何轴名称、通道轴名称、机床轴名称。

一个选择仅允许进行一次。

2. 举例

运行到固定挡块（FXS），通过同步动作触发。

```
Y 轴                                          ；静态同步动作激活
N10 IDS =1 WHENEVER （（$R1 ==1） AND （$AA_FXS[Y] ==0））
DO $R1 =0 FXS[Y] =1 FXST[Y] =10 FA[Y] =200 POS[Y] =150
                                              ；通过设置 $R1 =1 激活轴 Y 的 FXS，
                                                这将有效减少转矩到 10%，并向挡
                                                块方向开始运动
N11 IDS =2 WHENEVER （$AA_FXS[Y] ==4） DO FXST[Y] =30
                                              ；只要识别到挡块（$AA_FXS[Y] =
```

```
                                                    =4）就将力矩增大30%
N12 IDS=3 WHENEVER（$AA_FXS[Y]==1）DO FXST[Y]=$R0
                                                ；在达到挡块后根据R0控制转矩
N13 IDS=4 WHENEVER（（$R3=1）AND（$AA_FXS[Y]==1））DO
FXS[Y]=0 FA[Y]=1000 POS[Y]=0                    ；取消选择和R3有关，并返回
N20 FXS[Y]=0 G0 G90 X0 Y0                       ；正常的程序运行
N30 RELEASE[Y]                                  ；释放轴Y用于同步动作中的运动
N40 G1 F1000 X100                               ；运动另一个轴
...
N60 GET（Y）                                    ；将轴Y重新纳入轨迹组合中
```

3. 其他信息

（1）多次选择　如果由于错误的编程，再次在激活后调用该功能（FXS[<轴>]=1），将触发如下报警：20092"轴运行到固定挡块仍然激活"。

要么以条件方式询问$AA_FXS[]或者询问某个自身的标记（这里是R1）的编程可避免多次激活"零件程序碎片"功能。编程如下：

```
N10 R1=0
N20 IDS=1 WHENEVER（$R1==0）AND（$AA_IM[AX3]>7）DO R1=1
    FXST[AX1]=12
```

（2）与程序段有关的同步动作　在接通返回运行期间，通过编程一个程序段相关的同步动作可以运行到固定挡块。

```
N10 G0 G90 X0 Y0
N20 WHEN $AA_IW[X]>17 DO FXS[X]=1    ；当X轴到达某个大于17mm的位
                                       置时激活FXS
N30 G1 F200 X100 Y100
```

（3）静态同步动作和与程序段有关的同步动作　在静态同步动作和与程序段有关的同步动作中，可以使用同样的指令FXS、FXST和FXSW，如同在标准零件程序执行过程中一样，所分配的值可以通过计算产生。

2.15.4.19　确定同步动作中的轨迹切线角

在同步动作中可以读取的系统变量$AC_TANEB（正切角，在程序段结束处）用来计算当前程序段结束处的轨迹切线与已编程跟随程序段开始处的轨迹切线之间的夹角。

切线角始终在范围0°~180°内给出正值。如果在主过程中不存在跟随程序段，就输出：角度-180.0°

不应当给系统所生成的程序段读取系统变量$AC_TANEB。系统变量$AC_BLOCKTYPE可用来区别是否与某个已编程的程序段（主程序段）有关。

举例：

```
ID=2 EVERY $AC_BLOCK TYPE==0 DO $R1=$AC_TANEB
```

2.15.4.20　确定当前倍率

1. 当前的倍率

1）（NC部分）可以用以下系统变量在同步动作中读写。

$AA_OVR：轴向修调倍率。

$AC_OVR：轨迹修调倍率。

2）PLC 给定的倍率用于读出：

$AA_PLC_OVR：轴向修调倍率。

$AC_PLC_OVR：轨迹修调倍率。

2. 最后生成的倍率

1）用于读出系统变量中的同步动作：

$AA_TOTAL_OVR，轴向修调倍率。

$AC_TOTAL_OVR，轨迹修调倍率。

2）得出的合成修调率：

$AA_OVR * $AA_PLC_OVR 或者 $AC_OVR * $AC_PLC_OVR。

2.15.4.21　通过同步动作的时间占用计算负荷

在一个插补节拍中不仅要译出同步动作，而且也必须要由 NC 计算出运动。利用后面介绍的系统变量，同步动作可以通过插补节拍中同步动作的实际时间分量和位置调节器的计算时间了解运动。

仅当机床数据 $MN_IPO_MAX_LOAD 大于 0 时，这些变量才会有有效值。在其他情况下，总是净计算时间规定系统的变量，此时将不再考虑通过 HMI 生成的中断。净计算时间由下列各项计算得出：同步动作时间、位置调节时间以及剩余 IPO 计算时间、不带 HMI 限制的中断。

在一个插补节拍中的部分系统变量如图 2-40 所示。这些系统变量始终含有上一个 IPO 节拍的值。

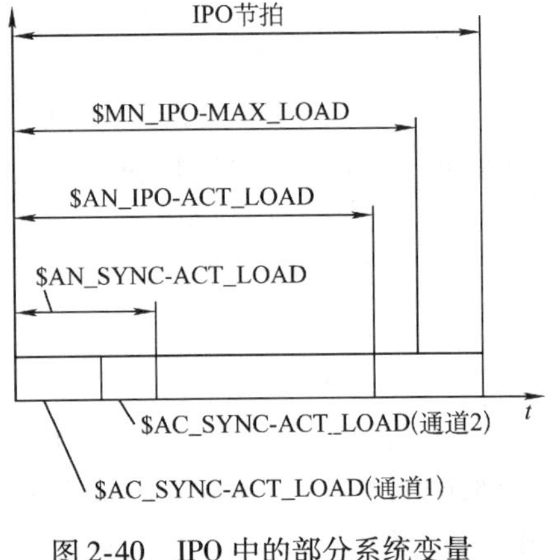

图 2-40　IPO 中的部分系统变量

其变量如下：

$AN_IPO_ACT_LOAD：当前 IPO 计算时间（包括所有通道中的同步动作）。

$AN_IPO_MAX_LOAD：最长的 IPO 计算时间（包括所有通道中的同步动作）。

$AN_IPO_MIN_LOAD：最短的 IPO 计算时间（包括所有通道中的同步动作）。

$AN_IPO_LOAD_PERCENT：当前 IPO 计算时间与 IPO 节拍比较（%）。

$AN_SYNC_ACT_LOAD：当前的计算时间，用于所有通道的同步动作。

$AN_SYNC_MAX_LOAD：最长的计算时间，用于所有通道的同步动作。

$AN_SYNC_TO_IPO：在总的 IPO 计算时间中（通过所有通道）总的同步动作的百分比。

$AC_SYNC_ACT_LOAD：通道中同步动作的当前计算时间。

$AC_SYNC_MAX_LOAD：通道中同步动作的最长计算时间。

$AC_SYNC_AVERAGE_LOAD：通道中同步动作的平均计算时间。

$AN_SERVO_ACT_LOAD：位置调节器的当前计算时间。

$AN_SERVO_MAX_LOAD：位置调节器的最长计算时间。

$AN_SERVO_MIN_LOAD：位置调节器的最短计算时间。

传达过载信息的变量：

通过机床数据 $MN_IPO_MAX_LOAD 来设置应从哪一个 IPO 净计算时间（IPO 节拍的百分比）起将系统变量 $AN_IPO_LOAD_LIMIT 设定成 TRUE。如果当前的负载又再次低于极限，则该变量再次置为 FALSE。如果机床数据为 0，就解除所有的诊断功能。

通过分析 $AN_IPO_LOAD_LIMIT，用户可以自己确定一种避免超越平面的方法。

2.15.5 工艺循环

作为同步动作中的动作，也可以调用仅由功能组成的程序，这些功能也可以允许作为同步动作中的动作。由此构成的程序称为工艺循环。

工艺循环可以作为子程序存储在控制系统中。

在一个通道中可以并行处理几个工艺循环或者动作。

1. 编程

工艺循环编程有下列规定：

1）程序末尾编程有 M02/M17/M30/RET。

2）在一个程序级内，在某个周期中没有等待循环的情况下，可以处理所有在 ICYCOF 中规定的动作。

3）每个同步动作可以最多连续询问 8 个工艺循环。

4）也可以在程序段有效同步动作中进行工艺循环。

5）可以编程 IF 控制结构和跳转指令 GOTO、GOTOF 和 GOTOB。

6）对于带有 DEF 和 DEFINE 指令的程序段适用于：

① DEF 和 DEFINE 指令在工艺循环中省略。

② 这会导致在句法不正确或不完整时发出报警提示。

③ 没有省略报警提示的情况下无需自行设立。

④ 通过赋值作为完整的零件程序循环考虑。

2. 参数传递

可以在工艺循环上传输数据。作为形式参数“数值调用”分配的简单数据类型和在调用工艺循环时作为有效的标准设置，它们是：没有编程传输参数情况下的编程标准值；执行带有初始值的标准参数；同一个标准值分配未初始化的实际参数。

3. 工艺流程

一旦条件满足，则启动工艺循环；在一个单独的 IPO 周期中处理工艺循环的每一行；在定位轴中，需要几个 IPO 周期用于执行；其他的功能执行一个 IPO 周期。在工艺循环中，程序段按顺序执行。

如果在同一个插补周期中调用几个动作，这几个动作相互之间排斥，则激活同步动作中用更高 ID 号调用的动作。

4. 举例

例1：通过置位数字输入来启动轴程序（见图 2-41）。

主程序：

```
ID=1 EVERY $A_IN[1]==1 DO ACHSE_X   ；输入端口 1 为 1，启动轴程序
                                       ACHSE_X
```

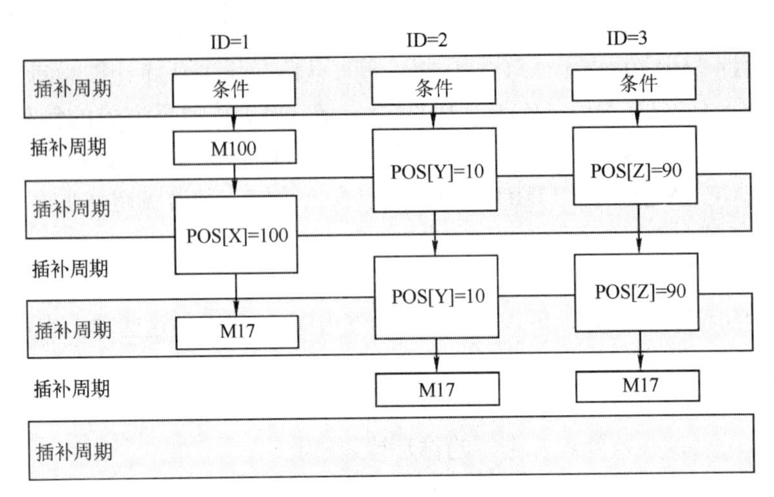

图 2-41　工作流程

```
ID=2 EVERY $A_IN[2]==1 DO ACHSE_Y    ; 输入端口 2 为 1，启动轴程序 ACHSE_Y
ID=3 EVERY $A_IN[3]==1 DO ACHSE_Z    ; 输入端口 3 为 1，启动轴程序 ACHSE_Z
```

轴程序 ACHSE_X：程序代码：

```
M100
POS[X]=100 FA[X]=300
M17
```

轴程序 ACHSE_Y：程序代码：

```
POS[Y]=10 FA[X]=200
POS[Y]=-10
M17
```

轴程序 ACHSE_Z：程序代码：

```
POS[Z]=90 FA[Z]=250
POS[Z]=-90
M17
```

例 2：工艺循环中不同的程序序列。

1）在不发出报警和不设立变量和宏的情况下，忽略两个程序段。程序如下：

```
PROC CYCLE
N10 DEF REAL 值=12.3
N15 DEF INT ABC AS G01
```

2）两个程序段将导致 NC 报警，因为未正确写入句法。程序如下：

```
PROC CYCLE
N10 DEF REAL
N15 DEF INT ABC G01
```

3）如果未识别到轴 *XX2*，则发生报警 12080。原则上将在不发出报警和不设立变量的情况下忽略该程序段。程序如下：

```
PROC CYCLE
N10 DEF AXIS 轴 1 = XX2
```

4）程序段 N20 始终会导致报警 14500，因为第 1 个程序指令后不应跟随任何定义指令。程序如下：

```
PROC CYCLE
N10 DEF AXIS 轴 1
N15 G01 X100 F1000
N20 DEF REAL 值 1
```

2.15.5.1　上下文变量（$P_TECCYCLE）

借助变量 $P_TECCYCLE 可以区分同步动作程序和预处理程序中的程序。由此可以处理句法正确写入的程序段或程序序列，也可以选择性地作为零件程序循环处理。

1. 解释上下文变量

系统变量 $P_TECCYCLE 使得上下文专用的编译程序在工艺循环中能够由程序部分控制。

```
IF  $P_TECCYCLE = = TRUE
...                                   ；同步动作中用于工艺循环的程序序列
ELSE
...                                   ；用于零件程序循环的程序序列
ENDIF
```

一个带错误或未许可的程序句法、带无法识别的赋值的程序段，也会在零件程序循环中导致一个报警提示。

2. 举例

工艺循环中带询问 $P_TECCYCLE 的程序序列：

```
PROC CYCLE
N10 DEF REAL 值 1   ；在工艺循环中省略
N15 G01 X100 F1000
N20 IF  $P_TECCYCLE = = TRUE
...                  ；工艺循环的程序序列（不带变量值 1）
N30 ELSE
...                  ；零件程序循环的程序序列（带变量值 1）
N40 ENDIF
```

2.15.5.2　Call_by_Value 值调用参数

工艺循环可以用 Call_by_Value 值调用参数定义。简单的数据类型，如 INT、REAL、CHAR、STRING、AXIS 和 BOOL，可以作为参数。

采用值调用方法传递的形式，参数可以不是数组。实际参数也可以由默认参数组成：

```
ID = 1 WHEN  $AA_IW[X] > 50 DO TEC（IVAL，RVAL，SVAL，AVAL）
```

在未初始化的实际参数中分配一个默认值：

```
ID = 1 WHEN  $AA_IW[X] > 50 DO TEC（IVAL，RVAL，SYG_SS[0]，AVAL）
```

2.15.5.3　默认参数初始化

可以在 PROC 指令中用一个参数值规定默认参数。

在工艺循环中分配默认参数的指令：

PROC TEC（INT IVAL = 1，REAL RVAL = 1.0，CHAR CVAL = “A”，STRING [10] SVAL = “ABC”，AXIS AVAL = X，BOOL BVAL = TRUE）

如果实际参数由一个默认参数组成，则从 PROC 指令中分配初始值。这不仅适用于零件程序，也适用于同步动作中。

如 TEC（IVAC，RVAL，SVAL，AVAL），初始值适用于 CVAL 和 BVAL 中。

2.15.5.4　控制工艺循环的处理工作（ICYCOF，ICYCON）

ICYCOF 和 ICYCON 语言指令用于控制工艺循环的时间处理。

使用 ICYCOF 仅在一个插补周期中处理工艺循环的所有程序段。所有执行时间需要多个周期的动作，在 ICYCOF 下产生平行的处理过程。

在 ICYCON 下，指令轴运动延迟工艺循环处理。如果无需如此，则可以用 ICYCOF 在无等待时间的情况下，在一个插补周期中处理所有的动作。

适用工艺循环处理的指令：

ICYCON：在一个单独的 IPO 周期中处理工艺循环的每个程序段。

ICYCOF：在一个 IPO 周期中处理所有工艺循环的连续程序段。

语言指令 ICYCON 和 ICYCOF 仅在程序级内部有效。在零件程序中简单省略无反应的这两个指令。

举例：ICYCOF 处理方式。

插补周期；PROC TECHNOCYC

```
1.      ; #R1 =1
2.25    ; POS[X] =100
26.     ; ICYCOF
26.     ; $R1 =2
26.     ; $R2 = $R1 +1
26.     ; POS[X] =110
26.     ; $R3 =3
26.     ; RET
```

2.15.5.5　工艺循环级联

可以最多处理串联的 8 个工艺循环，由此可以在一个同步动作中编程多个工艺循环。

指令：

ID =1 WHEN $AA_IW[X] >50 DO TEC1（$R1）TEC2 TEC3（X）

加工顺序，根据上面的规定编程，由左向右（级联）处理工艺循环。如果在 ICYCON 模式中处理循环，则延迟所有随后的处理工作；出现的报警不会中断随后的动作。

2.15.5.6　程序段同步动作中的工艺循环

也可以在程序段同步动作中进行工艺循环。如果工艺循环的处理时间长于所属程序段的处理时间，则工艺循环在程序段切换时中断。工艺循环不会阻止程序段切换。

2.15.5.7　控制结构（IF）

同步动作中 IF 可以用于工艺循环过程顺序中的分支。

指令：

IF <条件> $R1 =1 [ELSE]（可选） $R1 =0 ENDIF

2.15.5.8　跳转指令（GOTO、GOTOF、GOTOB）

在工艺循环中可以有跳转指令 GOTO、GOTOF、GOTOB。规定的标签必须在子程序中，这样就不会中断报警。标签和程序段号仅允许为常量。

无条件的跳转指令：

GOTO 标签，程序段号；首先向前跳转，接着向后跳转。

GOTOF 标签，程序段号；向前跳转。

GOTOB 标签，程序段号；向后跳转。

其中：

标签：跳过标记。

程序段号：到该程序段的跳转目标。N100，程序段号为副程序段；100，程序段号为主程序段。

2.15.5.9　禁用，释放，复位（LOCK，UNLOCK，RESET）

工艺循环过程可以通过一个模态同步动作禁用，再次释放或复位。

指令：

LOCK（<n1>，<n2>，...）；用于禁用同步动作的指令，中断激活的动作。

UNLOCK（<n1>，<n2>，...）；用于释放同步动作的指令。

RESET（<n1>，<n2>，...）；用于复位工艺循环的指令。

其中：

<n1>，<n2>，...：要禁用、释放或复位的同步动作或工艺循环识别号码。

具有识别号 $n=1\cdots64$ 模态同步动作由 PLC 联锁，因此，相关的条件不再计算，相应的功能在 NCK 中禁止执行。使用一个 PLC 的接口信号可以禁止所有同步动作。

一个编程的同步动作按照标准激活，可以通过机床数据防止改写/禁止，用于禁止对机床制造商所设定的同步动作进行干预。

例 1：禁止同步动作（LOCK）。

```
N100 ID =1 WHENEVER $A_IN[1] ==1 DO M130
⋮
N200 ID =2 WHENEVER $A_IN[2] ==1 DO LOCK (1)
```

例 2：释放同步动作（UNLOCK）。

```
N100 ID =1 WHENEVER $A_IN[1] ==1 DO M130
⋮
N200 ID =2 WHENEVER $A_IN[2] ==1 DO LOCK (1)
⋮
N250 ID =3 WHENEVER $A_IN[3] ==1 DO UNLOCK (1)
```

例 3：中断工艺循环（RESET）。

```
N100 ID =1 WHENEVER $A_IN[1] ==1 DO M130
```

```
⋮
N200 ID=2 WHENEVER $A_IN[2]==1 DO RESET (1)
```

2.15.6 删除同步动作（CANCEL）

使用指令 CANCEL 可以从零件程序中取消某个模态或静态有效的同步动作。如果一个同步动作停止，但是同时由此激活的定位轴运动却仍有效，则结束定位轴运行。如果这不是所期望的，可以在执行 CANCEL 指令之前，使用轴剩余行程删除来使轴运动停止。

指令：

CANCEL（<n1>，<n2>，...）：用于删除编程的同步动作指令。

其中：<n1>，<n2>，... 为要删除同步动作的识别号。若没有指令识别号时，会删除所有模态/静态同步动作。

例 1：中断同步动作。

```
N100 ID=2 WHENEVER $A_IN[1]==1 DO M130
⋮
N200 CANCEL (2)                          ; 删除模态同步动作编号 2
```

例 2：在中断同步动作前删除剩余行程。

```
N100 ID=17 EVERY $A_IN[3]==1 DO POS[X]=15FA[X]=1500
                                         ; 启动定位轴运行
⋮
N190 WHEN... DO DELDTG (X)               ; 结束定位轴运行
N200 CANCEL (17)                         ; 删除模态同步动作编号 17
```

2.15.7 特定运行状态下的控制属性

1. 上电

当执行上电时，原则上没有同步动作激活。可以用某个被 PLC 启动的异步子程序（ASUP）激活静态同步动作。

2. 运行方式切换

在运行方式切换后，使用关键字 IDS 所激活的同步动作仍保持生效；所有其余同步动作切换运行方式时生效（例如定位轴）；当重新定位和恢复到自动运行方式时再次生效。

3. RESET（复位）

使用“NC 复位”会结束所有程序段生效和模态生效的同步动作；静态的同步动作仍然有效。由它们可以启动新的动作。如果在复位时有一个指令轴运动有效，则中断该动作。已经执行的 WHEN 类型的同步动作在复位之后将不再被处理。

复位后的属性如下：

（1）同步动作/工艺循环　复位后，生效的动作被停止；模态/程序段方式时，同步动作被删除；静态（IDS）时，工艺循环被复位。

（2）进给轴/定位中的主轴　复位后，运行被禁止。

（3）转速控制的主轴　复位后，当 $MA_SPIND_ACTIVE_AFTER_RESET==1 时，主轴保持有效；当 $MA_SPIND_ ACTIVE_AFTER_RESET==0 时，主轴停止。

（4）引导值耦合　复位后，当 $MC_RESET_MODE_MASK，位 13 = =1 时，引导值耦合保持有效。当 $MC_RERET_MODE_MASK，位 13 = =0 时，触发引导值耦合。

（5）测量过程　复位后，在模态/程序段方式下，由同步动作启动的测量过程被停止。在静态方式下，由静态同步动作启动的测量过程被停止。

4. NC 停止

静态同步动作在“NC 停止”时保持生效。由静态同步动作启动的运动没有被停止。属于激活的程序段的程序局部同步动作保持激活，由此而启动的运动被中断。

5. 程序结束

程序结束和同步动作相互之间没有影响。运行的同步动作在程序结束之后也被结束。在 M30 程序段中有效的同步动作，在 M30 程序段中仍然有效。如果这不是所期望的，就必须在程序结束之前使用 CANCEL 中断同步动作。

程序结束之后的属性如下：

（1）同步动作/工艺循环　模态和程序段方式被中断；静态（IDS）保持不变。

（2）进给轴/定位中的主轴　模态和程序段方式，M30 被延迟，直至进给轴/主轴停止；静态（IDS）时，运动继续进行。

（3）转速控制的主轴

1）模态和程序段方式：程序结束，$MA_SPIND_ACTIVE_AFTER_ RESET = =1 时，主轴保持有效；$MA_SPIND_ACTIVE_AFTER_RESET = =0 时，主轴停止。在运行方式切换时主轴保持有效。

2）静态（IDS），主轴保持有效。

（4）引导值耦合

1）模态和程序段方式，$MC_RESET_MODE_MASK，位 13 = =1 时引导值耦合保持有效；$MC_RESET_MODE_MASK，位 13 = =0 时，触发引导值耦合。

2）静态（IDS），由静态同步动作启动的耦合保持不变。

（5）测量过程　模态和程序段方式，由同步动作启动的测量过程被停止。静态（IDS），由静态同步动作启动的测量过程保持有效。

6. 程序段搜索

程序段搜索过程中会集合同步动作，并且在“NC 启动”时进行分析，同样相应的动作也会被启动。在程序段搜索期间，静态同步动作也有效。

7. 通过异步子程序 ASUP 中断程序

ASUP 起始：模态和静态运动同步动作保持不变，且在异步子程序中也保持有效。

ASUP 结束：如果没有用 REPOS 继续异步子程序，则在异步子程序中修改的模态和静态运动同步动作在主程序中继续有效。

8. 重新定位（REPOS）

在结束重新定位（REPOS）之后，被中断程序段中的有效同步动作会重新激活。在异步子程序中修改的模态同步动作在 REPOS 后，处理其他程序段时不再生效。

9. 报警时的属性

如果一个包含运动停止的报警被激活，则由同步动作启动的进给轴运行和主轴运行将被停止。所有其他动作，例如置位输出等，将继续执行。

如果一个同步动作自身引发了报警，将会停止执行，不会继续执行该同步动作的其他动作。如果同步动作模态生效，在下一个插补周期中不再执行该动作，该报警只会触发一次。所有其他的同步动作继续执行。会导致编译器停止的报警在执行完预编译的程序段后才生效。

如果一个工艺循环引发了一个带运行停止的报警，则不再处理该工艺循环。

2.16　其他功能

2.16.1　轴功能(AXNAME，AX，SPI，AXTOSPI，ISAXIS，AXSTRING，MODAXVAL)

当未识别轴的名称时，例如在设置一般有效循环时，使用 AXNAME。

AX 用于几何轴和同步轴的间接编程。此时轴名称存放在一个类型 AXIS 的变量中，或者由指令例如 AXNAME 或 SPI 提供。

当轴功能用于一个主轴，例如同步主轴编程时，使用 SPI。

使用 AXTOSPI，可将一个轴名称转换到另一个主轴索引中（转换功能针对 SPI）。

使用 AXSTRING，可将一个轴名称（数据类型 AXIS）转换到一个字符串中（转换功能针对 AXNAME）。

在一般有效循环中使用 ISAXIS，以确保某个指定的几何轴存在，并由 $P_AXNX 安全中断随后调用。

使用 MODAXVAL，可以在模数回转轴时确定模数位置。

1. 指令

AXNAME（“字符串”）；如果将输入字符串转换为轴标识符，输入字符串必须包含一个有效的轴名称

AX[AXNAME（“字符串”）]；变量轴名称

SPI（n）；将主轴编号（n）转换为轴名称，转换参数必须包含一个有效的主轴编号

AXTOSPI（A）或 AXTOSPI（B）或 AXTOSPI（C）；将轴标识符转换为一个整数型主轴索引，AXTOSPI 相当于 SPI 的转换功能

AXSTRING（SPI（n））；输出带所分配主轴号的字符串

ISAXIS（<几何轴号>）；检查是否存在规定的几何轴

<模数位置> = MODAXVAL（<轴>，<轴位置>）；在模数回转轴时确定模数位置，这符合模数余数，与参数化的模数范围有关（在标准设置下为 0°～360°：通过 MD30340 $A_MODULO_RANGE_START 和 MD30330 $MA_MODULO_RANGE 可以改变模数范围的起始值和大小）

SPI 扩展；功能 SPI（n）也可用于读取和写入框架组件。为此，框架可以通过例如句法 $P_PFRAME[SPI（1），TR] = 2.22 写入。通过附加编程轴位置，通过地址 AX[SPI（1）] = <轴位置>可以运行一根轴，前提是主轴位于定位运行或者轴运行

2. 举例

例 1：AXNAME，AX，ISAXIS。

```
OVRA[AXNAME ("横向轴")]=10                 ; 横向轴倍率
AX[AXNAME ("横向轴")]=50.2                 ; 横向轴的终点位置
OVRA[SPI (1)]=70                          ; 主轴1的倍率
AX[SPI (1)]=180                           ; 主轴1的终点位置
IF ISAXIS (1) ==FALSE GOTOF WEITER        ; 有横向坐标?
AX[$P_AXN1]=100                           ; 运行横坐标
⋮
```

例2：AXSTRING。

在使用AXSTRING[SPI (n)]编程时，不再将分配给主轴的轴索引作为主轴号输出，而是输出字符“Sn”。

AXSTRING[SPI (2)]；输出字符串“S2”。

例3：MODAXVAL。

应该确定模数回转轴的模数位置A，计算输出值A，计算输出值是轴位置372.55。参数化的模数范围为0°~360°；MD30340 MODULO_RANGE_START=0，MD30330 $MA_MODULO_RANGE=360。

R10=MODAXVAL (A, 372.55)；计算的模数位置R10=12.55

例4：MODAXVAL。

如果编程的轴名称不涉及模数回转轴，则保持不变，返回要转换的值（<轴位置>）。

R11=MODAXVAL (X, 372.55)；*X*是直线轴，R11=372.55

2.16.2 可转换的几何轴（GEOAX）

使用“可转换的几何轴”功能，通过机床数据文件所配置的几何轴组合，可从零件程序开始修改。对此，一个定义的同步附加轴的通道轴，可以替换任意一个几何轴。

1. 指令

GEOAX (<n>, <通道轴>, <n>, <通道轴>, <n>, <通道轴>)

GEOAX ()

其中：

GEOAX (...)：用于切换几何轴的指令。GEOAX ()（不带参数设定）调用几何轴的基本配置。

<n>：通过该参数指令要分配下列规定通道轴的几何轴号码。取值范围：1、2或3。Mit <n>=0，可以将下列规定的通道轴不用替代地从几何轴组合中去除。

<通道轴>：通过该参数可以规定要接受几何轴组合的通道轴名称。

2. 举例

例1：以切换方式切换两根轴作为几何轴。

刀具溜板可以通过通道轴*X1*、*Y1*、*Z1*、*Z2*来运行：该几何轴在打开后首先使*Z1*作为第3几何轴以几何轴名称“*Z*”有效，并与*X1*和*Y1*形成几何轴组合。

在零件程序中可以使用轴*Z1*和*Z2*交替地作为几何轴*Z*。

⋮

N100 GEOAX (3, Z2)；通道轴*Z2*作为第3几何轴（*Z*）起作用

```
N110 G1...
N120 GEOAX (3, Z1); 通道轴 Z1 作为第 3 几何轴 (Z) 起作用
```

例 2：在 6 通道轴时切换几何轴。

机床具有 6 通道轴，名称分别是 *XX*、*YY*、*ZZ*、*U*、*V*、*W*。

几何轴基本设置通过机床数据实现：

通道轴 *XX* = 第 1 几何轴（*X* 轴）

通道轴 *YY* = 第 2 几何轴（*Y* 轴）

通道轴 *ZZ* = 第 3 几何轴（*Z* 轴）

```
N10 GEOAX ()                      ; 几何轴的基本配置有效
N20 GO X0 Y0 Z0 U0 V0 W0          ; 所有几何轴快速运动到位置 0
N30 GEOAX (1, U, 2, V, 3, W)      ; 通道轴 U 成为第 1 个几何轴 (X), V 成为第
                                    2 个几何轴 (Y), W 成为第 3 个几何轴 (Z)
N40 GEOAX (1, XX, 3, ZZ)          ; 通道轴 XX 成为第 1 个几何轴 (X), ZZ 成为
                                    第 3 个几何轴 (Z)。通道轴 V 保留为第 2 个
                                    几何轴 (Y)
N50 G17 G2 X20 I10 F1000          ; 在 X/Y 平面中执行完整的圆，运行通过轴 XX
                                    和 V
G60 GEOAX (2, W)                  ; 通道轴 W 成为第 2 个几何轴 (Y)
N80 G17 G2 X20 I10 F1000          ; 在 X/Y 平面中执行完整的圆。运行通道轴 XX
                                    和 W
N90 GEOAX ()                      ; 返回到基本状态
N100 GEOAX (1, U, 2, V, 3, W)     ; 通道轴 U 成为第 1 个几何轴 (X), V 成为第
                                    2 个几何轴 (Y), W 成为第 3 个几何轴 (Z)
N110 G1 X10 Y10 Z10 XX =25        ; 通道轴 U、V、W 分别运行到位置 10。XX 作
                                    为辅助轴运行到位置 25
N120 GEOAX (0, V)                 ; 从几何轴组合中去掉 V, U 和 W 仍然作为第 1
                                    个几何轴 (X) 和第 3 个几何轴 (Z)。第 2
                                    个几何轴 (Y) 保持未配置状态
N130 GEOAX (1, U, 2, V, 3, W)     ; 通道轴 U 保持为第 1 个几何轴 (X), V 成为
                                    第 2 个几何轴 (Y), W 保持为第 3 个几何轴
                                    (Z)
N140 GEOAX (3, V)                 ; V 成为第 3 个几何轴 (Z), 同时 W 被覆盖且
                                    被从几何轴组合中去掉。第 2 个几何轴 (Y)
                                    仍然保持未配置状态
```

轴配置：有关几何轴、辅助轴、通道轴和加工轴之间的分配以及各个轴类型的名称定义通过下列机床数据进行：

MD20050 $MC_AXCONF_GEOAX_ASIGN_TAB（分配几何轴到通道轴）

MD20060 $MC_AXCONF_GEOAX_NAME_TAB（通道中的几何轴名称）

MD20070 $MC_AXCONF_MACHAX_USED（加工轴号码在通道中有效）

MD20080 $MC_AXCONF_CHANAX_NAME_TAB（通道中的通道轴名称）

MD10000 $MN_AXCONF_MACHAX_NAME_TAB（机床轴名称）

MD35000 $MA_SPIND_ASSIGN_TO_MACHAX（分配主轴到机床轴）

3. 限制

1）几何轴的切换在下列情况时不适用：①激活的转换；②激活的刀具半径补偿；③激活的刀具微补偿。

2）如果几何轴和通道轴显示相同的名称，那么不可以转换每个几何轴。

3）参与转换的轴不得参与可能会超出程序段范围的动作。例如：类型A的定位轴或者从动轴可能会有这样的情况。

4）使用指令GEOAX只能替换启用时已经存在的几何轴（即不会再定义新的轴）。

5）使用GEOAX在处理轮廓表面的过程中更换轴（CONTPRON，CONTDCON）会导致报警。

4. 边界条件

（1）更换后轴状态　一个由几何轴组合的转换替代轴，在转换过程之后，通过它们的通道轴名称作为附加轴可编程。

（2）框架、保护范围、工作区域限制　所有的框架、保护范围和工作范围限制都可以用几何轴转换来删除。

（3）极坐标　使用GEOAX交换几何轴，会像一个平面转换一样（G17～G19），将模态极坐标设定成数值0。

（4）DRF、NPV　一个可能发生的手轮偏移（DRF）或者一个外部的零点偏移（NPV），在转换之后依旧有效。

（5）几何轴基本配置　指令GEOAX（）用来调用几何轴组合的基本配置。在上电后并且在转换到“参考点运行方式”时，将自动转换回基本配置。

（6）刀具长度补偿　一个当前有效的刀具长度补偿，在转换过程之后也是有效的。尽管如此，它对新接纳或者交换位置的几何轴仍然有效。当它们还没有运行时，使用第一个针对这些几何轴的运行指令时，生成的运动行程，相应地由刀具长度补偿的总和与编程设计的运动行程组成。

在转换时，在轴组合中保持自身位置的几何轴，也保持其状态（包括刀具长度补偿）。

（7）激活转换时的几何轴配置　在一个有效的转换中所适用的几何轴配置（通过机床数据确定），不可以通过功能“可转换的几何轴”来更改。

如果需要改变和转换相关联的几何轴配置，那么这只有通过其他的转换才可以。一个通过CEOAX修改的几何轴配置可通过激活一个转换来删除。

如果所设置的机床数据转换对于转换和几何轴的转换相互矛盾，那么在转换中的设置有优先权。

举例：一个转换有效。根据机床数据转换在复位时保持不变，同时在复位时还生成几何轴的基本配置。在这种情况下几何轴配置和其随转换而确定的配置一样保持不变。

2.16.3 交互式调用零件程序（MMC）窗口

通过MMC指令可以在HMI上从零件程序中显示自定义对话窗口（对话显示屏幕）。

通过纯文本设计要确定对话窗口的外形（循环目录中的 COM 文件），HMI 系统软件此时保存不变。

用户自定义的会话窗口不可以同时在几个不同的通道中调用。

指令：

MMC（CYCLES，PICTURE _ ON，T _ SK. COM，BILD，MGUD. DEF，BILD _ 3，AWB，TEST_1，A1″，“S”）

其中：

MMC：从零件程序中交互式调用对话窗口 HMI。

CYCLES：操作区，在此执行所设计的用户会话。

PICTURE_ON 或者 PICTURE_OFF：指令，屏幕选择或者屏幕撤销选择。

T_SK. COM：COM 文件，会话屏幕文件名称（用户循环），在此确定会话屏幕的外观，在会话屏幕中可以显示用户变量和/或注释文本。

BILD：会话屏幕名称，单个的屏幕通过会话屏幕名称选择。

MGUD. DEF：用户数据定义文件，在读写变量时可以对此进行存取。

BILD_3. AWB：图形文件。

TEST_1：显示时间或者应答变量。

A1"：文本变量..."。

“S”：应答方式：同步，通过软键 OK ± 进行应答。

2.16.4 程序执行时间/工件计数器

为了对机床操作人员提供支持，提供了程序运行时间和工件计数的相关信息。这些信息可以作为系统变量在 NC 和/或 PLC 程序中处理。同时这些信息用于操作面板上的显示。

2.16.4.1 程序运行时间

功能“程序运行时间”提供了 NC 内部计时器，用于监控工艺过程。它可以通过 NC 和通道专用的系统变量在零件程序和同步动作中读取。

用于运行时间测量的触发器（$AC_PROG_NET_TIME_TRIGGER）是一个唯一可写的功能系统变量，用于选择性测量程序步骤。即在 NC 程序中通过触发器写入，可以激活并再次关闭时间测量。

1. 系统变量

（1）NC 专用

$AN_SETUP_TIME：从上一次使用默认值启动控制系统（冷启动）到现在的时间，单位为分。在每次使用默认值启动控制系统时，都将自动复位为“0”，总是激活。

$AN_POWERON_TIME：从上一次控制系统正常启动（热启动）到现在的时间，单位为分。在每次正常启动控制系统时都将自动复位为“0”，总是激活。

（2）通道专用

$AC_OPERATING_TIME：在自动方式时 NC 程序的总运行时间，单位为秒。在每次控制系统启动时都将自动复位为“0”。通过 MD27860 激活，仅自动运行方式。

$AC_CYCLE_TIME：所选择的 NC 程序的运行时间，单位为秒。在每次启动一个新的 NC 程序时都将自动复位为“0”。通过机床数据 MD27860 可以确定，是否在跳转回程序头

GOTOB或启动ASUP和PROG_EVENT时也会删除该值。通过MD27860激活，仅为自动运行方式。

$AC_CUTTING_TIME：加工时间，单位为秒。即测得的NC启动和程序结束/NC复位之间，所有NC程序中轨迹轴（至少一根）的运行时间（不包含快速移动）。当暂停生效时，计算被中断。在每次使用默认值启动控制系统时，该值都将自动复位为“0”。通过MD27860激活，仅为自动运行方式。

以下变量仅为自动运行方式，总是激活。

$AC_ACT_PROG_NET_TIME：当前NC程序的净运行时间，单位为秒。在每次启动一个NC程序时都将自动复位为“0”。

$AC_OLD_PROG_NET_TIME：正确用M30结束程序的净运行时间，单位为秒。

$AC_OLD_PROG_NET_TIME_COUNT：更换到$AC_OLD_PROG_NET_TIME在接通电源后$AC_OLD_PROG_NET_TIME_COUNT置“0”。当控制系统$AC_OLD_PROG_NET_TIME重新写入时，$AC_OLD_PROG_NET_TIME_COUNT总是升高。

$AC_PROG_NET_TIME_TRIGGER：触发器用于运行时间测量，仅为自动运行方式：①当值为0时，中央状态，触发器未激活；②当值为1时，结束，结束测量并从$AC_ACT_PROG_ NET_TIME复制值到$AC_OLD_PROG_NET_TIME，$AC_ACT_PROG_NET_TIME置“0”并继续运行；③当值为2时，开始启动测量并设置$AC_OLD_PROG_NET_TIME为“0”，$AC_OLD_PROG_NET_TIME未改变；④当值为3时，停止测量，不改变$AC_OLD_PROG_NET_TIME并保持$AC_ACT_PROG_NET_TIME直至继续；⑤当值为4时，继续测量，即再次接收一个以前停止的测量，$AC_ACT_PROG_NET_TIME继续运行，$AC_OLD_PROG_NET_TIME未改变。

通过上电将所有系统变量复位为“0”。通过机床数据MD27860 $MC_PROCESSTIMER_MODE可以设置特定情况下可激活的计时器和生效的时间测量的属性，例如激活的空运行进给、程序测量等。

1）工件的剩余时间：如果需要依次加工相同的工件，可以由计时器值［上次加工该工件的时间（见$AC_OLD_PROG_NET_TIME）以及当前的加工时间（见$AC_ACT_PROG_NET_TIME）］求得该工件的剩余时间。除了当前加工时间，还会在操作界面上显示剩余时间。

2）STOPRE的应用。系统变量$AC_OLD_PROC_NET_TIME和$AC_OLD_PROG_NET_TIME_CTR不会产生隐式的预处理停止。当系统变量值来自于预定的程序运行时，预处理停止在零件程序中无关紧要。但是如果用于运行时间测量的触发器（$AC_PROG_NET_TIME_TRIGGER）高频写入，并且由此导致$AC_OLD_PROG_NET_TIME改变频繁，则零件程序中应使用一个显式STOPRE。

3）程序段搜索时不会计算程序运行时间。

4）REPOS过程的时间会计入当前的加工时间（$AC_ACT_PROG_NET_TIME）。

2. 举例

例1：测量“mySubProgrammA”的时间。

```
...
N50 DO  $AC_PROG_NET_TIME_TRIGGER = 2
```

```
N60 FOR ii =0 TO 300
N70 mySubProgrammA
N80 DO  $AC_PROG_NET_TIME_TRIGGER =1
N95 ENDFOR
N97 mySubProgrammB
N98 M30
```

在程序处理行 N80 后，在 $AC_OLD_PROG_NET_TIME 中，有 mySubProgrammA 的净运行时间。

$AC_OLD_PROG_NET_TIME 值：在 M30 后保持不变。

例 2：测量“mySubProgrammA”和“mySubProgrammC”的时间。

```
...
N10 DO  $AC_PROG_NET_TIME_TRIGGER =2
N20 mySubProgrammA
N30 DO  $AC_PROG_NET_TIME_TRIGGER =3
N40 mySubProgrammB
N50 DO  $AC_PROG_NET_TIME_TRIGGER =4
N60 mySubProgrammC
N70 DO  $AC_PROG_NET_TIME_TRIGGER =1
N80 mySubProgrammD
N90 M30
```

2.16.4.2 工件计数器

使用“工件计数器”功能可提供各种不同的计数器。它们专用于在控制系统内部计算工件数量。这些计数器作为通道专用的系统变量存在，带读写存取，值范围从 0 到 999999999。

系统变量及含义如下：

$AC_REQUIRED_PARTS：待加工工件的数量（设定工件数量）。在此计数器中可以定义工件的个数，在到达这个数值之后，实际工件的个数（$AC_ACTUAL_PARTS）复位为“0”。

$AC_TOTAL_PARTS：所有已加工工件的数量（总工件数量实际值）。该计数器给出所有自开始时刻起所加工的工件数量。只有在使用默认值启动控制系统时，该值才会自动复位为“0”。

$AC_ACTUAL_PARTS：所有已加工工件的数量（工件数量实际值）。在这种计数器中记录自开始时刻起所加工的工件数量。当达到设定工件数量时（$AC_REOUIRED_PARTS），该计数器就会自动归“0”。（$AC_REQUIRED_PARTS >0 是前提条件）。

$AC_SPECIAL_PARTS：用户计算的工件数量。该计数器允许用户根据自定义来对工件计数。达到设定工件数量（$AC_REQUIRED_PARTS）时，可以定义一个报警输出。用户必须自行将该计数器归零。

在控制系统按照默认值启动时，所有的工件计数器都会归“0”，而且不管是否激活，都可以被读写。

使用通道专用的机床数据可以激活计数器，设置归零时刻和计数算法。

带用户定义 M 指令的工件计数，通过机床数据可以确定，通过用户定义的 M 指令，而不是通过程序结束指令 M2/M30，来触发用于不同工件计数器的计数脉冲。

2.16.5　报警（SETAL）

在一个 NC 程序中可以设置报警。报警在操作界面中特殊区域内显示。相应于一个报警，系统均有一个报警消除应答。

指令：

SETAL（<报警号>）

SETAL（<报警号>，<字符串>）

其中：

SETAL：用于报警编程的关键字。SETAL 必须在一个程序段中编程。

<报警号>：INT 型变量，包括报警号。报警号适用范围在 60000 和 69999 之间。其中：60000 到 64999 用于西门子循环；65000 到 69999 供用户使用。

<字符串>：对于用户循环报警编程可以另外规定一个字符串，最多 4 个参数。在这些参数中，可以定义可更改的用户文本，还提供下列预定义参数：%1，通道号；%2，程序段号，标签；%3，用于循环报警的文本索引；%4，补充的报警参数。

报警文本必须在操作界面中设计。

举例：

```
...
N100 SETAL (65000); 设置报警号
...
```

2.17　辅助功能输出

使用辅助功能可以通知 PLC 什么时候在机床上必须操作哪一个开关动作。辅助功能连同其参数一起传送到 PLC 接口。传送的指令和信号由 PLC 应用程序处理。

下面的辅助功能可以传送到 PLC：刀具选择，T；刀具补偿，D、DL；进给率，F/FA；主轴转速，S；M 功能，M；H 功能，H。

对于每个功能组或单个功能，可以使用机床数据来确定是否在运行之前、同时或之后释放输出。PLC 可以编程不同的方式，用于应答辅助功能输出。

辅助功能的重要特点见表 2-7。

表 2-7　辅助功能的重要特点

功能	地址扩展		值			说　明	每个程序段的最大数量
	意　义	区　域	范　围	类　型	含　义		
M	—	0（固有的）	0～99	INT	功能	对于 0 至 99 的数值范围地址扩展为 0。必须没有地址扩展：M0、M1、M2、M17、M30	5

（续）

功能	地址扩展		值			说　明	每个程序段的最大数量
	意　义	区　域	范　围	类　型	含　义		
M	主轴号	1～12	1～99	INT	功能	M3、M4、M5、M19、M70带地址扩展主轴编号（例如M2=53用于主轴Z的主轴停止）。如果没有主轴编号则该功能适用于主主轴	5
	任意	0～99	100～2147483647	INT	功能	用户M功能	
S	主轴号	1～12	$0 \sim \pm 1.8 \times 10^{308}$	REAL	转速	如果没有主轴编号则该功能适用于主主轴	3
H	任意	0～99	0～±2147483647或$\pm 1.8 \times 10^{308}$	INT REAL	任意	功能对NCK没有影响，只能通过PLC实现	3
T	主轴号（在刀具管理有效时）	1～12	0～32000（也可是刀具名称，在刀具管理有效时）	INT	刀具选择	刀具名称不送到PLC接口	1
D	—	—	0～12	INT	刀具补偿选择	D0：撤销选择 预设：D1	1
DL	地点相关的补偿	1～6	$0 \sim \pm 1.8 \times 10^{308}$	REAL	刀具号精确补偿选择	取决于前面所选的D编号	1
F	—	—	0.001～999999999	REAL	轨迹进给		6
FA	轴号	1～31	0.001～999999999	REAL	轴进给		

其他信息：

（1）每个程序段功能输出的个数　在一个程序段中最多可以编程10个功能输出。辅助功能也可以从同步动作的动作分量中输出。

（2）分组　所列出的功能可以组合成各个组。M指令的分组已经预先设定。使用分组可以确定应答方式。

（3）快速功能输出（QU）　没有作为快速功能输出的功能，可以用关键字QU定义为快速输出，用于各个输出功能。程序可以继续执行，不必等待对辅助功能执行的应答（必须等待运输应答）。这样可以避免不必要的停止点和中断运行。

对于功能“快速功能输出”必须设置相应的机床数据。

（4）运行动作时的功能输出　信息的传送以及等待相应的应答均要耗费时间，因此也就影响了运行。

（5）快速应答，没有程序段转换延迟　程序段更换特性可以通过机床数据进行改变。选择“无程序段转换延迟”设定，在有快速辅助功能时系统具有以下特性：

1）辅助功能输出先于运行。程序段有快速辅助功能；程序段转换时没有中断，也没有速度降低。在程序段的第一个插补节拍输出辅助功能；执行后面的程序段，没有应答延迟。

2）辅助功能输出处于运行过程中。程序段有快速辅助功能；程序段转换时没有中断也没有速度降低。在程序段过程中输出辅助功能，执行后面的程序段，没有应答延迟。

3）辅助功能输出在运行之后。在程序段结束处运行停止；辅助功能在程序段结束处输出；执行后面的程序段，没有应答延迟。

（6）轨迹控制运行中的功能输出　运行之前的功能输出将中断连续轨迹方式（G64/G641）并且为前面的程序段产生一次准停；运行之后的功能输出将中断连续轨迹方式（G64/G641）并且为前面的程序段产生一次准停。

（7）等待 PLC 发出的确认信号也会中断连续轨迹方式　比如当 M 指令利用很短的轨迹长度在程序段中排序时。

2.17.1　M 功能

使用 M 功能可以在机床上控制一些开关操作，比如“切削液开/关”和其他机床功能。

指令：

M <值>

M[<地址扩展>] = <值>

其中：

M：用于 M 功能编程的地址。

<地址扩展>：对于一些 M 功能，可以适用扩展的地址符（例如在使用主轴功能时设定主轴编号）。

<值>：通过赋值（M 功能编号）来分配特定的机床功能。数据类型：INT；可取范围：0 ~ 2147483647（最大数值）。

预定义的 M 功能见表 2-8。

表 2-8　预定义的 M 功能

M 功能	含　义
M0	程序停止（不允许使用扩展地址符）
M1	可选停止（不允许使用扩展地址符）
M2	主程序结束，复位到程序开始（不允许使用扩展地址符）
M3	主轴顺时针旋转
M4	主轴逆时针旋转
M5	主轴停止
M6	刀具更换（默认设定）（车床不用）
M17	子程序结束（不允许使用扩展地址符）
M19	定位主轴
M30	程序结束（同 M2）（不允许使用扩展地址符）

（续）

M 功能	含　义
M40	自动齿轮换挡
M41	齿轮级 1
M42	齿轮级 2
M43	齿轮级 3
M44	齿轮级 4
M45	齿轮级 5
M70	主轴转换到轴运行方式

注意：指令 M0、M1、M2、M17 和 M30 总是在运行后触发。

所有空的 M 功能编号可以由机床制造商预设，例如用于控制夹紧装置或用来打开/关闭其他机床功能的开关功能。

分配给定 M 功能编号的功能为机床专用功能，因此，在不同的机床上，一个特定的 M 功能可以具有不同的动作。

举例：

例 1：程序段中 M 功能的最大数量。

```
N10 S...
N20 X... M3                              ；编写了轴运行的程序段中的 M 功能。主轴在 X 轴运行前启动
⋮
N180 M789 M1767 M100 M102 M376           ；程序段中最多 5 个 M 功能
```

例 2：作为快速输出的 M 功能。

```
N10 H = QU（735）；快速输出，用于 H735
N15 G1 F300 X10 Y20 G64
N20 X8 Y90 M = QU（7）；快速输出，用于 M7
```

将 M7 作为快速输出编程，这样连续路径运行（G64）不会被中断。

仅在个别情况下使用该功能，因为与其他的功能输出相互作用会影响时间同步。

关于预定义 M 功能的其他信息：

1）编程停止：M0。在 NC 程序段中使用 M0 使加工停止。现在可以进行比如去除切屑，再次测量等。

2）编程停止 1——可选择的停止：M1。M1 可以通过 HMI/对话框“程序控制”或者 NC/PLC 接口进行设定。NC 的程序加工在每个编程的程序段处停止。

3）编程停止 2——一个结合到 M1 的辅助功能。带有程序运行中的编程停止 2，可以通过 HMI/Dialog“程序控制”设定，并且在工件结束加工的任何时间可以中断加工过程。这样操作人员就可以在加工过程中进行一些操作，比如去除切屑。

4）程序结束：M2、M17、M30。可以使用 M2、M17 或者 M30 结束程序，并返回到程

序起始处。如果主程序从另外一个程序中调用（作为子程序），则M2/M30和M17的作用相同；反之亦然。也就是说M17在主程序中的作用和M2/M30相同。

5）主轴功能M3、M4、M5、M19、M70扩展的地址符，带主轴号参数，适用于所有的主轴功能。

举例：M2=3；主轴顺时针旋转，用于第二主轴。

如果没有编程地址扩展，则该功能适用于主主轴。

2.17.2　H功能

用H功能可以把浮点数据由程序传送到PLC。

H功能数值的含义由机床制造商定义。一个NC程序段最多可以编程3个H功能。

编程从H0=... 到H9999=...。

举例：

```
N10 H1=1.987 H2=978.123 H3=4     ；每个程序段最多3个H功能
N20 G0 X71.3 H99=8978.234        ；程序段中有轴运行指令
M30 H5                           ；H0=5.0
```

2.18　PLC变量的读和写

为了在NC和PLC之间进行快速的数据交换，在PLC用户接口提供了一个特殊的数据区。该区域容量为512B。在此区域中，PLC数据具有相同的数据类型和位置偏移量。这些一致的变量可以在NC程序中读写。为此，需提供特殊的系统变量：

$A_DBB (n)：数据字节（8位值）。

$A_DBW (n)：数据字（16位值）。

$A_DBD (n)：数据双字（32位值）。

$A_DBR (n)：REAL数据（32位值）。

其中，*n*表示位置偏移量（从数据区的起始到变量的起始），单位：字节（B）。

举例：R1 = $A_DBR (5)，读取REAL值，偏移量5（从区域的字节5处开始）

读变量时，会产生预处理停止（内部STOPRE）。在一个程序段中可同时编程最多3个变量。

第3章　灵活的NC编程

3.1　变量

3.1.1　变量的类型

通过使用变量，特别是计算功能和控制结构的相关变量，可以使零件程序和循环的编写更为灵活。为此系统提供了三种不同类型的变量：

（1）系统变量　系统变量是系统中定义供用户使用的变量，它们具有固定的预设含义。也可以通过系统软件读取和写入这些变量，例如机床数据。

系统变量含义中的大部分属性，由系统固定预设。用户只能小范围地对属性进行重新定义和匹配（REDEF）。

（2）用户变量　用户变量是系统不确定其含义，也不对其进行分析的变量，其含义只由用户定义。用户变量又可分为两类：

1）预定义用户变量。预定义用户变量是在系统中已经定义的变量，但是用户还需通过专门的机床数据对其数值进行参数设置。这些变量的属性大部分由用户进行匹配（REDEF）。

2）用户定义变量。用户定义变量是仅由用户定义的变量，直到运行时系统才会创建这些变量。它们的数量、数据类型、可见性和所有其他属性都完全由用户定义（DEF）。

3.1.2　系统变量

系统变量是在系统中预定义的变量，通过此变量可在零件程序与循环中存取当前控制系统的编程，以及机床控制系统和加工步骤的状态。

1. 预处理变量

预处理变量是指在预处理程序状态中，即在对编程了系统变量的零件程序段进行编译时，读取和写入的系统变量。预处理变量不会触发预处理停止。

2. 主运行变量

主运行变量是指在主运行程序状态中，即在执行编程了系统变量的零件程序段时，读取和写入程序的系统变量。主运行变量有：

1）可在同步动作中编程的系统变量（读取/写入）。

2）可在零件程序中编程的系统变量（读取/写入）。

3）可在零件程序中编程并在预处理中计算值，但是在主运行中才写入的系统变量（主运行同步：只写入）。

3. 前缀系统

系统变量的一个显著特色是其名称通常包含一个前缀，该前缀以$字符之后跟随一个或两个字母以及一条下划线的形式构成。

（1） $+第1个字母

1） 在预处理时读取/写入的系统变量：

$M：机床数据；$S：设定数据，保护区域；$T：刀具管理参数；$P：程序数值；$C：ISO包络循环的循环变量；$O：选项数据；R：参数（计算参数）。

2） 在主运行时读取（写入）的系统变量：

$$M：机床数据；$$S：设定数据；$A：当前主运行数据；$V：伺服数据；$R：R参数（计算参数）。

在零件程序/循环中使用机床数据和规定数据作为预处理变量时，在前缀中写入一个$字符。在同步动作中作为主运行变量时，在前缀中写入两个$字符。

在零件程序/循环中使用R参数作为预处理变量时，不写入前缀，如R10；在同步动作中作为主运行变量时，在前缀中写入一个$字符，如$R10。

（2） 第2个字母　N：NCK全局变量（NCK）；C：通道专用变量（Channel）；A：轴专用变量（Axis）。

（3） 前缀系统中的特殊情况　以下系统变量和上述前缀系统有区别：

1） $TC_…：第2个字母C在这里表示为刀架专用系统变量，而不是通道专用。

2） $P_…：通道专用系统变量。

例1：如果数据在同步期间保持不变，则可以和预处理同步地读取数据。为此在机床数据或设定数据的前缀中写入一个$字符：

ID=1 WHENEVER G710 $AA_IM[Z] < $SA_OSCILL_REVERSE_POS2[Z] -6 DO $AA_OVR[X]=0

例2：如果数据在同步期间改变，则必须和主运行同步地读取/写入数据。为此在机床数据或设定数据的前缀中写入两个$字符：

ID=1WHENEVER $AA_IM[Z] < $$SA_OSCILL_REVERSE_POS2[Z] -6 DO $AA_OVR[X]=0

在写入机床数据和设定数据时必须注意，在执行零件程序/循环时，生效的存取级允许写入操作，且数据的有效性为“立即”。

3.1.3　预定义用户变量

3.1.3.1　计算系数（R）

计算参数或R参数是名为R的预定义用户变量，定义为REAL数据类型的数组。由于历史原因，R参数既可以带数组索引编写，如R［10］，也可不带数组索引编写，如R10。在同步动作中使用计算参数时，必须写入$字符作为前缀，如$R10。

1. 指令

1） 作为预处理变量使用时，编程：

R<n>

R[〈表达式〉]

2） 作为主运行变量使用时，编程：

$R〈n〉

$R[〈表达式〉]

其中：

R：在零件编程中作为预处理变量使用时的名称。

$R：在同步动作中作为主运行变量使用时的名称。

类型：REAL。取值范围：①非指数的写入方式：±(0.0000001~99999999)，最多允许有8个小数位；②指数写入方式：$\pm(1\times10^{-300}\sim1\times10^{+300})$。

写入方式：<尾数>EX<指数>，如8.2EX-3，最多允许有10个字符（包括符号和小数点）。

<n>：R系数编号；类型：INT。取值范围：0~MAX_INDEX，MAX_INDEX由R参数中设置的数量得出：MAX_INDEX=(MD28050 $MN_MM_NUM_R_PARM)-1。

<表达式>：数组索引，只要可将表达式结果转换为数据类型INT，则可设定任意表达式作为数组索引（INT，REAL，BOOL，CHAR）。

2. 算术功能中R参数的赋值和应用

R0=3.5678：在预处理中赋值，不带数组索引编码。

R[1]=-37.3：在预处理中赋值，带数组索引编写。

R3=-7：在预处理中赋值。

$R4=-0.1EX-5：在主运行中赋值，指数型。

$R[6]=1.874EX8：在主运行中赋值。

R7=SIN(25.3)：在预处理中赋值。

R[R2]=R10：通过R参数间接定址。

R[(R1+R2)*R3]=5：通过算术表达式间接定址。

X=(R1+R2)：将X轴运行至由R1与R2的和确定的位置。

Z=SQRT(R1*R1+R2*R2)：将Z轴运行至通过（$R1^2+R2^2$）的平方根确定的位置。

3.1.3.2　链接变量

通过链接变量，可在“NCU”链接功能的范围内循环交换一个网络中相连的NCU之间的数据。此时，可以访问链接变量存储器中特定格式的数据。用户/机床制造商确定设备共用链接变量存储器时，既必须考虑大小，也必须考虑数据结构。

链接变量为系统全局用户变量，在设置了链接时，这些变量将能从所有链接组的NCU中读取或写入到零件程序段和循环。与全局用户数据（CUD）不同，可将链接变量作为控制系统本地全局用户变量使用。

1. 指令

```
$A-DLB[〈索引〉]    ；数据格式BYTE（1字节）的链接变量
$A-DLW[〈索引〉]    ；数据格式WORD（2字节）的链接变量
$A-DLD[〈索引〉]    ；数据格式DWORD（4字节）的链接变量
$A-DLR[〈索引〉]    ；数据格式REAL（8字节）的链接变量
```

其中：

<索引>：地址索引，以字节，从链接变量存储器开始处计算。

取值范围：0~MAX_INDEX。

1）MAX_INDEX由参数设置链接存储器的大小。

MAX_INDEX =(MD18700 $MN_MM_SIZEOF_LINKVAR_DATA) - 1。

2)只可对索引进行编程，从而可以使链接变量存储器中地址的字节位于数据格式限制内。索引 = $n \times$ 字节，其中 n = 0、1、2…。当 $A_DLB[i]时，$i$ = 0、1、2…；当 $A_DLW[i]时，$i$ = 0、2、4…；当 $A_DLD[i]时，$i$ = 0、4、8…；当 $A_DLR[i]时，$i$ = 0、8、16…。

2. 举例

在自动化设备中有两个 NCU（NCU1 和 NCU2），在 NCU1 上连接了机床轴 AX2，该轴作为 NCU2 的链接轴运行。

NCU1 将轴 AX2 的电流实际值（ $VA_CURR）循环写入链接变量存储器。NCU2 循环读取通过链接通信传输的电流实际值，并在超出限制时显示报警 61000。

NCU1：NCU1 在静态同步动作的 IPO 周期中，将轴 AX2 的电流实际值通过链接变量 $A_DLR[16]循环写入链接变量存储器。

```
N111 IDS = 1 WHENEVER TRUE DO  $A_DLR[16] = $VA_CURR[AX2]
```

NCU2：NCU2 在静态同步动作的 IPO 周期中，通过链接变量 $A_DLR[16]从链接变量存储器循环读取轴 AX2 的电流实际值。如果电流实际值大于 23.0A，则显示报警 61000。

```
N222 IDS = 1 WHEN  $A_OLR[16] > 23.0 DO SETAL(61000)
```

3.1.4 用户变量

用户可通过 DEF 指令定义自己的变量并进行赋值。在划分系统变量时，这些变量被称为用户定义变量或用户变量。

根据变量的有效范围，即变量可见范围，用户变量可分为以下三种。

1. 用户变量的类别

（1）局部用户变量（LUD） 局部用户变量（LUD）是在执行时在非主程序的零件程序中定义的变量。此变量在调用零件程序时创建，并在零件程序结束或 NC 复位时删除。只能在定义 LUD 的零件程序中存取该 LUD。

（2）程序全局用户变量（PUD） 程序全局用户变量（PUD）是在作为主程序的零件程序中定义的变量。此变量在零件程序开始时创建，在零件程序结束或 NC 复位时删除。可在主程序及所有子程序中存取 PUD。

（3）全局用户变量（GUD） 全局用户变量（GUD）是在数据块（SGUD，MGUD，UGUD，GUD4，…，GUD9）中定义的 NC 或通道全局变量。此变量上电后依然保留，可在所有零件程序中存取 GUD。

2. 在使用（读/写）用户变量前进行定义的遵循规则

1）GUD 必须在定义文件，如_N_DEF_DIR/_M_SGUD_DFF 中定义。

2）PUD 和 LUD 必须在零件程序的定义段中定义。

3）必须在单独的程序段中进行定义。

4）每次数据定义只能使用一种数据类型。

5）每次数据定义可以定义多个相同数据类型的变量。

3. 指令

DEF <范围> <类型> <预处理停止> <初始化时间> <物理单位> <限值> <存取权限> <名称>[<值_1>, <值_2>, <值_3>] = <初始化值>

其中：

DEF：用于定义用户变量 GUD、PUD、LUD 的指令。

<范围>：有效范围，只和 GUD 相关。NCK：NC 全局用户变量；CHAN：通道全局用户变量。

<类型>：数据类型：INT、REAL（为 LONG REAL），BOOL，CHAR，STRING[〈最大长度〉]，AX1S，FRAME。

<预处理停止>：只 GUD 相关（可选）。SYNR：在读取时执行预处理停止；SYNW：在写入时执行预处理停止；SYNRW：在读取/写入时执行预处理停止。

<初始化时间>：变量重新初始化的时间（可选）。INIPO：上电；INIRE：主程序结束，NC 复位或上电；INICF：重新配置或主程序结束，NC 复位或上电。PRLOC：主程序结束，本地更改后 NC 复位或上电，PRLOC 必须与可编程设定数据一起使用。

<物理单位>：物理单位（可选），PHU <单位>。<单位>编号见系统说明书。

<限值>：上限或下限（可选）。LLI <限值>：下限；ULI <限值>：上限。

<存取权限>：通过零件程序或 BTSS 读取/写入 GUD 的权限（可选）。APRP <保护等级>：读取，零件程序；APWP <保护等级>：写入，零件程序；APRB〈保护等级〉：读取，BTSS；APWB〈保护等级〉：写入，BTSS。<保护等级>=0～7，0=西门子。

<名称>：变量名称，最多 31 个字符；前两个字符必须为一个字母和/或一条下划线。“$”字符为预留给系统的变量，不可使用。

[<值_1>，<值_2>，<值_3>]：设定 1 维至 3 维（最大）数组变量的数组长度（可选）。

<初始化值>：初始化值（可选），用于初始化数组变量。

4. 举例

例 1：在机床制造商数据块中定义用户变量。

```
%_N_MGUD_DEF；GUD 模块，机床制造商
$PATH=/_N_DEF_DIR
DEF CHAN REAL PHU 24 LLI 0 ULI 10 STROM_1，STROM_2
    ；物理单位 24=[A]；存取权限：默认值=7。即钥匙开关位置 0，初始化值，
      默认值=0.0
DEF NCK REAL PHU 13 LLI 10 APWP 3 APRP 3 APWB 0 APRB 2 ZEIT_1=12，ZEIT_2=45
    ；预处理停止，默认值=无预处理停止；物理单位，13=[s]；限值下限=
      10.0，上限未编程，为定义范围上限；存取权限，零件程序，写入/读取=3
      =最终用户；BTSS：写入=0=西门子；读取=3=最终用户
DEF NCK APWP 3 APRP 3 APWB 0 APRB 3 STRING[5]GUD5_NAME="COUNTER"
    ；预处理停止默认，无预处理停止；物理单位默认值=0，无物理单位。限值
      未编程，低为 0，高为 255。初始化值："COUNTER"
M30
```

例 2：程序全局和局部用户变量（PUD/LUD）。

```
(1) PROC MAIN          ；主程序
    DEF INT VAR1       ；PUD 定义
     ⋮
```

```
    SUB2                  ；子程序调用
    ⋮
    M30
(2) PROC SUB2             ；子程序 SUB2
    DEF INT VAR2          ；LUD 定义
    ⋮
    IF (VAR1 ==1)         ；PUD 读取
    VAR1 = VAR1 +1        ；PUD 读取和写入
    VAR2 =1               ；LUD 写入
    ENDIF
    SUB3                  ；子程序调用
    ⋮
    M17
(3) PROC SUB3             ；子程序 SUB3
    ⋮
    IF (VAR1 ==1)         ；PUD 读取
    VAR1 = VAR1 +1
    VAR2 =1               ；PUD 读取和写入
    ENDIF                 ；错误，SUB2 中的 LUD，未知
    ⋮
    M17
```

例3：数据类型为 AX1S 的用户变量的定义和应用。

```
    DEF AXLS ABSZ1SSE     ；第 1 几何轴
    DEF AX1S SPINDLE      ；主轴
    ⋮
    IF ISAX1S(1) ==FALSE GOTOF WEITER
    ABSZ1SSE = $P_AXN1
继续：
    ⋮
    SPINDLE =(S1)         ；第 1 主轴
    OVRA[SPINDLE] =80     ；主轴倍率 =80%
    SPINDLE =(S3)         ；第 3 主轴
```

5. 边界条件

（1）在定义全局用户变量（GUD）时须考虑以下机床数据　编写 11140，18118，18120，18130，18140，18150，18660~18665，具体含义见系统说明书。

（2）程序全局用户变量（PUD）的可见性　当机床数据 MD11120 $MN_LUD_EXTENDED_SCOPE =1 时，在主程序中定义的程序全局用户变量（PUD）同样在子程序中可见；当设置 MD11120 =0 时，在主程序中定义的程序全局用户变量（PUD）只在主程序中可见。

（3）数据类型为 AX1S 的 NCK 全局变量的跨通道应用　当通道轴编号相同时，在数据块

定义时使用轴名称初始化的、数据类型为 AX1S 的 NCK 全局用户变量才可在 NC 的不同通道中使用。如果不是这种情况，必须在零件程序开始处载入变量，或者使用 AXNAME（…）功能。

举例：

```
DEF NCK STRING[5]ACHSE = "X"              ；在数据块中定义
N100  AX[AXNAME(ACHSE)] = 111 G0          ；在零件程序中使用
```

3.1.5 系统变量、用户变量和 NC 语言指令的重新定义（REDEF）

使用 REDEF 指令可对系统变量、用户变量和 NC 语言指令的属性进行更改。重新定义的前提条件是，必须在相应的定义后进行。

在重新定义中不能同时对多个属性进行更改，必须为每个需要更改的属性编程单独的 REDEF 指令。如果编程的多个属性更改之间有冲突，则最后进行的更改生效。

不能对局部用户变量（PUD/LUD）进行重新定义。

1. 指令

```
REDEF <名称> <预处理停止>
REDEF <名称> <物理单位>
REDEF <名称> <限制>
REDEF <名称> <存取权限>
REDEF <名称> <初始化时间>
REDEF <名称> <初始化时间> <初始化值>
```

其中：

REDEF：用于重定义系统变量、用户变量和 NC 语言指令的特定属性的指令。

<名称>：已定义的变量或 NC 语言指令的名称。

其余参数，<预处理停止>、<物理单位>、<限制>、<存取权限>、<初始化时间>、<初始化值>：其含义见 3.1.4 节。

2. 举例

重新定义用于机床制造商的数据块的系统变量 $TC_DPC1。

```
%_N_MGUD_DEF                            ；GUD 模块，机床制造商
$PATH = /_N_DEF_DIR
REDEF  $TC_DPC1 APWB 2 APWP 3           ；写入权限 BTSS = 保护等级 2，零件程序 = 3
REDEF  $TC_DPC1 PHU 21                  ；物理单位 [%]
REDEF  $TC_DPC1 LLI 0 ULI 200           ；限值，下限 = 0，上限 = 200
REDEF  $TC_DPC1 INIPO(100,101,102,103)
                                        ；在上电时使用 4 个值初始化数组变量
M30
```

如果使用 ACCESS 文件，必须将对_N_MGUD_DEF 重定义的权限转移到_N_MACCESS_DEF。

3.2 间接编程

在间接编程地址时，扩展的地址（索引）由一个合适的变量类型替代。在下列情况下

不能间接编程地址：N（程序段写）、L（子程序），可调地址（例如，X[1]不能代替X1）。

1. 指令

<地址>[<索引>]

其中：

<地址>[...]，带扩展名（索引）的固定地址。

<索引>：变量，例如主轴编号、轴…

2. 举例

例1：间接编一个主轴编号。

1）直接编程：

```
S1 =300                     ; 主轴转速300r/min，编号为1
```

2）间接编程：

```
DEF INT SPINU =1            ; 定义INT型变量和赋值
S[SPINU] =300               ; 主轴编号在SPINU中，其编号为1，转速为300r/min
```

例2：间接编程一个轴。

1）直接编程：

```
FA[U] =300                  ; U轴的进给量为300
```

2）间接编程：

```
DEF AX1S AXVAR2 =U          ; 定义一个AX1S型变量和赋值
FA[AXVAR2] =300             ; 轴的进给量为300，轴地址名称保存在AXVAR2的变量中
```

例3：间接编程一个轴。

1）直接编程：

```
X1 =100 X2 =200
```

2）间接编程：

```
DEF AX1S AXVAR1 AXVAR2                 ; 定义两个AX1S型变量
AXVAR1 = (X1) AXVAR2 = (X2)            ; 分配轴名称
AX[AXVAR1] =100 AX[AXVAR2] =200        ; 运行轴，其地址名称保存在名为
                                         AXVAR1和AXVAR2中
```

3.2.1 间接编程G代码

指令：G[〈组〉] =<编号>

其中：

G[...]：带扩展名（索引）的G指令。

<组>：索引系数G功能组，INT型，只能间接编程模态有效的G功能组，程序段方式有效的G功能组发出报警。

<编号>：用于G代码编号的变量，INT和REAL型。在G代码间接编程中不允许有计算功能，必须在G代码间接编程前，在一个自身的零件程序中进行G代码编号计算。

例1：可设定的零点偏移（G功能组8）。

```
N1010 DEF INT INT_VAR
N1020 INT_VAR =2
```

```
⋮
N1090 G[8] = INT_VAR G1X0 Y0        ; G54
N1100 INT_VAR = INT_VAR + 1         ; G 代码计算
N1110 G[8] = INT_VAR G1X0 Y0        ; G55
```

例 2：平面选择（G 功能组 6）。

```
N2010 R10 = $P_GG[6]                ;读取 G 功能组 6 中的有效功能
⋮
N2090 G[6] = R10
```

3.2.2 间接编程位置属性（GP）

位置属性，例如轴位量的增量或绝对偏移可以连同关键字 GP 一起间接编程为变量。

位置属性的间接编程在替换循环中有应用。与将位置属性程序为关键字（例如 IC、AC...）相比，通过间接编程变为变量，无需通过可能的位置属性转到 CASE 指令。

指令：

<定位指令>（<轴>/<主轴>）= GP（<位置>，<位置属性>）

其中：

<定位指令>[ ]：下列定位指令可以与关键字 GP 一起进行编程，POS，POSA，SPOS，SPOSA；此外，还可以编程所有通道中现有的轴/主轴名称，可变的轴/主轴名称 AX。

<轴/主轴>：需要定位的轴/主轴。

GP（）：用于定位的关键字。

<位置>：参数 1。

<位置属性>：参数 2；位置属性（例如，位置开始模式）作为变量（例如 $P_SUB_SPOSMODE）或作为关键字（IC、AC、...）。

由变量提供的值：0～16，含义见系统说明书：值 1 为 AC，值 2 为 IC 等。

举例：对于一个有效的同步主轴耦合，在主动主轴 S1 和随动主轴 S2 之间通过 SPOS 指令用于主轴定位的替换循环中，通过 N2230 中的指令进行定位。

```
N1000 PROC LANG_SUB DISPLOF SBLOF
⋮
N2100 IF($P_SUB_AXFCT == 2)         ; 对于有效的同步主轴指令，替换 SPOS/
                                      SPOSA/M19 指令
N2110...
N2185 DELAYFSTON                    ; 开始停止延时段
N2190 COUPOF (S2, S1)               ; 取消同步主轴耦合
N2200                               ; 定位引导主轴和随动主轴
N2210 IF($P_SUB_SPOS == TRUE)OR($P_SUB_SPOSA == TRUE)
N2220                               ; 用 SPOS 定位主轴，读取开始位置和位置
                                      开始模式
N2230 SPOS[1] = GP($P_SUB_SPOSIT, $P_SUB_SPOSMODE)
      SPOS[2] = GP($P_SUB_SPOSIT, $P_SUB_SPOSMODE)
```

```
N2250 ELSE
N2260                              ；用 M19 定位主轴
N2270 M1 =19 M2 =19                ；定位引导主轴和随动主轴
N2280 ENDIF
N2285 DELAYFSTOF                   ；结束停止延时段
N2290 COUPON（S2，S1）              ；激活同步主轴耦合
N2410 ELSE
N2420                              ；查询其他替换
 ⋮
N3000 ENDIF
 ⋮
N9999 RET
```

注意：不能在同步动作中间接编程位置属性。

3.2.3 间接编程零件程序行（EXECSTRING）

通过零件程序行指令 EXECSTRING，可以把一个字符串作为一个参数来传送，该字符串含有一个需要执行的零件程序行。

指令：

EXECSTRING(<字符串变量>)

其中：

EXECSTRING：传递一个字符串变量，包含待执行的零件程序行。

<字符串变量>：带有需要执行的零件程序行的参数。

所有的零件程序结构都可以被取消。它们可以在零件程序的程序部分被编程；PROC 和 DEF 指令被排除在外，在 INI 和 DEF 文件中也不能应用。

举例：间接编程零件程序行。

```
N100 DEF 字符串[100]程序块              ；用来输入零件程序行的字符串变量
N110 DEF 字符串[10]MFCT1 =“M7”
 ⋮
N200 EXECSTRING(MFCT1 <<“M4711”)      ；执行零件程序行“M7 M4711”
 ⋮
N300 R10 =1
N310 BLOCK = “M3”
N320 IF（R10）
N330 程序块 =程序块 << MFCT1
N340 ENDIF
N350 EXECSTRING（BLOCK）               ；执行零件程序行“M3 M4711”
```

3.3 运算功能

运算功能主要应用于 R 参数和实数型变量（或常量和功能）；整数型和字符型也是允

许的。

运算符/计算功能如下：

+：加法。

-：减法。

*：乘法。

/：除法。注意：(INT 型)/(INT 型) =(REAL 型)。例：3/4 =0.75。

DIV：除法，用于变量类型整数型和实数型。注意：（INT 型） DIV （INT 型） = （INT 型）。例：3DIV 4 =0。

MOD：取模除法（仅用于 INT 型），提供一个 INT 除法的余数。例：3MOD 4 =3。

::串运算符（在框架变量时）。

SIN（）：正弦。

COS（）：余弦。

TAN（）：正切。

ASIN（）：反正弦。

ACOS（）：反余弦。

ATAN2（）：反正切 2。结果位于四个象限的范围内（ -180° <0° < +180°）。角度是指与正方向的第 2 个数值的夹角。

SQRT（）：平方根。

ABS（）：总计（绝对值）。

POT（）：2 幂（平方）。

TRUNC（）：整数部分。比较命令时的精确度，可使用 TRUNC 设置。

ROUND（）：取整（4 舍 5 入）。

ROUNDUP（）：取整（取整为一个较大的整数值）。

LN（）：自然对数。

EXP（）：指数函数。

MINVAL（）：两变量中的较小值。

MAXVAL（）：两变量中的较大值。

BOUND（）：已定义值域中的变量值。

CTRANS（）：偏移。

CROT（）：旋转。

CSCALE（）：比例修改。

CMIRROR（）：镜像。

编程时，计算功能采用通常使用的数学运算法则。在处理中需优先处理的用括号给出。对于三角函数和它的反函数，其单位是度（直角 =90°）。

例：初始化整个变量数组。

```
R1 = R1 + 1                          ; 新的 R1 = 旧的 R1 + 1
R1 = R2 + R3  R4 = R5 - R6  R7 = R8 * R9
R10 = R11/R12  R13 = SIN (25.3)
R14 = R1 * R2 + R3                   ; 四则运算法则
```

```
R14 = (R1 + R2) * R3                        ; 首先运算括号中的数字
R15 = SQRT (POT (R1) + POT (R2))            ; 首先计算括号内，R15 = 平方根
RESFRAME = FRAME1: FRAME2
FRAME3 = CTRANS (...): CROT (...);          使用链接算子将括号与另一个得出结果
                                            的括号联系起来或者给括号中的分量
                                            赋值
```

3.3.1　比较运算和逻辑运算

（1）比较运算　例如可以用来表达某个跳转条件。完整的表达式也可以进行比较。比较函数可用于CHAR、INT、REAL和BOOL型的变量。CHAR型变量用于比较代码值。STRING、AX1S和FRAME可以为：==和< >；也可在同步动作中用于运算STRING型的变量。

比较运算的结果始终为BOOL型。

（2）逻辑运算　逻辑运算用来将真值联系起来。逻辑运算也能用于BOOL型变量。通过内部类型转换也可将其用于CHAR、INT和REAL数据类型。对于逻辑（布尔）运算而言，适用数据类型为BOOL、CHAR、INT和REAL；0表示FALSE；不等于0相当于TRUE。

（3）位逻辑运算符　使用CHAR和INT型变量也可进行逐位逻辑运算。如果有这种情况，类型转换自动进行。

1. 编程

1）比较运算符。

==：相同于。

<>：不等于。

>：大于。

<：小于。

>=：大于等于。

<=：小于等于。

2）逻辑运算符。

AND：与运算。

OR：或运算。

NOT：非运算。

XOR：异或运算。

3）逐位逻辑运算符。

B_AND：位“与”运算。

B_OR：位“或”运算。

B_NOT：位“非”运算。

B_XOR：位“异或”运算。

在算术表达式中可以通过圆括号确定所有运算的顺序，并且由此脱离原来普通的优先计算规则。

在布尔的操作数和运算符之后必须加入空格。

运算在B_NOT可与一个运算域有关。它位于运算符之后。

2. 举例

例 1：比较运算。

IF R10 >=100 GOTOF 目标

或 R11 = R10 >= 100

IF R11 GOTOF 目标

R10 >= 100 的比较结果首先存储在 R11 中。

例 2：逻辑运算。

IF(R10 <50) AND($AA_IM[X] >=17.5) GOTOF 目标

或 IF NOT R10 GOTOB START

NOT 只与一个运算域有关。

例 3：逐位逻辑运算。

IF $MC_RESET_MODE_MASK B_AND'B10000' GOTOF ACT_PLANE。

3.3.2 比较错误的精度修正（TRUNC）

TRUNC 指令用来截断与一个精度系数相乘后的运算数。

（1）比较操作时的可设定精度　实数型零件程序参数内部，用 64 位的 IEEE 格式描述。这种显示形式不能构成精确的十进制数，在与理想计算的数值进行比较时可能会带来不好的结果。

（2）相对相等性　为了使这种描述所带来的不精确性不影响程序流程，在比较指令中不检测绝对奇偶性，而是检测一个相对相等性。

1. 指令

（1）比较错误时的精度补偿　指令：

TRUNC（R1 * 1000）

用 TRUNC 去除小数点后位数。

（2）所考虑的相对相等性　当进行相等性（==）、不相等性（<>）、大于等于（>=）、小于等于（<=），大于/小于（><）、绝对相等、大于（>）、小于（<）运算时，其相对相等性为 10^{-12}。

（3）兼容性　出于兼容性考虑，在（>）和（<）时，通过设置机床数据 MD10280 $MN_PROG_FUNCT10N_MASK 位 0 = 1 时，可以取消相对相等性的检测。

与实数型数据比较时，由于以上原因一般会出现一定的误差。当出现不可接受的偏差时，必须另选 INTEGER 型计算。方法是将运算数和一个精度系数相乘，然后再使用 TRUNC 截断。

（4）同步动作　所描述的比较指令性能也适用于同步动作。

2. 举例

精度检查。

```
N40 R1 =61.01 R2 =61.02 R3 =0.01             ；初始值分配
N41 IF ABS（R2 - R1）>R3 GOTOF FEHLER       ；有可能执行跳转
N42 M30                                      ；程序结束
N43 FEHLER：SETAL（66000）
```

改用整数型比较：

R11 = TRUNC（R1 * 1000）R12 = TRUNC（R2 * 1000）R13 = TRUNC（R3 * 1000）

```
IF ABS (R12 - R11) >R13 GOTOF FEHLER      ; 不执行跳转
M30                                       ; 程序结束
FEHLER: SETAL (66000)
```

得出并分析两个运算数的商。

```
R1 =61.01 R2 =61.02 R3 =0.01
IF ABS (((R2 - R1)/R3) - 1) >10EX - 5 GOTOF FEHLER      ; 不执行跳转
M30                                                     ; 程序结束
FEHLER: SETAL (66000)
```

3.3.3 运算的优先级

每个运算符都被赋予一个优先级，如表3-1所示。在计算表达式时，有高一级优先权的运算总是首先被执行。在优先级等同的运算中，运算由左到右进行。

在算术表达式中可以通过圆括号确定所有运算的顺序，并由此脱离原来普通的优先计算规则。

表3-1 从高到低优先级

优先级	运算符	含义
1	NOT, B_NOT	非，位非
2	*, /, DIV, MOD	乘除
3	+, -	加减
4	B_AND	位与
5	B_XOR	位异或
6	B_OR	位或
7	AND	与
8	XOR	异或
9	OR	或
10	<<	字符串链接，结果类型字符串
11	==, <>, >, <, >=, <=	比较运算符

说明：级联运算符“:”在表达式中不能与其他的运算符同时出现，因此这种运算符不要求划分优先级。

如果语句，例如：

```
IF (OTTO ==10) AND (ANNA ==20) GOTOF END
```

3.4 控制功能

3.4.1 程序跳转和分支

3.4.1.1 跳回到程序开始（GOTOS）

指令GOTOS可以用于程序重复时跳回到整个主程序或者子程序的开始处。

通过机床数据可以设置每次跳回程序开始处：程序运行时间设置为“0”；工件计数增加“1”。

1. 指令

GOTOS：带有程序开始跳转目标的跳转指令。

执行指令通过 NC/PLC 接口信号控制：

DB21... DBX384.0（调节程序分支）

值 0：没有跳回到程序开始。程序加工在 GOTOS 后继续进行下一个零件程序段。

值 1：跳回到程序开始，重复零件程序。

2. 边界条件

1）GOTOS 触发内部一个 STOPRE（预处理停止）。

2）对于一个带有数据意义（LUD 变量）的零件程序，通过 GOTOS，根据定义段跳转到第一个程序段，即不重新执行数据定义。为此定义的变量保持了 GOTOS 程序段中达到的值，并且不跳回到定义段中编程的标准值。

3）在同步动作和工艺周期中不提供指令 GOTOS。

3. 举例

```
N10...          ; 程序开始
⋮
N90 GOTOS       ; 跳转到程序开始
```

3.4.1.2　跳转到跳转标记处（GOTOB，GOTOF，GOTO，GOTOC）

在一个程序段中可以设置跳转标记（标签），通过指令 GOTOF、GOTOB、GOTO 或 GOTOC 可以在同一个程序内从其他位置跳转到跳转标记处。然后通过该指令继续运行程序。该指令直接跟随在跳转标记后，因此可以在程序内实现分支。

除了跳转标记外，主程序段号码和分支程序段号码也可以作为跳转目标。

如果在跳转指令前存在跳转条件（IF...），则仅在满足跳转条件情况下才进行程序跳转。

1. 指令

```
GOTOB <跳转目标>
IF <跳转条件> = TRUE GOTOB <跳转目标>
GOTOF <跳转目标>
IF <跳转条件> = TRUE GOTOF <跳转目标>
GOTO <跳转目标>
IF <跳转条件> = TRUE GOTO <跳转目标>
GOTOC <跳转目标>
IF <跳转条件> = TRUE GOTOC <跳转目标>
```

其中：

GOTOB：以程序开始方向的带跳转目标的跳转指令。

GOTOF：以程序末尾方向的带跳转目标的跳转指令。

GOTO：带跳转目标查找的跳转指令。查找先向程序末尾方向进行，然后再从程序开始处进行查找。

GOTOC：与GOTO的区别是，报警1480“跳转目标未找到”被抑制。这表示在跳转目标查找没有结果的情况下不中断程序运行，而从指令GOTOC下面的程序行继续进行。

<跳转目标>：跳转目标参数。允许的说明有：

1）<跳转标记>：跳转目标是程序中带有用户定义名称的标记。

2）<程序段号码>：主程序段号或者分支程序段号作为跳转目标（如200、N300）。

3）STRING类型变量：跳转目标变量。变量提供一个跳转标记或者一个程序段号。

IF：用于编制跳转条件的关键字。

跳转条件允许使用所有的比较运算和逻辑运算（结果：TRUE或者FALSE）。如果这种运算的结果为TRUE，则执行程序跳转。

跳转标记（标签）：跳转标记总是位于一个程序段的起始处。如果有程序段号，则跳转标记紧跟在程序段号之后。跳转标记名称有下列规定：

1）字符数：至少两个，至多32个。

2）允许的字符有字母、数字和下划线。

3）开始的两个字符必须是字母或者下划线。

4）在跳转标记名之后为一个冒号（“：”）。

2. 边界条件

1）跳转目标可能仅仅是一个带跳转标记或者程序号的程序段，它们位于程序内。

2）不带跳转条件的跳转指令必须在一个独立的程序段中编程。带跳转条件的跳转指令不适用这类限制。在一个程序段中可以编制几个跳转指令。

3）在不带跳转条件的跳转指令的程序中，程序结束M2/M30并不一定必须位于程序结束处。

3. 举例

例1：跳转到跳转标记。

```
N10 ...
N20 GOTOF Label_1              ；向程序末尾方向跳转到跳转标记“Label_1”
N30 ...
N40 Label_0：R1 = R2 + R3      ；设置了跳转标记“Label_0”
N50 ...
N60 Labcl_1：R1 - R2 - R3      ；设置了跳转标记“Label_1”
N70 ...
N80 GOTO B Label_0             ；向程序开始方向跳转到跳转标记“Label_0”
N90 ...
```

例2：间接跳转到程序段号。

```
N5 R10 = 100
N10 GOTOF "N" << R10           ；跳转到程序段号码为R10的程序段
⋮
N90 ...
N100 ...                       ；跳转目标
N110 ...
```

例 3：跳转到可变的跳转目标。

```
DEF STRING [20] ZIEL
ZIEL = "Marke 2"
GOTOF ZIEL                  ；向程序末尾方向跳转到可变的跳转目标 ZIEL
Marke 1：T = "孔 1"
⋮
Marke 2：T = "孔 2"          ；跳转目标
⋮
```

例 4：带跳转条件的跳转。

```
N40 R1 = 30 R2 = 60 R3 = 10 R4 = 11 R5 = 50 R6 = 20
                            ；初值赋值
N41 LA1：G0 X = R2 * COS(R1) + R5 Y = R2 * SIN(R1) + R6
                            ；已设置跳转标记 LA1
N42 R1 = R1 + R3 R4 = R4 - 1
R43 IF R4 > 0 GOTOB LA1     ；如果满足跳转条件，向程序开始方向跳转到跳转目
                              标 LA1
N44 M30                     ；程序结束
```

3.4.1.3 程序分支（CASE... OF... DEFAULT...）

CASE 功能可以检测一个变量或者一个计算函数当前值（类型：INT），根据结果跳转到程序中的不同位置。

1. 指令

CASEC <表达式> OF <常量_1> GOTOF <跳转目标_1> <常量_2> GOTOF <跳转目标_2>... DEFAULT GOTOF <跳转目标_n>

其中：

CASE：跳转指令。

<表达式>：变量或计算函数。

OF：用于编制有条件程序分支的关键字。

<常量_1>：变量或者计算函数首先规定的恒定值。类型：INT。

<常量_2>：变量或者计算函数第二个规定的恒定值。类型：INT。

DEFAULT：对于变量或者计算函数没有采用规定值的情况，可以用 DEFAULT 指令确定跳转目标。如果 DEFAULT 指令没有被编程，在这些情况中，紧跟在 CASE 指令之后的程序段将成为跳转目标。

GOTOF：以程序末尾方向的带跳转目标的跳转指令；代替 GOTOF 可编程所有其他的 GOTO 指令。

<跳转目标_1>：当变量值或者计算函数值符合第一个规定的常量，程序分支到跳转目标。可以如下规定跳转目标：<跳转标记> <程序段号码>，STRING 类型变量。

<跳转目标_2>：当变量值或者计算函数值符合第二个规定的常量，程序分支到跳转目标。

<跳转目标_n>：当变量值不符合规定的常量，程序分支到跳转目标。

2. 举例

```
⋮
N20 DEF INT VAR1 VAR2 VAR3
N30 CASE(VAR1 + VAR2 - VAR3)OF 7 GOTOF Label_1 9 GOTOF Label_2 DEFAULT
GOTOF Label_3
N40 Label_1:G0 X1 Y1
N50 Label_2:G0 X2 Y2
N60 Label_3:G0 X3 Y3
⋮
```

CASE 指令由 N30 定义下列程序分支可行性：

1）如果计算函数值 VAR1 + VAR2 - VAR3 = 7，则跳转到带有跳转标记定义的程序段“Label_1:”（→N40）。

2）如果计算函数值 VAR1 + VAR2 - VAR3 = 9，则跳转到带有跳转标记定义的程序段“Label_2:”（→N50）。

3）如果计算函数值 VAR1 + VAR2 - VAR3 的值，既不等于 7，也不等于 9，则跳转到带有跳转标记定义的程序段“Label_3:”（→N60）。

3.4.2 程序部分重复（REPEAT，REPEATB，ENDLABEL，P）

程序部分重复是指在一个程序中，可以任意组合重复已经编写的程序部分。需要重复的程序行或程序段落带有跳转标记（标签）。

跳转标记（标签）规定同前。

1. 指令

（1）重复单个程序行

```
<跳转标记>: ...
⋮
REPEATB <跳转标记> P =<n>
⋮
```

（2）重复跳转标记和 REPEAT 指令之间的程序段落

```
<跳转标记>: ...
⋮
REPEAT <跳转标记> P =<n>
⋮
```

（3）重复两个跳转标记之间的段落

```
<起始跳转标记>: ...
⋮
<结束跳转标记>: ...
⋮
REPEAT <起始跳转标记> <结束跳转标记> P =<n>
```

注意：REPEAT 指令不能被夹在起始与结束跳转标记之间。如果在 REPEAT 指令前找到

了 <起始跳转标记>，但没有找到 <结束跳转标记>，则重复 <起始跳转标记> 和 REPEAT 指令之间的程序段落。

（4）重复跳转标记和 ENDLABEL 之间的程序段落

```
<跳转标记>：...
⋮
ENDLABEL：...
⋮
REPEAT <跳转标记> P =<n>
⋮
```

注意：REPEAT 指令不能被夹在 <跳转标记> 和 ENDLABEL 之间。如果在 REPEAT 指令前找到了 <跳转标记>，但没有找到 ENDLABEL，则重复 <跳转标记> 和 REPEAT 指令之间的程序段落。

其中：

REPEATB：重复程序行的指令。

REPEAT：重复程序段落的指令。

<跳转标记>：<跳转标记>标出了需要重复的程序行（REPEATB）或者需要重复的程序段落（REPEAT）的开始。

标有 <跳转标记> 的程序行可以位于 REPEAT_ /REPEATB 的前面或后面，首先向程序起始的方向搜索，如果在这个方向没有找到跳转标记，则向程序末尾方向搜索。但有一个例外，如果需要重复跳转标记和 REPEAT 指令之间的程序段落（参见指令（2）），带有 <跳转标记> 的程序行必须位于 REPEAT 指令之前，因为此时可向程序起始的方向搜索。如果带 <跳转标记> 的程序行中还有其他的指令，在每次重复时都会重新执行这些指令。

ENDLABEL：标出需要重复的程序段落结尾的关键字。如果带 ENDLABEL 的程序行中还有其他指令，在每次重复时都会重新执行这些指令。在程序中可以多次使用 ENDLABEL。

P：指定重复数量的地址。

<n>：程序部分重复的次数。类型：INT。程序部分会重复 <n> 次。在重复最后一次之后，继续执行 REPEAT_ /REPEATB 行之后的语句。注意，如果没有指定 P =<n>，则程序部分仅重复一次。

2. 举例

例 1：重复单个程序行。

```
N10 POSITION1：X10 Y20
N20 POSITION2：CYCLE（0，9，8）      ；位置循环
N30 ...
N40 REPEATB POSITION1 P =5          ；程序段 N10 执行 5 次
N50 REPEATB POSITION2               ；程序段 N20 执行 1 次
N60 ...
N70 M30
```

例 2：重复跳转标记和 REPEAT 指令之间的程序段落。

```
N5 R10 =15
```

```
N10 BEGIN：R10 = R10 + 1
N20 Z = 10 - R10
N30 G1 X = R10 F200
N40 Y = R10
N50 X = - R10
N60 Y = - R10
N70 Z = 10 + R10
N80 REPEAT BEGIN P = 4          ；执行 N10 到 N70 程序部分 4 次
N90 Z10
N100 M30
```

例3：重复两个跳转标记间的段落。

```
N5 R10 = 15
N10 BEGIN：R10 = R10 + 1
N20 Z = 10 - R10
N30 G1 X = R10 F200
N40 Y = R10
N50 X = - R10
N60 Y = - R10
N70 END：Z = 10
N80 Z10
N90 CYCLE（10，20，30）
N100 REPEAT BEGIN END P = 3     ；执行 N10 到 N70 程序部分 3 次
N110 Z10
N120 M30
```

例4：重复跳转标记和 ENDLABEL 之间的段落。

```
N10 G1 F300 Z - 10
N20 BEGIN1：
N30 X10
N40 Y10
N50 BEGIN2：
N60 X20
N70 Y30
N80 ENDLABEL：Z10
N90 X0 Y0 Z0
N100 Z - 10
N110 BEGIN3：X20
N120 Y30
N130 REPEAT BEGIN3 P = 3        ；执行 N110 到 N120 程序部分 3 次
N140 REPEAT BEGIN2 P = 2        ；执行 N50 到 N80 之间的程序部分 2 次
```

```
N150 M100
N160 REPEAT BEGIN1 P=2          ；执行 N50 到 N80 之间的程序部分 2 次
N170 Z10
N180 X0 Y0
N190 M30
```

例 5：铣削加工，采用不同的工艺加工钻孔位置。

```
N10 ZENTRIERBOHRER（）          ；换上定中钻头
N20 POS_1：                     ；钻孔位置 1
N30 X1 Y1
N40 X2
N50 Y2
N60 X3 Y3
N70 ENDLABEL：
N80 POS_2：                     ；钻孔位置
N90 X10 Y5
N100 X9 Y-5
N110 X3 Y3
N120 ENDLABEL：
N130 BOHRER（）                 ；更换钻头和钻孔循环
N140 GEWINDE（6）               ；换上螺纹钻 M6 和螺纹循环
N150 REPEAT POS_1               ；重复程序部分一次，自 POS_1 到 ENDLABEL
N160 BOHRER（）                 ；更换钻头和钻孔循环
N170 GEWINDE（8）               ；换上螺纹钻 M8 和螺纹循环
N180 REPEAT POS_2               ；重复程序部分一次，自 POS_2 到 ENDLABEL
N190 M30
```

3. 其他信息

1）程序部分重复可以嵌套调用。每次调用占用一个子程序级。

2）如果在执行程序重复过程中编程了 M17 或者 RET，则程序重复被停止。程序接着从 REPEAT 指令行之后的语句开始运行。

3）在当前的程序显示中，程序重复部分作为单独的子程序级显示。

4）如果在执行程序部分重复过程中取消该级别，则在调用程序部分执行后，继续该程序加工。例：

```
N5 R10=15
N10 BEGIN：R10=R10+1
N20 Z=10-R10
N30 G1 X=R10 F200
N40 Y=R10                       ；级别取消
N50 X=-R10
N60 Y=-R10
```

```
N70 END: Z10
N80 Z10
N90 CYCLE (10, 20, 30)
N100 REPEAT BEGIN END P=3
N120 Z10                        ；继续程序加工
N130 M30
```

5）控制结构和程序部分重复可以组合使用，但是，两者之间不得产生重叠。一个程序部分重复应该位于一个控制结构分支之内，或者一个控制结构位于一个程序部分重复部分之内。

6）如果跳转和程序重复部分交织在一起，则程序段按次序执行。比如说，程序重复部分有一个跳转，则一直进行加工，直至找到编程的程序结束部分。例：

```
N10 G1 F300 Z-10
N20 BEGIN1:
N30 X10
N40 Y10
N50 GOTOF BEGIN2
N60 ENDLABEL:
N70 BEGIN2:
N80 X20
N90 Y30
N100 ENDLABEL: Z10
N110 X0 Y0 Z0
N120 Z-10
N130 REPEAT BEGIN1 P=2
N140 Z10
N150 X0 Y0
N160 M30
```

REPEAT 指令应位于重复运行程序段之后。

3.4.3　程序循环

控制系统按照编制好的标准顺序处理 NC 程序段。该顺序可以通过编程可选的程序块和程序循环改变。程序循环编程通过控制单元（关键字）IF... ELSE，LOOP，FOR，WHILE 和 REPEAT 实现。

程序循环只有在一个程序的指令部分才可能实现。程序头的定义不能有条件或重复执行。标准循环的关键词和跳转目标一样不能和宏叠加。宏定义时不能进行检测。

程序循环对部分程序有效。

在每个子程序之内，嵌套的层数可达 16 层。

在标准有效的编译操作中，可以通过程序跳转的运用达到比标准程序循环快的程序操作。

在前面汇编的循环中，程序跳转和标准程序循环没有实质的区别。

边界条件：

1）带有标准程序循环数组元的程序段不能被跳过。

2）跳过标记（标签）不允许在程序循环单元的程序段中。

3）标准程序循环被编译。在识别一个循环结尾时，考虑到所找到的标准循环结构，会寻找循环开头，之后，在编译过程中，模块结构不会完全被检测。

4）建议不要混合使用标准程序循环结构和程序跳转。

5）在循环的预处理中，会检查循环结构的正确嵌套。

3.4.3.1 带选项的程序循环（IF，ELSE，ENDIF）

当查询循环包含一个可选的程序块时，可使用带 IF 和 ELSE 的结构：如果满足 IF 条件，则执行 IF 内的程序块；如果 IF 条件不满足，则执行 ELSE 内可选的程序块。

如果不需要选择，则 IF 循环也可以不带 ELSE 指令，并对 ELSE 后的程序块编程。

指令：

```
IF <条件>
 ⋮
ELSE
 ⋮
ENDIF
```

其中：

IF：导入 IF 循环。

ELSE：导入可选的程序块。

ENDIF：标记 IF 循环结束处并跳转到循环开头。

<条件>：决定运行哪个程序块的条件。

举例：刀具更换子程序。

```
PROC L6                                    ; 刀具更换路线
N500 DEF INT TNR_AKTUELL                   ; 有效 T 号码变量
N510 DEF INT TNR_VORWAHL                   ; 预选 T 号码变量
N520 STOPRE
N530 IF  $P_ISTEST                         ; 正在运行程序测试...
N540 TNR_AKTUELL = $P_TOOLNO               ;...从程序文本中读取“当前”刀具
N550 ELSE                                  ; 否则...
N560 TNR_AKTUELL = $TC_MPP6[9998.1]        ; ... 已读取主轴刀具
N570 ENDIF
N580 GETSELT(TNR_VORWAHL)                  ; 读取主轴上预选刀具的 T 号码
N590 IF TNR_AKTUELL < >TNR_VORWAHL         ; 如果预选刀具还不是当前刀具，则...
N600 G0 G40 G60 G90 SUPA X450 Y300 Z300 D0
                                           ; ... 回到刀具更换点...
N610 M206                                  ; ... 进行刀具更换
N620 ENDIF
N630 M17
```

3.4.3.2 无限程序循环（LOOP，ENDLOOP）

无限循环在无限程序中被应用。在循环结尾总是跳转到循环开头重新运行。

1. 指令

LOOP：引入无限循环。

⋮

ENDLOOP：标记循环结束处并跳转到循环开头。

2. 举例

```
⋮
LOOP
MSG（“无刀沿有效”）
M0
STOPRE
ENDLOOP
⋮
```

3.4.3.3 计数循环（FOR... TO...，ENDFOR）

当一个带有确定值的操作程序被循环重复，计数循环就会被运行。

1. 指令

```
FOR <变量> = <初值> TO <终值>
⋮
ENDFOR
```

其中：

FOR：引入计数循环。

ENDFOR：一旦还没有得到计数终值，则标记循环结束处并跳转到循环开头。

<变量>：计数变量从初值开始向上计数，直到终值，且在每次运行时增加值“1”。类型：INT 或 REAL。

如果为计数循环编程，例如 R 参数，则采用实数型变量。如果计数变量为实数变量，则将四舍五入该变量值。

<初值>：计数的初值。条件：初值必须小于终值。

<终值>：计数的终值。

2. 举例

例 1：整数变量或 R 参数作为计数变量。

（1）整数变量作为计数变量

```
DEF INT IVARIABLE1
R10 = R12 - R20 * R1 R11 = 6
FOR：VARIABLE1 = R10 TO R11    ；计数变量 = 整数变量
R20 = R21 * R22 + R23
ENDFOR
M30
```

（2）R 参数作为计数变量

```
R11 =6
FOR R10 = R12 - R20 * R1 TO R11 ; 计数变量 = R 参数（实数变量）
R20 = R21 * R22 + R23
ENDFOR
M30
```

例2：加工一个固定的零件数。

```
DEF INT STUECKZAHL            ; 用名称“STUECKZAHL”定义的 INT 型变量
FOR STUECKZAHL =0 TO 100      ; 引入计数循环，变量“STUECKZAHL”从初
                                值“0”向上计数，直到终值“100”
G01...
ENDFOR                        ; 计数循环结束
M30
```

3.4.3.4　在循环开始处带有条件的程序循环（WHILE，ENDWHILE）

WHILE 循环的开始是有条件的。一旦满足条件，WHILE 循环即开始运行。

1. 指令

```
WHILE <条件>
⋮
ENDWHILE
```

其中：

WHILE：引入程序循环。

ENDWHILE：标记循环结束处并跳转到循环开头。

<条件>：必须满足条件，只有这样 WHILE 循环才能运行。

2. 举例

```
⋮
WHILE $AA_IW[钻削轴] > -10   ; 在下列条件下调用 WHILE 循环：当前的钻削
                               轴 WKS 额定值必须大于 -10
G1 G91 F250 AX[钻削轴] = -1
ENDWHILE
⋮
```

3.4.3.5　在循环结束处带有条件的程序循环（REPEAT，UNTIL）

REPEAT 循环的结束是有条件的。REPEAT 循环一旦被执行会不断重复，直到满足条件为止。

1. 指令

```
REPEAT
⋮
UNTIL <条件>
```

其中：

REPEAT：引入程序循环。

UNTIL：标记循环结束处并跳转到循环开头。

<条件>：必须满足条件，只有这样 REPEAT 循环才能运行。

2. 举例

```
⋮
REPEAT                          ; 调用 REPEAT 循环
⋮
UNTIL...                        ; 检查是否已满足条件
⋮
```

3.4.3.6 带层叠程序循环的程序例

```
LOOP
    IF NOT $P_SEARCH        ; 没有程序索引
    G1 G90 X0 Z10 F1000
        WHILE $AA_IM[X] <=100
        G1 G91 X10 F500  ; 钻孔
        Z-10 F100
        Z5
        ENDWHILE
    Z10
    ELSE
    MSG ("在搜索过程中不钻孔")
    ENDIF
$A_OUT[1]=1                 ; 下一个钻孔板
G4 F2
ENDLOOP
M30
```

3.5 中断程序（ASUP）

在以下说明中交替出现的“异步子程序”（ASUP）和“中断程序”表示同一种功能。

用某个典型示例来阐述中断程序的功能。假如在加工过程中刀具折断，由此触发一个信号，这个信号中止正在运行的处理过程，并同时开始一个子程序，也就是所谓的中断程序。在这个子程序中，有所有在这种情况下应当被执行的指令。比如离开轮廓、换刀、新补偿值。如果子程序已执行完毕（并且因此而恢复运行就绪状态），控制系统就会跳回到主程序中，并且根据 REPOS 指令，在中断点继续执行加工。

如果在子程序中没有编程任何 REPOS 指令，则向着程序段的结束点定位，该结束点跟随中断的程序段。

3.5.1 建立中断程序

1. 建立作为子程序的中断程序

这个中断程序在定义时和一个子程序一样被标识。

举例：

```
PROC ABHEB_Z                    ；程序名“ABHEB_Z”
N10 ...                         ；紧接着的是 NC 程序段
 ⋮
N50 M17                         ；最后结束程序并返回到主程序
```

2. 保存模态 G 功能（SAVE）

进行定义时，可使用 SAVE 来标识中断程序。

属性 SAVE 发挥下列作用：在调用中断程序之前保存有效的模态 G 功能；在结束中断程序之后再次激活。

由此，可以在结束中断程序之后，在中断点继续进行加工。

举例：

```
PROC ABHEB_Z SAVE
N10 ...
 ⋮
N50 M17
```

3. 赋值其他中断程序（SETINT）

可以在中断程序内部编程 SETINT，并由此立即接通其他的中断程序。只有通过输入端才可以触发。

3.5.2　中断程序赋值和启动（SETINT，PRIO，BLSYNC）

控制系统使用信号（输入端 1 ~ 8），它能使正在进行的程序中断，并能启动相应的中断程序。

在零件程序中用指令 SETINT 分配哪些程序启动哪些输入端。

如果在零件程序中有多个 SETINT 指令，并由此能够同时出现多个信号，则必须为那些赋值的中断程序分配优先级值。它用于确定加工时的顺序：PRIO =< 值 >。

如果在中断处理期间有新的信号输入，有较高优先级的程序中断当时的其他中断程序。

1. 指令

```
SETINT（<n>）PRIO =<值>  <名称>
SETINT（<n>）PRIO =<值>  <名称>BLSYNC
SETINT（<n>）PRIO =<值>  <名称>LIFTFAST
```

其中：

SETINT（<n>）：指令，赋值中断程序输入端 <n>。当接通输入端 <n> 时，启动赋值的中断程序。如果一个确定的输入端被一个新的程序赋值，旧的值自动失效。

<n>：参数，输入端号，INT 型；取值范围：1 ~ 8。

PRIO =：指令，确定优先级。

<值>：优先级值，INT 型；取值范围：1 ~ 128。优先级 1 相当于最高优先级。

<名称>：需要处理的子程序（中断程序）名称。

BLSYNC：如果共同编程了 SETINT 指令和 BLSYNC，在中断信号出现时仍会继续处理运行中的程序段，然后才启动中断程序。

LIFTFAST：如果共同编程了 SETINT 指令和 LIFTFAST，在中断信号出现时会首先使得

“刀具快速离开工件轮廓”，然后才启动中断程序。

2. 举例

例1：赋值中断程序和确定优先级。

```
⋮
N20 SETINT (3) PRIO =1 ABHEB_Z      ；如果接通了输入端3，则应该启动中断
                                      程序“ABHEB_Z”。
N30 SETINT (2) PRIO =2 ABHEB_X      ；如果接通了输入端2，则应该启动中断
                                      程序“ABHEB_X”
```

如果多个输入端同时保留，则中断程序会根据级别数的顺序进行处理。首先是“ABHEB_Z”，然后是“ABHEB_X”

例2：重新赋值中断程序。

```
⋮
N20 SETINT (3) PRIO =2 ABHEB_Z      ；如果接通了输入端3，则应该启动中断
                                      程序“ABHEB_Z”
⋮
N120 SETINT (3) PRIO =1 ABHEB_X     ；给一个新的中断程序赋值输入端3，当接
                                      通输入端3时，应该启动“ABHEB_X”
                                      而不是“ABHEB_Z”
```

3.5.3　取消/再激活一个中断程序的赋值（DISABLE，ENABLE）

SETINT 指令可以通过 DISABLE 取消，并通过 ENABLE 再次激活，不会丢失输入端对中断程序的赋值。

1. 指令

DIS ABLE（<n>）：取消中断程序输入端的赋值<n>。

ENABLE（<n>）：再次激活中断程序输入端的赋值<n>。

其中<n>：参数，输入端的编号，INT 型；取值范围：1～8。

2. 举例

```
⋮
N20 SETINT (3) PRIO =1 ABHEB_Z      ；如果接通了输入端3，则应该启动中断
                                      程序“ABHEB_Z”
⋮
N90 DISABLE (3)                     ；取消 N20 中的 SETINT 指令
⋮
N130 ENABLE (3)                     ；再次激活 N20 中的 SETINT 指令
⋮
```

3.5.4　删除中断程序的赋值（CLRINT）

用 SETINT 定义的输入端，可以用 CLRINT 删除中断程序赋的值。

指令：

```
CLRINT（<n>）                       ；删除中断程序输入端赋值<n>
```

其中<n>：参数，输入端编号，INT 型；取值范围：1 ~ 8。

举例：

```
⋮
N20 SETINT（3）PRIO =2 ABHEB_Z
⋮
N50 CLRINT（3）                      ；输入端 3 和程序“ABHEB_Z”之间的
                                       赋值被删除
```

3.5.5 快速离开工件轮廓（SETINT，LIFTFAST，ALF）

如果 SETINT 指令带 LIFTFAST，在接通输入端时，通过快速从工件轮廓离开的方式使刀具离开。

其他的过程与 LIFTFAST 旁的 SETINT 指令是否包含一个中断程序有关：

带中断程序：在快速离开之后执行中断程序；

不带中断程序：在快速离开之后加工停止，并发出报警。

指令：

```
SETINT（<n>）PRIO =<值> LIFTFAST
SETINT（<n>）PRIO =<值> <名称>LIFTFAST
```

其中：

SETINT（<n>）：指令，赋值中断程序输入端<n>，当接通输入端<n>时，启动赋值的中断程序。

<n>：参数，输入端编号，INT 型；取值范围：1 ~ 8。

PRIO：确定优先级。

<值>：优先级值；取值范围：1 ~ 128；优先级 1 相当于最高优先级。

<名称>：需要处理的子程序（中断程序）名称。

LIFTFAST：指令，快速离开工件轮廓。

ALF =...：指令，可编程的运动方向（在运动程序段中）。

带镜像的有效框架的性能：在确定离开方向时会检测是否有一个框架带镜像被激活。在这种情况下，刀具沿正切线离开，左右相同。在刀具方向的方向分量没有镜像。通过 MD 设置激活该性能：MD21202 $MC_LIFTFAST_WITH_MIRROR = TRUE。

举例：折断的刀具自动地被另一个刀具替代。加工以新的刀具继续进行。

主程序：

```
N10 SETINT(1)PRIO =1 W_WECHS LIFTFST   ；接通输入端 1，刀具会立即以快速
                                         离开（代码 7 对应刀具半径补偿
                                         G41）的方式离开工件轮廓。然后
                                         中断程序“W_WECHS”被执行
N20 G0 Z100 G17 T1 ALF =7 D1
N30 G0 X -5 Y -22 Z2 M3 S300
N40 Z -7
```

```
N50 G41 G1 X16Y16 F200
N60 Y35
N70 X53 Y65
N90 X71.5 Y16
N100 X16
N110 G40 G0 Z100 M30
```

子程序：

```
PROCW_WECHS SAVE        ；带当前运行状态储存的子程序
N10 G0 Z100 M5          ；换刀位置，主轴停止
N20 T11 M6 D1 G41       ；更换刀具
N30 REPOSL RMB M3       ；返回轮廓并跳转到主程序中（在一个程序段中编程）
```

3.5.6 快速离开工件轮廓时的运动方向

1. *回退运动*

回退运动的平面由下列G代码确定：

1）LFTXT：由轨迹切线和刀具方向来确定回退运动的平面（标准设置）。

2）LFWP：回退运动的平面是用G代码G17、G18或G19选择的、已激活的工件平面。回退运动的方向不由轨道切线决定，由此可以编程一个与轴并行的快速离开。

3）LFPOS：使通过POLFMASK/POLFMLIN指明的轴回到用POLF编程的绝对轴位置。

4）ALF在多个轴以及多个线性相关轴上时，对退刀方向没有影响。

2. *可编程的运行方向（ALF=...）*

在回退平面中，用ALF以45°的不连续步骤对方向进行编程。可能的运行方向存储在控制系统中，带专门的代码号，并可以在这个代码下调用。

举例：

```
N10 SETINT(2)PRIO=1 ABHEB_Z LIFTFST
ALF=7
```

刀具在启用了G41的情况下（从轮廓左侧加工方向）垂直从轮廓上离开。

（1）LFTXT下用于描述运行方向的基准面　刀具在编程轮廓上的切入点有一个平面，它作为带相应代码离开运动的参数说明的基准面。

这个基准面由工具径向轴（进刀方向）和一个矢量组成，这个矢量与这个平面相对，并与刀具在轮廓上切入点的切线垂直。

（2）LFTXT下带运行方向的代码编号　从这个基准面出发，可以在图3-1里找到带运行方向的代码编号。

对于ALF=1，回退在刀具方向中确定；用ALF=0，取消“快速离开”功能。

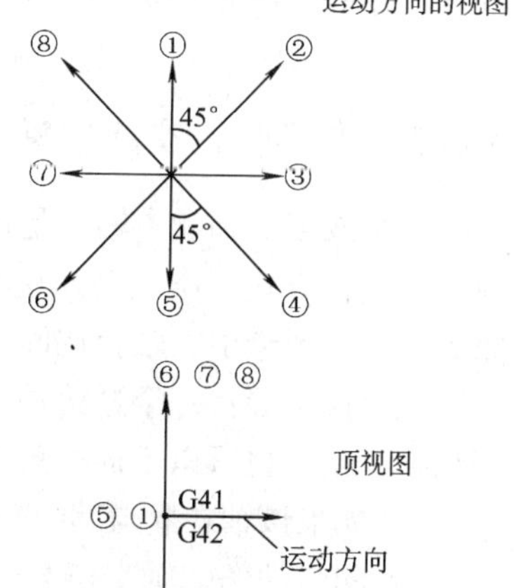

图3-1　LFTXT运行方向代码

注意：已接通的刀具半径补偿，对于 G41（编码 2、3、4）和 G42（编码 6、7、8）不会被使用。因为在这些情况下，刀具驶向轮廓并会与工件相撞。

（3）LFWP 下带运行方向的代码编号　对于 LFWP，工作平面中的方向被分配如下：

1）G17：*X/Y* 平面。

ALF = 1：在 *X* 方向后退。

ALF = 3：在 *Y* 方向后退。

2）G18：*Z/X* 平面。

ALF = 1：在 *Z* 方向后退。

ALF = 3：在 *X* 方向后退。

3）G19：在 *Y/Z* 平面。

ALF = 1：在 *Y* 方向后退。

ALF = 3：在 *Z* 方向后退。

3.5.7　中断程序下的运动过程

（1）没有 LIFTFAST 的中断程序　轴在轨迹上运动，直至在停止状态中停止。接着启动中断程序。

停止状态位置被保存为中断位置，并且在 REPOS 下，用 RMI 在中断程序结束时向该位置逼近。

（2）带 LIFTFAST 的中断程序　轴运动在轨迹上停止，同时，LIFTFAST 运动作为叠加运动被执行。如果轨迹运动和 LIFTFAST 运动停止，则启动中断程序。

轮廓上的位置作为中断位置被保存，在这个位置上开始 LIFTFAST 运动，并由此离开轨道。

带有 LIFTFAST 和 ALF = 0 的中断程序与没有 LIFTFAST 的中断程序有一样的特性。

几何轴快速离开工件轮廓时所移动的距离，可以通过机床数据设定。

3.6　轴交换和转移

3.6.1　交换轴，交换主轴（RELEASE，GET，GETD）

一个或多个轴和主轴总是仅可以在一个通道中被插补，如果某个轴必须在两个不同的通道中以交替方式工作（例如托盘更换器），则必须首先在当前通道中将其释放，然后将其接收到另一个通道中，轴会在两个通道之间进行转换。

轴交换扩展：一个进给轴/主轴可以通过预处理停止和同步的动作在预运行和主运行之间切换；或者也可以不通过预处理停止进行切换。此外，也可以通过下列方式进行轴交换：

1）如果该轴在此与其他轴连接在一起，请用旋转框架。

2）同步动作“轴交换 RELEASE，GET”。

1. 指令

RELEASE（轴名称，轴名称，...）或者 RELEASE（S1）

GET（轴名称，轴名称，...）或者 GET（S2）

GETD（轴名称，轴名称，...）或者 GETD（S3）

其中：

RELEASE：释放（使能）。

GET：接收。无预处理停止的 GET 指令：在一个无预处理停止或者程序复位之后，某个使用 GET 接收的轴和主轴也会保持分配给该通道。当重新启动程序时，如果在某个基本通道中需要轴的话，就必须以程序控制方式分配所交换的轴或者主轴。在 POWERON（上电）后，它将给在机床数据中保存的通道赋值。

GETD：直接接收。用 GETD（直接 GET）将一个轴从另一个通道中直接取出。这就是说，在另一个通道中不必给该 GETD 编程适当的 RELEASE。不过这也意味着，现在必须建立另一个通道通信（例如等待标记）。

轴名称：系统中的轴赋值：AX1，AX2...，或者给出加工轴名称。

S1，S2，S3：主轴编号。

2. 举例

例 1：没有同步的轴交换。

如果不必对轴进行同步，则通过 GET 不会产生预处理停止。

```
N10 G0 X0
N20 RELEASE（AX5）
N30 G64 X10
N40 X20
N50 GET（AX5）              ；当不需要同步时，这就不会成为可执行的程序段
N60 G01 F5000              ；不是可执行的程序段
N70 X20                    ；不是可执行的程序段，因为 X 位置与 N40 中的一样
N80 X30                    ；在 N50 之后第一个可执行的程序段
⋮
```

例 2：激活无预处理停止的轴交换。

前提条件：无预处理停止的轴交换必须通过机床数据设计。

```
N10 M4 S100
N11 G4 F2
N20 M5
N21 SPOS=0
N22 POS [B] =1
N23 WAITP [B]              ；轴 B 变成中性轴
N30 X1 F10
N31 X100 F500
N32 X200
N40 M3 S500                ；轴不触发预处理停止/REORG
N41 G4 F2
N50 M5
N99 M30
```

如果主轴或者轴 B 直接按照程序段 N23 作为 PLC 轴，例如运行到 180°且返回到 1°，然后该轴重新变为中性轴而在程序段 N40 中不释放预处理停止。

3. 前提条件

（1）轴交换的前提

1）轴必须已经通过机床数据在所有要使用该轴的通道中定义好。

2）必须通过 ACHS 特定的机床数据，确定在 POWER ON 之后将轴分配给哪个通道。

（2）说明

1）释放轴（RELEASE），在轴使能时必须要注意：①轴不可参加转换；②在轴耦合时（正切控制），所有相关轴都必须使能；③一个参与的定位轴在这种状态下不能交换；④在龙门架主轴机床中，所有跟随轴也被交换；⑤在轴耦合时（联动、引导轴耦合）只由相连的引导轴被使能。

2）接受轴（GET），用这个命令执行原来的轴交换。完全由已在其中编程了该指令的通道来负责轴。

3）GET 的作用。带同步的轴交换：当某个轴临时处在另外一个通道中或者分配给了 PLC，且在 GET 之前没有通过“WAITP”、G74 或者删除剩余行程的方式进行同步时，才必须对该轴进行同步。① 进给停止（与 STOPRE 相同）。② 在交换完全执行之前，加工始终保持中断状态。

4. 自动的“GET”

如果一个轴在通道中原则上可用，但是当时实际上不是作为交换轴，如果这个（些）轴已经被同步，不会产生进给停止。

5. 设置可修改的轴交换属性

轴的交换时刻可通过机床数据设置：

1）如果轴通过 WAITP 处于一个中性状态（与前面的性能一样），那么也可以在两个通道之间进行自动的轴交换。

2）在主程序中插入一个临时程序段之后，检查是否已成功进行了重新编组。只有当该程序段的轴状态与当前的轴状态不一致时，才有必要进行重新编组。

3）也可以在不停止进给的情况下进行轴交换，而无需带进给停止和进给与主程序同步的 GET 程序段，然后只生成带 GET 指令的临时程序段。在主程序中处理该程序段时，检查程序段中的轴状态是否与当前轴状态一致。

3.6.2 将轴移交到另一个通道中（AXTOCHAN）

用语言指令 AXTOCHAN 可以把轴指定给一个特定通道，以此把轴移到另一个通道。该轴可以从 NC 零件程序以及同步动作中移到相应的通道。

1. 指令

AXTOCHAN（轴名称，通道名称 [，轴名称，通道名称（，...）]）

其中：

AXTOCHAN：指定轴为某一特定通道。

轴名称：系统中的轴赋值：*X*、*Y*... 或者参与的机床轴名称的数据。待执行的通道不必是其自身通道，也不必是当前具有该轴插补权的通道。

通道编号：要给轴分配的通道号。

作为参与定位轴的PLC轴不能更换通道；仅由PLC控制的轴不能分配给NC程序。

2. 举例，NC程序中的AXTOCHAN

轴X和Y在通道1和2中已知，当前通道具有插补权且将在通道1中启动下列程序：

```
N110 AXTOCHAN（Y，2）          ；Y轴移向通道2
N111 M0
N120 AXTOCHAN（Y，1）          ；重新取回Y轴（中性）
N121 M0
N130 AXTOCHAN（Y，2，X，2）    ；Y轴和X轴移到通道2（轴中性）。
N131 M0
N140 AXTOCHAN（Y，2）          ；Y轴移向通道2（NC程序）
N141 M0
```

3. 其他信息

（1）NC程序中的AXTOCHAN　对于在自身通道中的NC程序，仅当轴请求时，执行GET，并由此等待真正的状态改变。如果轴被要求用于另一个通道或者要变成自身通道中的中性轴时，取消相应指令。

（2）同步动作的AXTOCHAN　如果要求轴用于自身通道时，则将来自同步动作的AXTOCHAN映像到同步动作的GET。在这种情况下，轴在首个用于自身通道的请求时称为中性轴。用于第二个请求时，把轴分配给NC程序，与NC程序中的GET指令类似。

3.7　子程序

3.7.1　概述

在零件程序之前还固定区分为“主程序”和“子程序”的时候，就出现了“子程序”的概念。其中，主程序指在控制系统上选择加以处理、随后启动的零件程序。而子程序指由主程序调用的零件程序。

在目前的西门子NC语言中，这种固定的划分已不再存在。原则上，每个零件程序既可以作为主程序选择并启动，也可以作为子程序由另一个零件程序调用。

因此，随着子程序定义的演变，子程序是指可以由另一个零件程序调用的程序。

如同所有高级的编程语言一样，西门子系统在NC语言中也使用了子程序，以便将一些多次应用的程序部分保存为独立、封闭的程序。

子程序具有以下优点：提高了程序的清晰性和可读性；通过重复使用测试的程序提高了质量；可以提供建立专门的加工库；节省了存储空间。

1. 子程序名称

（1）命名规则　在命名子程序时应遵循以下规定：

1）开始的两个字符必须是字母（A~Z，a~z）。

2）后面的字符可以是字母、数字（0~9）和下划线（“_”）的任意组合。

3）名称最多允许使用31个字符。

在西门子系统 NC 语言中不区分大小写。

（2）程序名称的扩展　在控制系统内部会为创建程序时给定的名称添加前缀名和扩展名：

1）前缀名：_N_。

2）扩展名：主程序为_MPF，子程序为_SPF。

（3）程序名称的使用　在使用程序名称时，如调用子程序时，可以组合所有的前缀名、程序名称和扩展名。

例：名为“SUB_PROG”的子程序可以通过以下调用方法启动：

1）SUB_PROG。

2）_N_SUB_PROG。

3）SUB_PROG_SPF。

4）_N_SUB_PROG_SPF。

如果主程序（. MPF）和子程序（. SPF）的名称相同，在零件程序中使用程序名时，必须给出相应的扩展名，以明确区分程序。

2. 子程序的嵌套

一个子程序可以调用子程序，而这个子程序又能继续调用另一个子程序，因此各个程序以相互嵌套的方式运行。此时，每个程序都在各自的程序级上运行。

（1）嵌套深度　NC 语言目前提供 16 个程序级。主程序始终在最高级上运行，即 0 级。而子程序始终在下一个更低级别的程序级上运行。因此程序级 1 是第一个子程序级。

程序级的划分：程序级 0 为主程序级；程序级 1 ~ 15 为子程序级 1 ~ 15。

（2）中断程序（ASUP）　如果在中断程序的范围内调用了子程序，该程序将不会在通道中当前生效的程序级（n）上执行，而是在下一个更低级别的程序级（$n+1$）上执行。考虑到中断程序，为了在最低的程序级上也能执行上述步骤，还另外提供了两个程序级（16 和 17）。

如果为此需要的程序级大于 2，则必须在构建通道中处理零件程序时加以考虑，即应为中断程序的处理预留足够的程序级。如果中断程序处理需要 4 个程序级，那么零件程序最多只能占用 13 个程序级。在进行中断时，这 4 个程序级（14 ~ 17）将起作用。

（3）西门子循环　西门子循环为此需要使用 3 个程序级，因此必须最迟在以下程序级中调用西门子循环：零件程序处理：程序级 12；中断程序：程序级 14。

3. 查找路径

在调用没有指定路径的子程序时，控制系统会按照规定的顺序查找以下目录：

1）当前目录，待调用程序的目录。

2）/_N_SPF_DIR/，全局子程序目录。

3）/_N_CUS_DIR/，用户循环。

4）/_N_CMA_DIR/，机床制造商循环。

5）/_N_CST_DIR/，标准循环。

4. 形式参数和实际参数

形式参数和实际参数通常与带参数传递的子程序的定义和调用相关。

（1）形式参数　在定义子程序时必须定义需要传递给子程序的参数（即形式参数）的

类型和名称。形式参数由此定义了子程序的接口。

举例：

```
PORC KONTUR(REAL X, REAL Y)；形式参数X和Y，都是REAL型
N20 X1 =X Y1 =Y；将轴X1运行到位置X上，轴Y1运行到位置Y上
⋮
N100 RET
```

（2）实际参数　在调用子程序时，必须将绝对值或变量，即实际参数传递给子程序。在调用时，实际参数由此为子程序接口填充实际值。

举例：

```
N10 DEF REAL BREITE              ；定义变量
N20 BREITE =20                   ；变量赋值
N30 KONTUR（5.5，BREITE）        ；子程序调用，带实际参数5.5和BREITE
⋮
N100 M30
```

5. *参数传递*

（1）定义一个带参数传递的子程序　通过关键字PROC，一张包含了所有子程序需要参数的完整列表可以定义一个带参数传递的子程序。

（2）不完整的参数传递　在调用子程序时，不需要总是显式传递所有子程序接口中定义的参数。如果省略了一个参数，会传递默认值“0”给该参数。

但为了明确区分参数的顺序，必须始终用逗号（“,”）隔开参数。最后一个参数后面不需要逗号。如果在调用时略去该参数，最后一个逗号也可以省略。

例1：

子程序

```
PROC SUB_PROG(REAL X,REAL Y,REAL Z)   ；形式参数X、Y和Z
⋮
N100 RET
```

主程序

```
PROC MAIN_PROG
⋮
N30 SUB_PROG(1.0,2.0,3.0)             ；子程序调用，带完整的参数传
                                        递：X=1.0，Y=2.0，Z=3.0
⋮
N100 M30
```

例2：在上例N30中调用子程序，带完整的参数传递。

```
N30 SUB_PROG(,2.0,3.0)                ；X=0.0，Y=2.0，Z=3.0
或N30 SUB_PROG(1.0,,3.0)              ；X=1.0，Y=0.0，Z=3.0
或N30 SUB_PROG(1.0,2.0)               ；X=1.0，Y=2.0，Z=0.0
或N30 SUB_PROG(,,3.0)                 ；X=0.0，Y=0.0，Z=3.0
或N30 SUB_PROG(,,)                    ；X=0.0，Y=0.0，Z=0.0
```

注意：在调用子程序时不应省略引用调用式传递的参数；不应省略 AXIS 数据类型的参数。

（3）检查传递参数　借助系统变量“P_SUB PAR[n]”（其中 n=1，2...）可以检查子程序中是否显式传递或省略了某个参数。索引 n 指形式参数，依此类推。

下面的程序段落说明了如何检查第 1 个形式参数。

```
PROC SUB_ PROG（REAL X，REAL Y，REAL Z）
                                   ；形式参数 X，Y 和 Z
N20 IF  $P_SUBPAR[1] == TRUE       ；检查第 1 个形式参数 X。如果显式传递了
                                     形式参数 X，执行此动作
  ⋮
N40 ELSE
...                                ；如果没有显式传递形式参数 X，执行此
                                     动作
N60 ENDIF
...                                ；通用动作
N100 RET
```

3.7.2　定义子程序

1. 没有参数传递的子程序

在定义没有参数传递的子程序时，可以省略程序头的定义行。

指令

[PROC <程序名称>]：程序开头的定义指令及程序名称。

⋮

例 1：子程序，带 PROC 指令。

```
PROC SUB_PROG                      ；定义行
N10 G01 G90 G64 F1000
N20 X10 Y20
  ⋮
N100 RET                           ；子程序返回
```

例 2：子程序，不带 PROC 指令。

```
N10 G01 G90 G64 F1000
N20 X10 Y20
  ⋮
N100 RET                           ；子程序返回
```

2. 子程序，带值调用式参数传递（PROC）

通过关键字 PROC、程序名称，一张包含了所有子程序需要的参数类型和名称的完整列表，就可以定义一个带值调用式参数传递的子程序。定义指令必须位于第一个程序行中。

值调用式参数传递不会对主调程序产生影响。主调程序只向子程序传递实际参数的值，最多可以传递 127 个参数。

1）指令：

PROC <程序名称>（<参数类型> <参数名称>，...）

其中：

PROC：程序开头的定义指令。

<参数类型>：参数的数据类型，例如 REAL、INT、BOOL。

关键字 PROC 后指定的程序名称必须和操作界面上指定的程序名称一致。

2）举例：定义带两个 REAL 型参数的子程序。

PROC SUB_PROG（REAL LAENGE，REAL BREITE）。参数 1；类型：REAL；名称 LAENGE。参数 2；类型：REAL；名称：BREITE。

⋮

N100 RET　　　　　　；子程序返回

3. 子程序，带引用调用式参数传递（PROC，VAR）

通过关键字 PROC、程序名，一张包含了所有子程序需要的参数关键字 VAR、类型和名称的完整列表，就可以定义一个带引用调用式参数传递的子程序。定义指令必须位于第一个程序行中。

在引用调用式的参数传递中，也可以传递数组的引用。

引用调用式参数传递，会对主调程序产生影响。主调程序向子程序传递实际参数的引用，并由此使得子程序能够直接访问相关变量，最多可以传递 127 个参数。

只有当主调程序中定义了传递变量（LUD）时，才需要按照引用调用的方法传递参数。而通道全局变量或 NC 全局变量无需传递，因为子程序也能够直接访问这些变量。

1）指令：

PROC <程序名称>（VAR <参数类型> <参数名称>，...）

PROC <程序名称>（VAR <数组类型> <数组名称>[<m>,<n>,<o>]，...）

其中：

VAR：按照引用进行参数传递的关键字。

[<m>，<n>，<o>]：数组长度，目前最多可以为 3 维数组。<m>：1 维数组长度；<n>：2 维数组长度；<o>：3 维数组长度。

关键字 PROC 后指定的程序名称必须和操作界面上指定的程序名称一致。

了程序可以将不确定长度的数组用作形式参数来处理可变长度的数组。为此在定义一个形式参数的 2 维数组时，不规定 1 维的长度，但是必须写上逗号。例：PROC <程序名称>（VAR PEAL FELD [，5]）。

2）举例：定义两个参数（作为 REAL 型的引用）的子程序。

PROC SUB_PROG（VAR REAL LAENGE，VAR REAL BREITE）

　　　　；参数 1 对 REAL 型的引用，名称 LAENGE；参数 2 对 REAL 型的引用，名称 BREITE

⋮

N100 RET

4. 保存模态 G 功能（SAVE）

属性 SAVE 用于保存子程序调用前激活的模态 G 功能，在子程序结束后再次激活。

当连续路径运行生效，不希望通过子程序中断时，应不使用 SAVE。

1）指令：

PROC <子程序名> SAVE

其中：SAVE 用于保存子程序调用前激活的模态 G 功能，并使功能在子程序结束后再次生效。

2）举例：在子程序 KONTUR 中模态 G 功能 G91 有效（增量尺寸），在主程序中模态 G 功能 G90 有效（绝对尺寸）。通过 SAVE 的子程序定义，G90 在主程序中的子程序结束后再次生效。

子程序定义：

```
PROC KONTUR（REAL WERTI）SAVE      ；带参数 SAVE 的子程序定义
N10 G91...                         ；模态 G 功能 G91，增量尺寸
N100 M17                           ；子程序结束
```

主程序：

```
N10 G0 X... Y... G90               ；模态 G 功能 G90，绝对尺寸
N20 ...
 ⋮
N50 KONTUR（12.4）                 ；子程序调用
N60 X... Y...                      ；模态 G 功能 G90 通过 SAVE 再次激活
```

与带属性 SAVE 的子程序相关的框架特性取决于框架类型，并可以通过机床数据设置。

5. 抑制单程序段处理（SBLOF，SBLON）

（1）单程序段抑制的两种情况

1）全部程序的单程序段抑制。带有 SBLOF 标记的程序，在有效单程序段处理时如同一个程序段一样进行完整处理，即对于整个程序，抑制单程序段处理。

SBLOF 位于 PROC 行，并且一直有效，直至子程序结束或者中断；使用返回指令判断在子程序结束处是否停止。

通过 M17 跳回，停止于子程序末尾处；通过 RET 跳回，在子程序末尾处不停止。

2）程序内的单程序段抑制。SBLOF 必须单独在程序段中，从这个程序段起，关闭单程序段，至下一个 SBLON 或者生效子程序级的结束处。

（2）指令

1）全部程序的单程序段抑制：

```
PROC... SBLOF
```

2）程序内的单程序段抑制：

```
SBLOF
 ⋮
SBLON
```

其中：

SBLOF：用于关闭单程序段处理的指令。SBLOF 可以位于一个 PROC 程序段中，或者单独位于程序段中。

SBLON：用于打开单程序段处理的指令。SBLON 必须位于一个独立的程序段中。

（3）边界条件

1）单程序段抑制和程序段显示，可以在循环/子程序中使用DISPLOF抑制当前的程序段显示。如果DISPLOF连同SBLOF一起编程，则在循环/子程序之内在单程序段停止时，如同在调用循环/子程序之前一样显示。

2）系统ASUP或用户ASUP中的单程序段抑制。如果系统或用户ASUP中的单程序段停止通过在机床数据MD10702 $MN_IGNORE_SINGLEBLOCK_MASK中设置进行抑制（位0 =1或位1 =1），则单程序段停止可以通过在ASUP中编程SBLON再次激活。

如果用户ASUP中的单程序段停止通过在机床数据MD20117 $MC_IGNOR_SINGLEBLOCK_ASUP中设置进行抑制，则单程序段停止通过在ASUP中编程SBLON无法再次激活。

3）不同的单程序段处理类型，单程序段抑制的特性。在激活的单程序段处理SBL2（在零件程序段后停止）时，当在MD10702 $MN_IGNORE_SINGLEBLOCK_MASK（避免单程序段停止）设置位12为“1”时，在SBLON程序段中不停止。

在激活的单程序段处理SBL3（也在循环中零件程序段后停止）时，指令SBLOF被抑制。

（4）举例

例1：某个程序内的单程序段抑制。

```
N10 G1 X100 F1000
N20 SBLOF                          ；关闭单段
N30 Y20
N40 M100
N50 R10 =90
N60 SBLON                          ；再次激活单程序段
N70 M110
N80 ...
```

N20和N60之间的区域，在单程序段运行时，作为一步处理。

例2：循环对于用户而言就如同一个指令。

主程序：

```
N10 G1 X10 G90 F200
N20 X -4 Y6
N30 CYCLE1
N40 G1 X0
N50 M30
```

循环CYCLE1：

```
N100 PROC CYCLE1 DISPLOF SBLOF；抑制单程序段
N110 R10 =3 * SIN（R20）+5
N120 IF（R11 <=0）
N130 SETAL（61000）
N140 ENDIF
N150 G1 G91 Z =R10 F =R11
N160 M17
```

当激活单程序段时执行循环 CYCLE1，即处理 CYCLE1 时，必须按一次“启动”按钮。

例 3：为激活已修改的零件偏移和刀具补偿而被 PLC 启动的 ASUP 应该被隐藏。

```
N100 PROC NV SBLOF DISPLOF
N110 CASE $P_UIFRNUM OF  0 GOTOF _G500
                         1 GOTOF _G54
                         2 GOTOF _G55
                         3 GOTOF _G56
                         4 GOTOF _G57
                         DEFAULT GOTOF END
N120 _G54:G54 D = $P_TOOL T = $P_TOOLNO
N130 RET
N140 _G55:G55 D = $P_TOOL T = $P_TOOLNO
N150 RET
N160 _G56:G56 D = $P_TOOL T = $P_TOOLNO
N170 RET
N180 _G57:G57 D = $P_TOOL T = $P_TOOLNO
N190 RET
N200 END:D = $P_TOOL T = $P_TOOLNO
N210 RET
```

例 4：通过 MD10702 位 12 =1 不停止。

初始情况：单程序段处理激活，MD10702 $MN_IGNORE_SINGLEBLOCK_MASK 位 12 =1。

主程序：

```
N10 G0 X0          ；在该零件程序行中停止
N20 X10            ；在该零件程序行中终止
N30 CYCLE          ；由循环产生的运行程序段
N50 G90 X20        ；在该零件程序行中停止
N60 M30
```

循环 CYCLE：

```
PROC CYCLE SBLOF   ；抑制单程序段停止
N100 R0 =1
N110 SBLON         ；由于 MD10702 位 12 =1，在该零件程序行中不停止
N120 X1            ；在该零件程序行中停止
N140 SBLOF
N150 R0 =2
N160 RET
```

例 5：程序嵌套时单程序段抑制。

初始情况：单程序段处理激活。

程序嵌套：

```
N10 X0 F1000       ；在该程序段中停止
```

```
N20 UP1 (0)
    PROC UP1(INT_NR)SBLOF；抑制单程序段停止
    N100 X10
    N110 UP2 (0)
        PROC UP2 (INT_NR)
        N200 X20
        N210 SBLON           ；激活单程序段停止
        N220 X22             ；在该程序段中停止
        N230 UP3 (0)
            PROC UP3 (INT_NR)
            N300 SBLOF       ；抑制单程序段停止
            N305 X30
            N310 SBLON       ；激活单程序段停止
            N320 X32         ；在该程序段中停止
            N330 SBLOF       ；抑制单程序段停止
            N340 X34
            N350 M17         ；SBLOF 激活
        N240 X24             ；在该程序段中停止，SBLON 激活
        N250 M17             ；在该程序段中停止，SBLON 激活
    N120 X12
    N130 M17                 ；在跳回程序段中停止，PROC 语句的 SBLOF 激活
N30 X0                       ；在该程序段中停止
N40 M30                      ；在该程序段中停止
```

（5）其他信息

1）异步子程序单段禁止。为了在某个步骤中执行单程序段中的 ASUP，必须在 ASUP 中编程一个带有 SBLOF 的 PROC 指令。这也适用于功能“可编辑的系统 ASUP”（MD11610 $MN_ASUP_EDITABLE）。

可编辑系统 ASUP 举例：

```
N10 PROC ASUP1 SBLOF DISPLOF
N20 IF  $AC_ASUP == 'H200'
N30 RET                      ；当 BA 转换时没有 REPOS
N40 ELSE
N50 REPOSA                   ；所有其他情况中的 REPOS
N60 ENDIF
```

2）在单程序段中的影响。在单程序段处理中，用户可以按程序段方式执行零件程序，有下列设置类型：①SBL1：在每个机床功能程序段后面带有停止的 IPO 单程序段。②SBL2：单段，在每个程序段之后停顿。③SBL3：在循环中停顿（通过选择 SBL3 抑制 SBLOF 指令）。

3）程序嵌套时的单段抑制。如果在一个子程序中，编程 SBLOF 在 PROG 语句中，则用

M17停止到子程序跳回，由此防止在调用的程序中已经执行下一个程序段。

如果在某个子程序中使用SBLOF（PROC语句中没有SBLOF）激活某个单程序段抑制，则只有在调用程序的下一个机床功能程序段之后停止。如果不希望如此，则在子程序中，在跳回之前（M17），必须再次编程SBLON，则在上一级的程序中再用RET跳回时不停止。

6. 抑制当前的程序段显示（DISPLOF，DISPLON，ACTBLOCNO）

在标准情况下，程序段显示画面中会显示当前的程序段。在循环或子程序中可以通过指令DISPLOF抑制当前程序段的显示，显示循环的调用或者子程序的调用，而不显示当前的程序段。借助指令DISPLON可以再次恢复程序段显示。

DISPLOF或DSPLON应写入包含PROC指令的程序行中，位于PROC指令行的末尾，它作用于整个程序，直至从子程序返回或者程序结束。并会隐式影响所有该子程序调用的其他子程序，这些子程序中不包含DISPLON或DISPLOF指令。这个属性同样针对ASUP。

（1）指令

```
PROC... DISPLOF
PROC... DISPLOF ACTBLOCNO
PROC... DISPLON
```

其中：

DISPLOF：用于抑制当前程序段显示的指令。

DISPLON：用于恢复当前程序段显示的指令。

ACTBLOCNO：DISPLOF连同属性ACTBLOCNO一起作用，在报警情况下会输出出现报警的当前程序段的号码。同样，如果在较低等级的程序级中只编程了DISPLOF，也会输出相应号码。与此相反，DISPLOF不带ACTBLOCNO时，循环或子程序调用号码由上一个不带DISPLOF标记的程序级显示。

（2）举例

例1：在循环中抑制当前程序段显示。

PROC CYCLE（AXIS TOMOV，REAL POSITION）SAVE DISPLOF：抑制当前的程序段显示。换言之，例如CYCLE（X，100.0）：显示循环调用。

```
DEF REAL DIFF          ；循环内容
G01...
⋮
RET                    ；子程序跳回；在程序段显示中，在循环调用上，显示下列程序段
```

例2：发出报警时程序段显示。

子程序SUBPROG1（带有ACTBLOCNO）：

```
PROC SUBPROG1 DISPLOF ACTBLOCNO
N8000 R10 = R33 + R44
⋮
N9040 R10 = 66 X100    ；触发报警12080
⋮
N10000 M17
```

子程序 SUBPROG2（不带 ACTBLOCNO）：

```
PROC SUBPROG2 DISPLOF
N5000 R10 = R33 + R44
⋮
N6040 R10 =66 X100     ；触发报警 12080
⋮
N7000 M17
```

主程序：

```
N1000 G0 X0 Y0 Z0
N1010 ...
⋮
N2050 SUBPROG1         ；发出报警 = “12080 通道 K1 程序段 N9040 同步错误对于
                         文本 R10 =”
⋮
N2060 ...
N2350 SUBPROG2         ；发出报警 = “12080 通道 K1 程序段 N2350 同步错误对于
                         文本 R10 =”
⋮
N3000 M30
```

例 3：恢复当前程序段显示。

子程序 SUB1 带抑制：

```
PROC SUB1 DISPLOF      ；抑制子程序 SUB1 中当前程序段显示，而应显示带 SUB1
                         调用的程序段
⋮
N300 SUB2              ；调用子程序 SUB2
⋮
N500 M17
```

子程序 SUB2 不带抑制：

```
PROC SUB2 DISPLON      ；激活子程序 SUB2 中的当前程序段显示
⋮
N200 M17               ；返回子程序 SUB1，在 SUB1 中再次抑制当前程序段显示
```

7. 标记子程序“准备”（PREPRO）

关键字 PREPRO 可以在引导启动中 PROC 指令行结尾处标记所有文件。程序预处理的方式取决于相应设置的机床数据。

指令：

```
PROC... PREPRO
```

其中：

PREPRO：关键字，用于在引导启动中标记经过预处理的文件以及循环目录中保存的 NC 程序。

指令读入经过预处理的子程序和子程序调用。不管是在启动中经过处理的带参数的子程序，还是子程序调用，循环目录的处理顺序都相同。

1） _N_CUS_DIR：用户循环。

2） _N_CMA_DIR：制造商循环。

3） _N_CST_DIR：标准循环。

如果带相同名称的 NC 程序有不同的特征，则首先激活找到的 PROC 指令而忽略其他 PROC 指令，不输出报警显示。

8. 子程序返回指令 M17

返回指令 M17 或零件程序结束指令 M30 位于子程序的末尾，它使得程序执行返回到主调程序中的子程序调用指令后的零件程序段上。

M17 和 M30 在 NC 语言中视为同等的指令。

（1） 指令

```
PROC <程序名称>
⋮
M17/M30
```

（2） 边界条件　子程序返回对连续路径运行的影响：如果 M17 或 M30 位于单独的零件程序段中，则通道中激活的连续路径运行被中断。为避免此类中断，应在最后一个运行程序段中写入 M17 或 M30。此外，还必须将以下机床数据设为 0：MD20800 $MC_SPF_END_TO_VDI = 0（没有 M30/M17 输出给 NC/PLC 接口）。

（3） 举例

例 1：M17 位于单独程序段中的子程序。

```
N10 G64 F2000 G91 X10 Y10
N20 X10 Z10
N30 M17                  ；返回，中断连续路径运行
```

例 2：M17 位于最后一个运行程序段中的子程序。

```
N10 G64 F2000 G91 X10 Y10
N20 X10 Z10 M17          ；返回，不中断连续路径运行
```

9. 子程序返回指令 RET

指令 RET 在子程序中也可以代替 M17。RET 必须在一个单独的零件程序段中编程。和 M17 类似，RET 使得程序执行返回到主调程序中的子程序调用指令之后的零件程序段上。

编程参数可以修改 RET 的返回属性。参见“可设定的子程序返回（RET...）”。如果不希望因为返回而中断 G64 连续路径运行，则可以使用 RET 指令。

使用 RET 的前提条件是，子程序不具有 SAVE 属性。

（1） 指令

```
PROC <程序名称>
⋮
RET
```

（2） 举例

主程序：

```
PROC MAIN_PROGRAM          ；程序开始
  ⋮
N50 SUB_PROG               ；子程序调用，SUB_PROG
N60 ...
  ⋮
N100 M30                   ；程序结束
```

子程序：

```
PROC SUB_ PROG
  ⋮
N100 RET                   ；返回到主程序的程序段 N60
```

10. 可设定的子程序返回（RET...）

通常如果子程序的末尾为 RET 或 M17，程序执行会返回到主调程序中，并接着从子程序调用指令后的程序行开始。

此外还有另外的使用情况，程序要在其他位置继续运行，例如：

1）在 ISO 语言方式下调用切削循环之后，会根据说明继续程序加工。

2）在故障处理时，从任意一个子程序级（也在 ASUP 之后）返回到主程序。

3）返回需越过几个程序级，用于在编译循环和 ISO 语言方式中的特殊应用。

在这些情况下指令 RET 与“返回参数”一起编程。

（1）指令

RET（“<目标程序段>”）

RET（“<目标程序段>”，<目标程序段后的程序段>）

RET（“<目标程序段>”，<目标程序段后的程序段>，<返回级的数量>）

RET（“<目标程序段>”，<返回级的数量>）

RET（“<目标程序段>”，<目标程序段后的程序段>，<返回级的数量>，<返回程序头>）

RET（,，<返回级的数量>，<返回程序头>）

其中：

RET：子程序末尾（替代 M17 应用）。

<目标程序段>：返回参数 1。将要继续编程处理的程序段称作返回目标。如果返回参数 3 未编程，则返回目标位于主调程序中。允许的说明有：①“<程序段号码>”：目标程序段号码；②“<跳转标记>”：跳转标记，该跳转标记必须设置在目标程序段中；③“<字符串>”：字符串，该字符串必须在程序中已知（例程序或者变量名称）；对于目标程序段中的字符串编程，有下列规则：末尾处空格（与通过一个“;”在末尾处标记的跳转标记有区别）；字符串前仅允许设置一个程序段号码和/或一个跳转标记，没有程序指令。

<目标程序段后的程序段>：返回参数 2；与返回参数 1 有关；INT 型。

值：0：跳回到经过返回参数 1 规定的程序段上。

>0：跳回到紧跟在通过返回参数 1 规定的程序段后面的程序段上。

<返回级的数量>：返回参数 3；列出要越过的程序级数量，以便到达需要继续处理程序的程序级；INT 型。

值：1：程序就在“当前程序级 -1”中继续执行（如同不带参数的 RET）。

2：程序在“当前程序级 -2”中继续执行，即越过 1 级。

3：程序在“当前程序级 -3”中继续执行，即越过两级。

⋮

取值范围：1 ~ 15。

<返回程序头>：返回参数 4；BOOL 型。值 1：当跳回到主程序中且主程序中已有一个 ISO 语言模式激活时，就回到程序头。

如果一个子程序返回中指定了一个字符串用于目标程序段查找，则始终首先在主调程序中查找跳转标记。

如果要通过一个字符串明确定义返回目标，该字符串不允许与跳转标记同名，否则子程序总是返回该跳转标记，而不会返回到该字符串。

在越过几个程序级返回时已有一个模态子程序激活，且如果在某个被跳过的子程序中已经为该模态子程序编程了取消指令 MCALL，那么该模态子程序将继续保持激活状态。

编程人员必须注意，在越过几个程序级返回时，使用正确的模态设置继续执行，通过编程一个相应的主程序段就可做到这一点。

（2）举例

例 1：在 ASUP 处理后，在主程序中继续。

```
N10010 CALL "UP1"                                ; 程序级 0（主程序）
    N11000 PROC UP1                              ; 程序级 1
    N11010 CALL "UP2"
        N12000 PROC UP2                          ; 程序级 2
        ⋮
            N19000 PROC ASUP                     ; 程序级 3（ASUP 处理）
            ⋮
            N19100 RET ( "N10900",, $P_STACK)    ; 子程序返回
N10900 ...                                       ; 在程序中继续
N10910 MCALL                                     ; 关闭模态子程序
N10920 G0 G60 G40 M5                             ; 修改其他模态设置
```

例 2：字符串（<String>）作为目标程序段查找数据。

主程序：

```
PROC MAIN_PROGRAM
N1000 DEF INT: iVar1 =1, iVar2 =4
N1010 ...
N1200 subProg1              ; 调用子程序"subProg1"
N1210 M3 S1000 X10 F1000
N1220 ...
N1400 subProg2              ; 调用子程序"subProg2"
N1410 M3 S500 Y20
N1420 ...
```

```
N1500 lab1: iVar1 = R10 * 44
N1510 F500 X5
N1520 ...
N1550 subProg1: G1 X30          ;"subProg1" 这里定义为跳转标记
N1560 ...
N1600 subProg3                  ;调用子程序"subProg3"
N1610 ...
N1900 M30
```

子程序 subProg1:

```
PROC subProg1
N2000 R10 = R20 + 100
N2010 ...
N2200 RET ("subProg2")          ;返回到主程序中的程序段 N1400
```

子程序 subProg2:

```
PROC subProg2
N2000 R10 = R20 + 100
N2010 ...
N2200 RET ("iVar1")             ;返回到主程序中的程序段 N1500
```

子程序 subprog3:

```
PROC SubProg3
N3000 N10 = R20 + 100
N3010...
N3200 RET ("subProg1")          ;返回到主程序中的程序段 N1550
```

例 3：返回参数 1 ~3 的不同效用。

1）返回参数 1 = "N200"，返回参数 2 =0。

主程序：

```
⋮
N100 SUB1
N110 G0...
⋮
N200...
```

子程序：

```
PROC SUB1
N10 ...
⋮
N50 RET ("N200", 0)             ;返回主程序段 N200 继续进行
```

2）返回参数 1 = "N200"，返回参数 2 =1。

子程序：

```
⋮
```

N50 RET（“N200”，1）　　　　；返回主程序段 N200 继续进行

3）返回参数 1 = “N200”，返回参数 3 = 2。

子程序：

⋮

RET（“N220”，2）　　　　；跳回两个程序级，程序段 N220 继续进行

3.7.3　子程序调用

1. 没有参数传递的子程序调用

调用子程序时可以使用地址 L 加子程序号，或者直接使用程序名称。

一个主程序也可以作为子程序调用。此时，主程序中设置的程序结束指令 M2 或 M30 视为 M17（返回到主调程序的程序结束）处理。

同样，一个子程序也可以作为主程序启动。

控制系统的查找方法：* _MPF？或者 * _SPF?，接着，如果被调子程序的名称和主程序的名称相同，则再次调用主调主程序。一般这种情况不应发生，所以主程序和子程序的名称必须相互区别，不得相同。

从一个初始化文件中可以调用无需参数传递的子程序。

子程序调用必须在独立的 NC 程序段中编程。

（1）指令

L <编号>/<程序名称>

其中：

L：子程序调用地址。

<编号>：子程序号码；INT 型；值：最多 7 位数。注意：数值中开始的零在命名时具有不同的含义，L123、L0123 和 L00123 表示三个不同的子程序。

<程序名称>：子程序或主程序的名称。

（2）举例

例 1：调用一个不带参数传递的子程序。

主程序：

N10 L47 或者

N10 轴颈_2　　　　；运行子程序 L47（地址 <编号>）或者子程序名（轴颈_2）

例 2：作为子程序调用的主程序。

主程序：

N10 MPF 739 或者

N10 WELLE3　　　　；主程序 MPF739 或者 WELLE3 作为子程序被调用

2. 带参数传递的子程序调用（EXTERN）

带参数传递的子程序调用时，可以直接传递变量或者数值（不针对 VAR 参数）。

必须在调用之前在主程序中使用 EXTERN 声明带参数传递的子程序，例如，在程序头。其中应给出子程序的名称以及传递顺序中的变量类型。注意：不管是变量类型还是传递的顺序，均必须和子程序中 PROC 所约定的定义相符。参数名称可以在主程序和子程序中不一样。

（1）指令

EXTERN <程序名称>（<类型_参数1>，<类型_参数2>，<类型_参数3>）

⋮

<程序名称>（<数值_参数1>，<数值_参数2>，<数值_参数3>）

其中：

<程序名称>：子程序名称。

EXTERN：关键字，用于带有参数传递的子程序，必须仅当子程序在工件中或者在全局子程序目录中时，才可指定EXTERN。循环不必声明为EXTERN。

<类型_参数...>：传递序列中要传递的参数变量类型。

<数值_参数...>：要传递的参数变量值。

（2）举例

例1：子程序调用，事先声明。

N10 EXTERN RAHMEN（REAL，REAL，REAL）　；子程序说明

⋮

N40 RAHMEN（15.3，20.2，5）　；调用带参数传递的子程序

例2：子程序调用，无声明。

N10 DEF REAL LAENGE，BREITE，TIEFE

N20 ...

N30 LAENGE = 15.3 BREITE = 20.2 TIEFE = 5

N40 RAHMEN（LAENGE，BREITE，TIEFE）或者

N40 RAHMEN（15.3，20.2，5）

3. 程序重复次数（P）

如果一个子程序需要多次连续执行，则可以在该程序段中，在地址P下，编程重复调用的次数。注意：带程序重复和参数传递的子程序调用，参数仅在程序调用时或者第一次执行时传递。在后续重复过程中，这些参数保持不变。如果在程序重复时要修改参数，则必须在子程序中确定相应的协议。

指令

<程序名称>P<值>

其中：P：程序重复的编程地址。

<值>：程序重复次数；INT型；取值范围：1~9999（不带正负号）。

举例：

⋮

N40 RAHMEN P3　；子程序“RAHMEN”应被连续执行三次

⋮

4. 模态子程序调用（MCALL）

在通过MCALL进行模态子程序调用时，子程序可以在每个带轨迹运行的程序段之后自动调用和执行。可自动调用的子程序应是不同工件位置执行的子程序，例如用于建立钻孔图时。

功能关闭通过MCALL实现，不调用子程序，或者通过编程一个新的模态子程序调用，

用于一个新的子程序。

在某个程序执行过程中，同时只能有一个 MCALL 调用生效。在 MCALL 调用中仅传递一次参数。

在下面的情况下也可以调用模态子程序，而不编程一个运动：在编程地址 S 和 F、当 G0 或 G1 有效时；G0/G1 单独编程在程序段中，或者与其他的 G 代码一起编程时。

（1）指令

MCALL <程序名称>

其中：

MCALL：用于模态子程序调用的指令。

<程序名称>：子程序名称。

（2）举例

例 1：

```
N10 G0 X0 Y0
N20 MCALL L70          ；模态子程序调用
N30 X10 Y10            ；接近编程位置，并接着处理子程序 L70
N40 X50 Y50            ；接近编程位置，并接着处理子程序 L70
```

例 2：

```
N10 G0 X0 Y0
N20 MCALL L70
N30 L80                ；L80 中有编程的轨迹轴和后续的 NC 程序段，L80 调用 L70
```

5. 间接子程序调用（CALL）

根据所给定的条件，可以在一个地点调用不同的子程序。这里子程序名称存放在一个字符串类型的变量中。子程序调用通过 CALL 和变量名进行。

间接调用子程序仅可以用于没有参数传递的子程序。直接调用某个子程序时，可将名称保存在一个字符串常量中。

（1）指令

CALL <程序名称>

其中：

CALL：用于间接子程序调用的指令。

<程序名称>：子程序名称（变量或常量）；类型：STRING。

（2）举例

例 1：使用字符串常量直接调用。

```
⋮
CALL"/_N_WKS_DIR/_N_SUBPROG_WPD/_N_TEIL1_SPF"
                                          ；使用 CALL 直接调用子程序 TEIL1
⋮
```

例 2：使用变量间接调用。

```
⋮
DEF STRING [100] PROGNAME
```

```
PROGNAME = "/_N_WKS_DIR/_N_SUBPROG_WPD/_N_TEIL1_SPF"
                                    ；将变量 PROGNAME 指定给子程序 TEIL1
CALL PROGNAME                       ；通过 CALL 和变量 PROGNAME 间接调用
                                      子程序 TEIL1
```

6. 指定待执行部分的间接子程序调用（CALL BLOCK... TO...）

通过 CALL 和关键字组合 BLOCK... TO 可以间接调用一个子程序，并执行用起始标签和结束标签标记的程序部分。

（1）指令

```
CALL <程序名称> BLOCK <起始标签> TO <结束标签>
CALL BLOCK <起始标签> TO <结束标签>
```

其中：

CALL：用于间接子程序调用的指令。

<程序名称>：子程序名称（变量或常量），其中包含了要处理的程序部分（指定可选）；类型：STRING。如果没有编程 <程序名称>，则在当前程序中查找带有 <起始标签> 和 <结束标签> 标记的程序部分，并执行此部分。

BLOCK... TO... ：用于间接执行程序部分的关键字组合。

<起始标记>：表明要处理的程序部分开头的变量；类型：STRING。

<结束标记>：表明要处理的程序部分末尾的变量；类型：STRING。

（2）举例

主程序：

```
⋮
DEF STRING[20]STARTLABL, ENDLABEL    ；起始标记、结束标记的变量定义
STARTLABEL = "LABEL_1"
ENDLABEL = "LABEL_2"
⋮
CALL"CONTUR_1"BLOCK STARTLABEL TO ENDLABEL
                                     ；间接的子程序调用并标记待执行的
                                       程序部分
⋮
```

子程序：

```
PROC CONTUR_1...
LABEL_1                              ；起始标记，执行程序部分的开始
N1000 G1...
⋮
LABEL_2                              ；结束标记，执行程序部分的结束
⋮
```

7. 间接调用某个以 ISO 语言编程的程序（ISOCALL）

利用间接程序调用 ISOCALL 可以调用一个用 ISO 语言编程的程序，由此激活机床数据中设定的 ISO 模式。在程序结束处，原先的加工方法再次生效。如果在机床数据中没有设定

ISO 方式，则子程序调用以西门子方式进行。

（1）指令

ISOCALL <程序名称>

其中：

ISOCALL：子程序调用关键字，由此激活机床数据中设定的 ISO 模式。

<程序名称>：ISO 语言编程的程序名称（STRING 型的变量和常量）。

（2）举例

使用 ISO 模式的循环编程调用轮廓

```
0122_SPF                                   ；以 ISO 模式描述轮廓
N1010 G1 X10 Z20
N1020 X30 R5
N1030 Z50 C10
N1040 X50
N1050 M99
N0010 DEF STRING[5]PROGNAME =“0122” ；西门子零件程序（循环）
⋮
N2000 R11 = $AA_IW[X]
N2010 ISOCALL PROGNAME
N2020 R10 = R10 +1                         ；以 ISO 模式编辑程序 0122. SPF
⋮
N2400 M30
```

8. 调用带有路径说明和参数的子程序（PCALL）

利用 PCALL 可以调用带有绝对路径说明和参数传送的子程序。

（1）指令

PCALL <路径/程序名称>（<参数 1>... <参数 n>）

其中：

PCALL：关键字，用于带绝对路径说明的子程序调用。

<路径/程序名称>：绝对的路径说明，以“/”开始，包括子程序名。如果没有说明绝对路径，则 PCALL 表现如同一个带程序名的标准子程序调用。不使用前缀_N_和扩展名说明程序标记符。如果要从程序名编号前缀和扩展名，就必须通过指令 EXTERN 明确说明前缀和扩展名。

<参数 1>，...：实际参数，符合子程序的 PROC 指令。

（2）举例

PCALL/_N_WKS_DIR/_N_WELLE_WPD/WELLE(<参数 1> <参数 2>...)

9. 扩展调用子程序时的路径查找（CALLPATH）

使用指令 CALLPATH 可以扩展查找路径用于子程序调用，这样就可以从某个未选中的工件目录中调用子程序，而无需指定完整、绝对的子程序路径名。在输入用户循环之前扩展查找路径（_N_CUS_DIR）。

通过下列结果再次选择查找路径扩展：

1）CALLPATH　带空字符串。

2）CALLPATH　不带参数。

3）零件程序结束。

4）复位。

（1）指令

CALLPATH（“<路径名称>”）

其中：

CALLPATH：关键字，用于可编程的查找路径扩展。在一个自身的零件程序部分中编程。

<路径名称>：字符串型常量或变量，包含某个目录的绝对路径说明，以此来扩展查找路径。路径说明以“/”开始。路径必须使用前缀进行完整说明，最大的路径长度达到128个字节。

如果<路径名>包含一个空字符串，或者调用不带参数的CALLPATH，则查找路径指令被再次复位。

（2）举例

CALLPATH(“/_N_WKS_DIR/_N_MYWPD_WPD”)

以此来设置下列查找路径（位置5是新建的）：①当前的目录/子程序名称；②当前目录/子程序标识符_SPF；③当前目录/子程序标识符_MPF；④/_N_SPF_DIR/子程序名称_SPF；⑤/_N_WKS_DIR/_N_MYWPD/子程序标识符_SPF；⑥/_N_CUS_DIR/_N_MYWPD/子程序标识符_SPF；⑦/_N_CMA_DIR/子程序名称_SPF；⑧/_M_CST_DIR/子程序名称_SPF。

（3）边界条件

1）CALLPATH用来检查所编写的路径名是否存在。在故障情况下，零件程序加工带补偿程序段报警14009中断。

2）CALLPATH也可以在INI文件中编程，这样就会对INI文件的处理时间产生影响（WPD_INI_文件或者用于NC_活动文件的初始化程序，例如第1个通道中的框架_N_CHI_UFR_INI)，然后再次复位查找路径。

10. 执行外部子程序（EXTCALL）

使用EXTCALL可以从HMI在“从外部执行”模式中加载一个程序。在此，所有通过HMI的目录结构到达的程序可以后装载并执行。

（1）指令

EXTCALL（<路径/程序名称>）

其中：

EXTCALL：调用一个外部子程序的命令。

<路径/程序名称>：字符串型常量/变量。可以给定一个绝对路径（或相对路径）或者一个程序名。使用/不使用前缀_N_和不使用扩展名注明程序名称。一个扩展名可以用符号<_>添加到程序名中，例如“/_N_WKS_DIR/_N_WELLE_WPD/_N_WELLE_SPF”或者“WELLE”。

外部子程序不允许包含任何跳转指令，例如GOTOF，GOTOB，CASE，FOR，LOOP，WHILE或者REPEAT。可以有IF_ELSE_ENDIF结构。可以进行子程序调用和嵌套的EXT-

CALL 调用。

通过复位和上电，可以中断外部的子程序调用，并且清除各自的扩展名装载存储器。用于“从外部执行”子程序的选择，在复位/零件程序结束后仍生效。然而上电后，选择失效。

（2）举例

例 1：从本地硬盘执行。

系统：使用 HMI 高级。

主程序“_N_MAIN_MPF”位于 NC 存储器中，并已选择执行该程序：

```
N010 PROC MAIN
N020 ...
N030 EXTCALL（“SCHRUPPEN”）
N040 ...
N050 M30
```

待装载的子程序“_N_SCHRUPPEN_SPF”位于本地硬盘上的目录“_N_WKS_DIR/_N_WST1”中。

在 SD42700 中预设到子程序的路径：SD42700 $SC_EXT_PROG_PATH =“_N_WKS_DIR/_N_WST1”。

```
N010 PROC SCHRUPPEN
N020 G1 F1000
N030 X =... Y =... Z =...
N040 ...
⋮
N999999 M17
```

例 2：从网络驱动器执行。

系统：使用 HMI sl/HMI 高级/HMI 内置。

待装载的程序“轮廓 2，SPF”位于网络驱动器的目录“\\R4779\工件”下。

```
⋮
N... EXTCALL（“\\R4711\工件\轮廓 2，spf”）
```

一个外部程序路径的说明：在以下设定数据中可以预设到外部子程序目录的路径 SD42700 $SC_EXT_PROG_PATH。此路径和 EXTCALL 调用时给定的子程序路径或者子程序名一起组成了待调用程序的完整路径。

（3）作用

1）EXTCALL 调用，带绝对路径说明。如果在给定的路径下存在子程序，则在 EXTCALL 调用后执行程序；如果不存在该子程序，则中断程序执行。

2）EXTCALL 调用，带相对路径说明/不带路径说明。在进行带相对路径说明/不带路径说明的 EXTCALL 调用时，根据下列模式查找存在的程序存储器：

① 如果在 SD42700 中预设了路径说明，则首先从此路径出发，查找 EXTCALL 调用时的说明（程序名或者相对路径说明）。而绝对路径由字符串组成：SD42700 中预设的路径说明；“/”为分隔符；查找在 EXTCALL 所说明的子程序路径或子程序名称。

② 如果没有在预设的路径下找到调用的子程序，则继续从用户存储器的目录查找EXTCALL调用的说明。

③ 如果在当前查找的程序存储器（例如CF卡）中没有找到调用的子程序，则根据①或②查找下一个程序存储器（例如网络驱动器）。

④ 一旦找到子程序，查找结束。如果没有查找子程序，则程序中断。

对于使用HMI内置的系统，则总是给出绝对路径。

外部程序存储器：根据系统使用的操作界面（HMI sl/高级/内置）和获得的选件，程序存储器可以位于下列数据存储器上：CF卡，网络驱动器，USB驱动器，本地硬盘。

如果需要通过USB接口从外部USB驱动器（USB闪存）传输外部程序，则应只使用通过X203、名称为“TCU_1”的接口。注意：①USB闪存驱动器不适合作为永久保存媒介；②USB闪存驱动器不推荐用于“外部处理”。原因为：USB闪存驱动器可能会脱落或者在工作运行时发生接触故障，最终导致处理中断；或者USB闪存驱动器可能由于碰撞折断而损坏操作面板。

如果使用HMI内置，则可以按下软键，“从外部执行”通过RS232接口将外部程序传输到NC中。

可设定的加载存储器（FIFO缓存器）：在“从外部执行”模块中编辑某个程序时（主程序或者子程序），在NCK中需要有一个加载内存。后装载存储器的大小预置为30KB，像用其他存储器相关的机床数据那样，仅由机床制造商根据需求修改。对于所有同时在“从外部执行”模式中被处理的程序而言，必须相应设置一个加载内存。

在从硬盘执行程序以及EXTCALL时，必须在HMI高级上进行3段程序段显示“程序运行过程”。该设置在单程序段或者NC停止状态下保持不变。

3.7.4　循环，给用户循环设定参数

使用文件cov. com和uc. com可以给自有循环设定参数。

文件cov. com由机床制造商以标准循环提供，并且相应地扩展。文件uc. com由用户自己编制。

这两个文件要在被动式文件系统中加载到目录“用户循环”中（或者使用相应的路径说明）。

```
; $PATH =/_N_CUS_DIR
```

配置在程序中。

文件和路径：

cov. com_COM：循环概述。

uc. com：循环调用说明。

（1）适配cov. com循环　以标准循环提供的文件cov. com有以下的结构：

```
%_N_COV_COM                          ；文件名
; $PATH =/_N_CST_DIR                 ；路径说明
; Vxxx11. 12. 95Sca 循环概述          ；注释行
C1 (CYCLE81) 钻削、定中              ；调用用于第1个循环
C2 (CYCLE82) 钻削、锪面              ；调用用于第2个循环
```

⋮

C24 (CYCLE98) 螺纹的序列　　　　　　　　；调用用于最后一个循环

M17　　　　　　　　　　　　　　　　　　　；文件结束

对于每个新来的循环，需要在下面的句法中添加一行：

C <序号 > (<循环名 >) 注释文本

其中，序号：一个任意整数，到目前为止该文件还不允许使用；循环名：待捆绑循环的程序名；注释文本：可以选择，用于循环的一个注释文本。

例如：

C25(MEIN_ZYKLUS_1)用户循环_1

C26 (特殊循环)。

(2) 文件 uc. com 用户循环　根据下面示例进行说明。以下两个循环应当重新建立一个循环参数设定。

循环 1：

PROC MEIN _ ZYKLUS _ 1 (REAL PAR1, INT PAR2, CHAR PAR3, STRINGT [10] PAR4);

循环有以下的传送参数：

PAR1：实数值，范围为 -1000. 001 <= PAR2 <= 123. 456，预设为 100。

PAR2：在 0 <= PAR3 <= 999999 之间的正整数，预设值为 0。

PAR3：1 个 ASCII 字符。

PAR4：长度 10 的字符串，用于一个子程序名。

⋮

M17

循环 2：

PROC SPEZIAL ZYKLUS (REAL 值 1，INT 值 2)；

循环有以下的传送参数：

值 1：没有取值范围限制和预设置的实数值。

值 2：整数值，没有取值范围限制和预设置值。

⋮

M17

所属的文件 uc. com：

```
%_N_UC_COM
; $PATH =/_N_CUS_DIR
//C25(MEIN_ZYKLUS_1)用户循环_1
(R/ -1000。001，123. 456/100/该循环的参数_2)
(I/0 999999/1/整数值)
(C//“A”/符号参数)
(S///子程序名)
//C26 (SPEZIAL ZYKLUS)
(R///总长度)
```

(I/☆123456/3/加工方式)

M17

文件 uc. com 的语法说明（用户循环说明）：

1）每个循环的顶行：如同文件 cov. com 中带有前置“//”：

//C <序号>（<循环名>）注释文本

例如：

//C25（MEIN_ ZYKLUS_ 1）用户循环_

2）每个参数的说明行：

（<数据类型标记符>/<最小值> <最大值>/<预置值>/<注释>）

其中：

数据类型标识符：R：实数；I：整数；C：字符（1 个字符）；S：字符串。

最小值、最大值（可以省略）：待输入值的极限，在输入时检测，超出该范围的值不可以输入。可以说明计数值，它们可以用触发键操作：这些值以“☆”开始计数，其他的值不允许。

例如：(I/☆123456/1/加工方式)

如果是字符串和字符型就没有限制。

预置值（可以省略）：该值在调用循环时在相应的表征码中预置，它可以通过操作修改。

注释文本：最多 50 个字符，用于循环的调用表征码中，在该参数输入数组之前显示。

3.8　宏指令技术

使用宏指令技术可能会使控制系统的编程语言发生大变化，因此必须要特别小心地使用宏指令技术。

作为宏指令，是指单个的指令组成一个新的总指令，带自己的名称。G、M 和 H 功能或者 L 子程序名也可作为宏指令编制。在程序运行中调用宏指令时，可以在该宏指令名下一个接一个地执行编程的指令。

对总是反复的指令序列，仅需编程一次，在一个自身的宏指令模块（宏文件）中作为宏指令，或者仅在程序开始处出现一次。宏指令可以在任意一个主程序或者子程序中调用和执行。

为了在 NC 程序中使用宏文件的宏指令，必须将宏文件装载到 NC 中。

宏指令定义：

DEFINE <宏名称> AS <指令 1> <指令 2>...

其中：

DEFINE... AS...：关键字组合用于定义一个宏指令

<宏名称>：宏名称。只有命名符才允许用作宏指令名称；通过宏名称可以从 NC 程序中调用宏。

<指令>：编程指令，应该包含在宏中。

宏定义规则：

1）在宏中可以定义任意的命名符、G/M/H 功能和 L 程序名。

2）宏也可以在 NC 程序中约定。

3）G 功能宏仅可以在宏指令模块中由系统全局约定。

4）H 功能和 L 功能宏可以 2 位编程。

5）M 功能和 G 功能宏可以 3 位编程。

不得使用宏指令对关键字和备用名称进行覆盖定义。

不可以嵌套宏定义。

例 1：程序开始处的宏定义。

```
DEFINE LINIE AS G1 G43 F300；宏指令定义
⋮
N70 LINIE X10 Y20；宏调用
⋮
```

例 2：一个宏文件中的宏定义。

```
DEFINE M6 AS L6              ；当换刀时调用接收所需数据传送的某个子程序；在子
                               程序中输出实际的换刀 M 功能（例如 M106）
DEFINE G81 AS DRILL（81）    ；模仿 DIN_G 功能
DEFINE G33 AS M333 G333      ；在切削螺纹时要求与 PLC 同步，原来的 G 功能 G33
                               被 MD 改名为 G333，编程时对于用户而言保持相同
```

例 3：外部宏文件。

在控制系统中读入外部宏文件后，必须将宏文件装载到 NC 中，然后才可以使用 NC 程序中的宏。

```
%_N_UMAC_DEF
；$PATH =/_N_DEF_DIR          ；用户特有的宏
DEFINE PI AS 3.14
DEFINE TC1 AS M3 S1000
DEFINE M13 AS M3 M7           ；主轴右转，切削液开
DEFINE M14 AS M4 M7           ；主轴左转，切削液开
DEFINE M15 AS M5 M9           ；主轴停止，切削液关
DEFINE M6 AS L6               ；调用刀具更换程序
DEFINE G80 AS MCALL           ；撤销选择钻削循环
M30
```

第4章　编程工艺功能（循环）

4.1　概述

西门子828D车削加工未提供循环的G代码指令，而是在操作手册中介绍使用与系统屏幕界面进行人机对话方式编程。在系统“HMI”界面上，根据参数输入格式，按照屏幕给出的提示，填写或输入相应参数，系统会自动完成该循环指令的编程。因此，不必去记忆那么多的参数，从而提高了编程效率和准确性。通过灵活的编程向导，高效的“SHOPTURN”工步式编程与全套工艺循环的完美组合，无论是大批量还是单件的加工编程，都将显著缩短编程时间并确保工件精度。本章将介绍工艺循环和SHOPTURN编程。

循环是指用于特定加工过程的工艺子程序，比如用于车削、钻孔、攻螺纹、镗孔或凹槽铣削等。循环在用于各种具体加工过程时，只要改变参数即可。

1. 系统提供的循环功能

（1）车削循环　切削（CYCLE951），切槽（CYCLE930），E和F形退刀槽以及螺纹退刀槽（CYCLE940）；螺纹车削（CYCLE99）；链式螺纹车削（CYCLE98）；切断（CYCLE92）。

（2）轮廓车削循环（CYCLE952）。

（3）钻孔循环　定心（CYCLE81），钻孔、中心钻孔；钻孔（CYCLE82），中心钻孔；深孔钻削（CYCLE83），深孔钻孔；攻螺纹（CYCLE84，840），刚性攻螺纹，带补偿夹具攻螺纹；铰孔（CYCLE85），镗孔1；镗孔（CYCLE86），镗孔2；钻孔螺纹铣削（CYCLE78），螺纹铣削。

定位和位置模式：任意位置模式（CYCLE802）；线性位置模式（HOLES1）；栅格或框架（CYCLE801）；圆弧位置模式（HOLES2）；位置重复。

（4）铣削循环　平面铣削（CYCLE61）；矩形腔铣削（POCKET3）；圆形腔铣削（POCKET4）；矩形轴颈铣削（CYCLE76）；圆弧轴颈铣削（CYCLE77）；多边形铣削（CY-CLE79）；纵向槽铣削（SLOT1）；圆弧槽铣削（SLOT2）；开口槽铣削（CYCLE899）；螺纹铣削（CYCLE70）；模腔铣削（CYCLE60）。

（5）轮廓铣削循环　轨迹铣削（CYCLE 72）；轮廓腔/轮廓凸台铣削（CYELE63/64）；轮廓腔预钻孔（CYCLE64）；轮廓腔铣削（CYCLE63）；轮廓腔余料铣削（CYCLE63）；轮廓轴颈铣削（CYCLE63）；轮廓轴颈余料铣削（CYCLE63）。

（6）其他循环和功能　高速设定（CYCLE832）；子程序。

（7）其他ShopTurn循环和功能　中心钻孔；中心攻螺纹；转换；偏移；旋转；比例缩放；镜像，*C*轴旋转；直线或圆弧加工，选择刀具和加工平面；编程直线；编程已知中心点的圆弧；编程已知半径的圆弧；极坐标；直线极坐标；圆弧极坐标；用副主轴加工。

2. 加工平面

对于具有*X*、*Z*两轴的车床，对应*Z*/*X*平面（G18），可以车削端面和外表面。当还有

C 轴时，可以在端面（G17）和外表面（G19）钻孔、攻螺纹。当配置了标准 CNC-ISO 功能“端面加工”（TRANSMIT）和“圆柱体表面转换”（TRACYL）后，可以铣削端面和外表面。编程时输入的 X/Y 坐标自动转换成 X 轴和 C 轴的移动。在 ShopTurn 编程中用端面 C 和外表面 C 表示。

对于还有 Y 轴的车床，在 ShopTurn 编程中，端面称端面 Y，外表面称外表面 Y。限于篇幅，本章不介绍 Y 轴加工。

在实际加工中，编程的外表面可以选择内表面或外表面。端面可以选择前端面或后端面。

3. 逼近和回退加工循环

逼近和回退加工循环，如果没有特殊要求，如机床有尾座，逼近和回退的步骤总是相同的。选择路径时始终关注刀尖。回退在安全距离处停止，仅在下一个循环才运行到回退平面，以实现特殊的逼近/回退循环。

逼近/回退加工循环的运行过程如下：

1）刀具以最短路径从换刀点快速进到回退平面，移动方向与加工平面平行。

2）然后刀具快进到安全距离。

3）然后开始以编程的加工进给率加工工件。

4）加工之后，刀具以快进速率回退到安全距离。

5）然后刀具继续垂直快进至回退平面。

6）从该位置以最短路径快进到换刀点。如果在两个加工步骤之间不必换刀，刀具将从回退平面进入下一个加工循环。

考虑尾座时逼近/回退加工循环的运行过程如下：

1）刀具以快进速率沿最短路径从换刀点移动到尾座的回退平面 XRR。

2）然后刀具以快进速率沿着回退平面的 X 方向进给。

3）在该平面上刀具快进到安全距离。

4）然后开始以编程的加工进给率加工工件。

5）加工之后，刀具以快进速率回退到安全距离。

6）然后刀具继续垂直快进至回退平面。

7）然后刀具沿着 X 方向移动到尾座的回退平面 XRR。

8）从该位置刀具以最短路径快进到换刀点。如果在两个加工步骤之间不必切换刀具，刀具将从回退平面进入下一个加工循环。

在程序头中定义换刀点、回退平面、安全距离和尾座的回退平面。

4. 输入屏幕中的其他功能

（1）选择键“◯”（圆形符号）<SELECT>（文字）　按下此键，选定所需的设置或单位。只有存在多种选择可能时，键 <SELECT> 才有效。此外，选择符号还同时显示在工具栏中。本书为叙述方便，用缩写 <SL> 来代替图形符号。

（2）“abs”或“inc”　显示缩写“abs”或“inc”表示绝对值或增量值，它显示在可切换的输入栏后。

（3）辅助图　循环编程显示 2D 图、3D 图或接口示意图。

（4）在线帮助　如果要了解 HMI 上特定 G 代码指令或循环参数的详细信息，可以调用上下文在线帮助。

限于篇幅、系统提供的铣削循环和轮廓铣削循环不作介绍。

4.2 车削循环

在除了轮廓车削（CYCLE95）的所有车削循环中，都可以在粗加工和精加工的组合运行中按百分比降低精加工的进给率。

4.2.1 车削（CYCLE951）

使用“车削”循环可以在外轮廓或内轮廓的拐角上进行纵向或横向切削。在该循环中可以另外通过设定数据来限制安全距离，以采用较小的数值进行加工。

1. 加工方式

（1）粗加工　在粗加工中，与轴平行切削至编程的精加工余量。如果未编程精加工余量，则在粗加工时一直切削到最终轮廓。

粗加工时，循环会根据需要减小编程切削深度 D，进行相等尺寸的切削。

不管刀具是在每刀结束时在切削深度 D 处倒圆，还是立即退刀，都与轮廓和刀沿之间的角度有关。倒圆的角度存储在机床数据中。

如果刀具在切口末端没有倒圆，刀具快速退刀至安全距离或者快速移动至机床数据指定的值，循环始终采用较低的值，以保证内轮廓的切削不破坏轮廓。

（2）精加工　精加工方向与粗加工方向相同。循环在精加工期间自动选择和取消选择刀具半径补偿。

2. 逼近/回退

步骤如下：

1）刀具首先快进到循环内部计算得出的加工起点（参考点＋安全距离）。

2）刀具快进到第一个切削深度的起始点。

3）第1刀以加工进给率切削。

4）刀具以加工进给率进行倒圆，或者快速退刀（粗加工）。

5）刀具快进到下一个切削深度的起始点。

6）下一刀以加工进给率切削。

7）从第4步到第6步重复上述过程，直至到达最终深度。

8）刀具快进移回到安全距离。

3. 参数输入

待加工零件程序或ShopTurn程序已创建并位于编辑器中。操作步骤如下：

1）按下软键“Turning”（车削）。

2）按下软键“Stock removal”（切削），打开输入窗口“切削”。

3）用软键从三个切削循环中选择一个：①简单切削循环——直线，“切削1”；②切削循环带倒圆或倒角的直线，“切削2”；③切削循环带斜面、倒圆或倒角，“切削3”。

4）输入G代码程序参数和ShopTurn程序参数（略）。加工参数见表4-1。

表 4-1　拐角车削（CYCLE951）的加工参数

参　数	说　明
加工 <SL>	①粗加工　②精加工
位置 <SL>	加工位置：①后端外部　②前端外部　③后端内部　④前端内部
加工方向 <SL>	坐标系中的切削方向（横向或纵向）：①平行于 Z 轴（纵向）；②平行于 X 轴（横向）。再按各自位置，可有 8 种组合
X0，Z0	X 和 Z 的参考点（绝对，X 轴始终是直径编程）
X1，Z1 <SL>	X 和 Z 的终点（绝对）或相对于 X0 和 Z0 的终点（增量）
D	最大切削深度（不适用于精加工）
UX，UZ	X 和 Z 上的精加工余量（不适用于精加工）
FS1... FS3 或 R1... R3 <SL>	倒棱宽度（$FS1... FS3$）或倒圆半径（$R1... R3$）（不适用于切削 1）
<SL>	中间点参数选择，可以通过位置数据或角度来确定，允许下列组合：XMZM，XMα1，XMα2，α1ZM，α2ZM，α1α2（不适用于切削 1 和 2）
XM，ZM <SL>	中间点 X，Z（绝对或增量）（X 绝对为直径编程）
α1，α2	第 1 边或第 2 边的角度

4.2.2　切槽（CYCLE930）

使用“切槽”循环可以在任意直线轮廓单元上加工对称和不对称的凹槽。可以沿着纵向或横向加工外退刀槽或内退刀槽。用参数切槽宽度和切槽深度确定切槽形状。如果切槽比有效的刀具宽，则以多步切削宽度。刀具每次切割时移动刀具宽度的 80%（最大）。

可以为切槽底部和边缘指定精加工余量，粗加工时切削至该余量。

在设定数据中确定切削和回退之间的停留时间。

1. 粗加工时的逼近/退回

切削深度 $D>0$。步骤如下：

1）刀具首先快进到循环内部计算得出的起点。

2）刀具切入中心，切削深度为 D。

3）刀具快速回退，移动距离为 D + 安全距离。

4）刀具在第 1 个凹槽旁边再次切入，进刀深度为 $2D$。

5）刀具快速回退，移动距离为 D + 安全距离。

6）刀具在第 1 个凹槽和第 2 个凹槽之间来回切削，切削深度 $2D$，直至达到最终深度 $T1$。

在每次切削之间，刀具快速回退 D + 安全距离。最后一次切削之后，刀具快速回退到安全距离。

7）所有后续切削交替进行，直接加工到最终深度 $T1$。在每次切削之间，刀具快速回退到安全距离。

2. 精加工时的逼近/退回

步骤如下：

1）刀具首先快进到循环内部计算得出的起点。

2）刀具以加工进给率运行到下面的一个边沿，并沿着底部继续进给到中间。

3）刀具快进移回到安全距离。

4）刀具以加工进给率运行到下面的另一个边沿，并沿着底部继续进给到中间。

5）刀具快进移回到安全距离。

3. 参数输入

待加工零件程序或 ShopTurn 程序已创建并位于编辑器中。操作步骤如下：

1）按下软键“Turning”（车削）。

2）按下软键“Groove”（切槽）。打开输入窗口“切槽”。

3）用软键从三个切槽循环中选择一个：①简单切槽循环，打开输入窗口“切槽1”；②切槽循环带斜面、倒圆或倒角，打开输入窗口“切槽2”；③斜面上的切槽循环带斜面、倒圆或倒角，打开输入窗口“切槽3”。

4）输入 G 代码程序参数和 ShopTurn 程序参数（略）。加工参数见表4-2。

表4-2 切槽（CYCLE930）的加工参数

参数	说明
加工 <SL>	①粗加工 ②精加工 ③粗加工+精加工
位置 <SL>	凹槽位置：①外部，从右开始；②前端，从下开始；③内部，从左开始；④后端，从上开始
X0，Z0	*X* 和 *Z* 的参考点
B1	凹槽宽度
T1 <SL>	凹槽深度（绝对）或相对于 *X*0 的凹槽深度（增量）（直径值）
D	① 插入时的最大切削深度（仅在粗加工和粗加工+精加工时）。 ② 为零时，在一个切口中插入（仅在粗加工和粗加工+精加工时）。 *D*=0：第1刀直接加工到最终深度 *T*1。 D>0：为了达到更佳的排屑效果并避免损坏刀具，可以按切削深度 *D* 互换执行第1刀和第2刀，参见粗加工时的逼近/回退。 如果刀具只能到达凹槽底部的一个位置，则无法进行轮流切削
UX 或 U <SL>	*X* 上的精加工余量或 X 和 Z 上的精加工余量（仅在粗加工和粗加工+精加工时）
UZ	*Z* 上的精加工余量（*UX* 时，仅在粗加工和粗加工+精加工时）
N	凹槽数量（*N*=1…65535）
DP	凹槽间距（增量值）。*N*=1 时不显示 DP
α1，α2	啮合角1或啮合角2（仅适用于凹槽2和3）。通过分开的角度可以说明非对称的凹槽。该角度可以在0和<90°之间取值
FS1...FS4 或 R1...R4 <SL>	倒棱宽度（*FS*1...*FS*4）或倒圆半径（*R*1...*R*4）。仅适用于凹槽2和3
α0	斜面的角度（仅适用于凹槽3）

4.2.3　E形和F形退刀槽（CYCLE940）

使用“E形退刀槽”或“F形退刀槽”功能可以车削出符合DIN509的E形或F形退刀槽。

1. 逼近/回退

步骤如下：

1）刀具首先快进到循环内部计算得出的起点。

2）第1刀以加工进给率加工退刀槽。从边沿开始一直运行到横向进给 VX。

3）刀具快进移回到起点。

2. 参数输入

待加工零件程序或ShopTurn程序已创建并位于编辑器中。操作步骤如下：

1）按下软键“Turning”（车削）。

2）按下软键“Undercut”（退刀槽）。打开输入窗口“退刀槽”。

3）用软键从下列退刀槽循环中选择一个：按下“Undercut form E”（E形退刀槽）软键，打开输入窗口“E形退刀槽（DIN509）”。或者按下“Undercut form F”（F形退刀槽）软键，打开输入窗口“F形退刀槽（DIN509）”。

4）输入G代码程序参数和ShopTurn程序参数（略）。加工参数见表4-3。

表4-3　E形和F形退刀槽（CYCLE940）的加工参数

参　数	说　明
位置 <SL>	①外部前端左边　②内部前端左边　③内部后端右边　④外部后端右边
<SL>	根据DIN表确定退刀槽尺寸。例如：E形退刀槽：E1.0×0.4。F形退刀槽：F0.6×0.3
X0，Z0	参考点 X（直径），Z
X1，Z1 <SL>	X 上的余量［绝对（直径）或增量］。Z 上的余量（绝对或增量）（仅对F形退刀槽）
VX <SL>	横向进给（直径）（绝对）或横向进给（增量）

注：E形退刀槽仅在外圆上有退刀槽，F形退刀槽在外圆和端面上均有退刀槽。

4.2.4　螺纹退刀槽（CYCLE940）

使用“螺纹退刀槽DIN”或“螺纹退刀槽”循环可以为带有ISO螺纹的工件设置符合DIN76的螺纹退刀槽参数，或者为自定义的螺纹退刀槽进行参数设置。

1. 逼近/回退

步骤如下：

1）刀具首先快进到循环内部计算得出的起点。

2）第1刀从边沿开始，以加工进给率沿着螺纹退刀槽的形状进行，一直加工到安全距离。

3）刀具快进到下一个起始位置。

4）重复上述第2步和第3步，直到完成螺纹退刀槽。

5）刀具快进移回到起点。

精加工时，刀具运行到槽向进给 VX 为止。

2. 参数输入

待加工零件程序或ShopTurn程序已创建并位于编辑器中。操作步骤如下：

1）按下软键“Turning”（车削）。

2）按下软键“Undercut”（退刀槽）。

3）按下软键“Thread undercut DIN”（螺纹退刀槽DIN），打开输入窗口“螺纹退刀槽（DIN76）”。或者按下软键“Thread undercut”（螺纹退刀槽），打开输入窗口“螺纹退刀槽”。

4）输入G代码程序参数和ShopTurn程序参数（略）。加工参数见表4-4。

表4-4　螺纹退刀槽（CYCLE940）的加工参数

参　数	说　明
加工 <SL>	①粗加工　②精加工　③粗加工和精加工
位置 <SL>	加工的位置：①内部、前端左边　②外部前端左边　③外部后端右边　④内部后端右边
加工方向 <SL>	①纵向　②与轮廓平行
形状 <SL>（仅退刀槽DIN）	①普通（形状A）　②短形（形状B）
P <SL>（仅退刀槽DIN）	螺纹螺距（从给出的DIN表格中选择或输入）
X0，Z0	参考点Xϕ、Z
X1 <SL>（仅退刀槽）	退刀槽深度以Xϕ绝对值为基准或以*X*增量值为基准
Z1 <SL>（仅退刀槽）	余量*Z*（绝对或增量）
R1，R2（仅退刀槽）	倒圆半径1和2
α	插入角度
VX <SL>	横向进给ϕ（绝对）或横向进给（增量）（仅适用于精加工和粗加工+精加工）
D	最大切削深度（仅适用于粗加工和粗加工+粗加工）
U或者UX <SL>	*X*上的精加工余量或*X*和*Z*上的精加工余量（仅适用于粗加工和粗加工+精加工）
UZ	*Z*上的精加工余量（仅适用于*UX*，粗加工和粗加工+精加工）

4.2.5　螺纹车削（CYCLE99）

使用“圆柱螺纹”、“圆锥螺纹”和“平面螺纹”循环可以用固定或可变螺距进行外螺纹和内螺纹的车削。螺纹可以是单线螺纹，也可以是多线螺纹。加工米制螺纹（螺距*P*

的单位为 mm/r）时，循环使用由螺距所计算出的值对参数螺纹深度 *H*1 进行预设置，可以修改该值，预设必须通过设定数据 SD55212 $SCS_ FUNCTION_ MASK_ TECH_ SET 激活。

使用该循环的前提条件是，主轴带位移测量系统，并且处于转速控制环中。

可以二次加工螺纹。为此切换到运行方式“JOG”中。用螺纹同步加工。

1. 逼近/回退

步骤如下：

1）刀具快进到循环内部计算得出的起点。

2）螺纹前置量：刀具快速运行到第一个起始位置，该起始位置向前推移了螺纹前置量 *LW*。

螺纹起始量：刀具快速运行到起始位置，该起始位置向前推移了螺纹起始量 *LW*2。

3）第 1 刀用螺距 *P* 加工到螺纹结束量 *LR*。

4）螺纹前置量：刀具快速运行到回退距离 *VR*，然后运行到下一个起始位置。

螺纹起始量：刀具快速运行到回退距离 *VR*，然后再次运行到起始位置。

5）重复上述第 3 步和第 4 步，直到螺纹加工完成。

6）刀具快进返回到回退平面。

使用功能“快速退刀”可以随时中断螺纹加工。它还确保刀具退刀时不损坏螺纹线。

2. 参数输入

待加工零件程序或 ShopTurn 程序已创建并位于编辑器中。操作步骤如下：

1）按下软键“Turning”（车削）。

2）按下软键“Thread”（螺纹），打开输入窗口“螺纹”。

3）按下软键“Thread longs”（圆柱螺纹），打开输入窗口“圆柱螺纹”。或者，按下软键“Thread taper”（圆锥螺纹），打开输入窗口“圆锥螺纹”。或者，按下软键“Thread face”（平面螺纹），打开输入窗口“平面螺纹”。

4）输入 G 代码程序参数和 ShopTurn 程序参数（略）。加工参数见表 4-5⊖。

表 4-5　螺纹车削（CYCEE99）的加工参数

参　数	说　明
表 <SL> （仅用于圆柱螺纹）	选择螺纹列表：①无；②ISO 米制；③惠氏螺纹 BSW；④惠氏螺纹 BSP；⑤UNC
设定表格值 （不适用于表格“无”） <SL> （仅用于圆柱螺纹）	设定表格值。例如：M10，M12，M14
P <SL> （也适用于圆锥和平面螺纹）	在表格“无”中选择螺距/螺纹线，或根据螺纹表的选择设定螺距/螺纹线。 ① 螺距，单位 mm/r ② 螺距，单位 in/r ③ 每英寸的螺纹线 ④ 螺距，单位 MODUL

⊖ 实际系统是分三张表——编者注。

（续）

参　数	说　明
G	每转的螺距变化。（仅在 P = mm/r 或 in/r 时）。 $G=0$，螺距 P 不变。 $G>0$，螺距 P 每转增加 G。 $G<0$，螺距 P 每转减少 G。 如果螺纹的起始螺距和终止螺距已知，待编程的螺距变化的计算如下： $G=(P_e^2-P^2)/(2\times Z1)\ (\mathrm{mm/r^2})$ 式中： P_e：螺纹的终止螺距（mm/r） P：螺纹的起始螺距（mm/r） $Z1$：螺纹长度（mm） 螺距越大，工件上螺纹线之间的距离越大
加工 <SL>	①粗加工　②精加工　③粗加工和精加工
进刀（仅适用于粗加工和粗加工+精加工）<SL>	① 恒定：以恒定切削深度进刀 ② 递减：以恒定切削面积进刀
螺纹 <SL>	①内螺纹　②外螺纹
X0，Z0	参考点 $X\phi$；Z（绝对）
X1 或者 X1α <SL>（仅适用于圆锥螺纹）	终点 $X\phi$（绝对）或相对于 $X0$ 的终点（增量）或者螺纹斜边。增量尺寸考虑正负号
X1 <SL>（仅适用于平面螺纹）	螺纹终点 $X\phi$（绝对）或螺纹长度（增量）。增量尺寸考虑正负号
Z1 <SL>（仅适用于圆柱螺纹）	螺纹终点（绝对）或螺纹长度（增量）。增量尺寸考虑正负号
Z1 <SL>（仅适用于圆锥螺纹）	终点 Z（绝对）或相对于 $Z0$ 的终点（增量）。增量尺寸考虑正负号
LW <SL> 或 LW2 <SL> 或 LW2 = LR <SL>	螺纹前置量 LW（增量）：螺纹起始点是向前推移了螺纹前置量 LW 的参考点（$X0$，$Z0$），如果希望提前开始单独切削，并对起始螺纹进行精确加工，可以使用螺纹前置量
	螺纹起始量 $LW2$（增量）：在无法从侧面逼近螺纹但是又必须将刀具插入材料（例如轴上的润滑油槽）的时候，可以使用螺纹起始量
	螺纹起始量 = 螺纹结束量（增量）
LR	螺纹结束量（增量）：如果需要在螺纹末端倾斜回退刀具（例如轴上的润滑油槽），可以使用螺纹结束量
H1	螺纹深度（增量）
DP <SL> 或 αP	齿面表示的进给斜度（增量）－角度表示的进给斜度（备选） $DP>0$：沿着后齿面进给 $DP<0$：沿着前齿面进给
	角度表示的进给斜度－齿面表示的进给斜度（备选） $\alpha>0$：沿着后齿面进给 $\alpha<0$：沿着前齿面进给 $\alpha=0$：与切削方向成直角进刀 如果沿着齿面进刀，则该参数绝对值最大允许为刀具啮合角的一半

（续）

参　　数	说　　明
沿齿面进给 <SL> 沿齿面交替进给（备选）	沿着齿面进给 沿着交替齿面进给（备选） 除了沿一个齿面进给之外，还可以使用交替齿面进给，减轻同一刀沿的负载，从而延长刀齿寿命 α>0：从后齿面开始 α<0：从前齿面开始
D1 或者 ND <SL> （仅在粗加工和粗加工＋精加工）	首次进刀深度或粗切削次数 通过在粗切削次数和第一次进给之间切换，会显示相应的值
rev	*X* 和 *Z* 上的精加工余量（仅在粗加工和粗加工＋精加工时）
NN	空切数量（仅在精加工和粗加工＋精加工时）
VR	回退距离（增量）
多线的 <SL>	否：α0：起始角偏移 是：① *N*：螺纹线数量。螺纹平均分布在车削零件的圆周上，第 1 个螺纹线总是在 0°上。 ② *DA*：螺纹变化深度（增量），首先依次加工所有螺旋线，一直到螺纹变化深度 *DA*，然后依次加工所有螺纹到深度 2*DA*，如此继续直至到达最终深度。 *DA*＝0：不考虑螺纹变化深度，即加工完一条螺纹线后再开始下一条螺纹线。 ③ 加工 <SL>：ⓐ完全加工或ⓑ从螺纹线 *N*1 起。*N*1（1…4）起始螺纹线 *N*1＝1…*N* <SL>或ⓒ仅螺纹线 *NX*。*NX*（1…4）*N* 螺纹线中的 1 <SL>

4.2.6　链式螺纹（CYCLE98）

用此循环可以加工几个相连的圆柱螺纹或者圆锥螺纹，具有恒定的螺距。在圆柱螺纹和平面螺纹时，其螺距可以不同。

螺纹可以是单线螺纹，也可以是多线螺纹。对于多线螺纹，依次对各螺旋线进行加工。

右旋或左旋螺纹由主轴旋转方向和进给方向来决定。

自动以恒定切削深度或恒定切削截面进给。对于恒定切削深度，切削截面会随切削递增。粗加工后，一次切削除精加工余量。在螺纹深度较小时，恒定的切削深度能创造较好的切削条件。对于恒定切削截面，切削压力对所有粗切削保持不变，切削深度会递减。

在带有螺纹的运行程序段运行期间进给倍率无效。在建立螺纹期间，不允许更改主轴倍率。

1. 逼近/回退

步骤如下：

1）使用 G0 返回到循环内部计算的起始点，在第一个螺纹导程导入位移的开始处。

2）根据确定的进刀方式进行进刀（粗加工）。

3）根据编程的粗加工走刀步数重复螺纹切削。

4）在后面的切削中，用 G33 切削精加工余量。

5）根据空走刀步数重复切削。

6）对于每个其他的螺纹导程，重复整个运行过程。

2. 参数输入

待加工零件程序或 ShopTurn 程序已创建并位于编辑器中。操作步骤如下：

1）按下软键“Turning”（车削）。

2）按下软键“Thread”（螺纹），打开输入窗口“螺纹”。

3）按下软键“Thread chain”（链式螺纹），打开输入窗口“链式螺纹”。

4）输入 G 代码程序参数和 ShopTurn 程序参数（略）。加工参数见表 4-6。

表 4-6　链式螺纹（CYCLE98）的加工参数

参　　数	说　　明
加工 <SL>	①粗加工　②精加工　③粗加工和精加工
进刀（仅适用于粗加工和粗加工＋精加工）<SL>	① 恒定：以恒定的切削深度进刀 ② 递减：以恒定切削面积进刀
螺纹 <SL>	①内螺纹　②外螺纹
X0，Z0	参考点 $X\phi$（绝对，始终是直径编程），Z（绝对）
P0 <SL>	螺距 1：mm/r，in/r，螺纹线/in 和 MODUL
X1 或者 X1α <SL>	① 中间点 $1X\phi$（绝对）或者 ② 相对于 $X0$（增量）的中间点 1 或者 ③ 螺纹斜边 1 增量尺寸带正负号
Z1 <SL>	① 中间点 $1Z$（绝对）或者 ② 相对于 $Z0$（增量）的中间点 1
P1	螺距 2（与 $P0$ 一样设置单位参数）
X2 或 Z2α <SL>	① 中间点 $2X\phi$（绝对）或者 ② 相对于 $X1$（增量）的中间点 2 或者 ③ 螺纹斜边 2（绝对或增量） 增量尺寸带正负号
Z2 <SL>	① 中间点 $2Z$（绝对）或 ② 相对于 $Z1$（增量）的中间点 2
P2	螺距 3（与 $P0$ 一样设置单位参数）
X3 <SL>	① 终点 $X\phi$（绝对）或者 ② 相对于 $X2$（增量）的中间点 3 或者 ③ 螺纹斜边 3
Z3 <SL>	① 终点 Z（绝对）或者 ② 参照 $Z2$ 的终点（增量）
LW	螺纹前置量
LR	螺纹结束量
H1	螺纹深度
DP 或 αP <SL>	进给斜度（边沿）或进给斜度（角度）

（续）

参　数	说　明
进给方式 <SL>	① 沿着边沿进给 ② 交换边沿进给
D1 或者 ND <SL>	首个切削深度或者粗切数量（仅在粗加工和粗加工 + 精加工时）
rev	*X* 和 *Z* 上的精加工余量（仅在粗加工和粗加工 + 精加工时）
NN	空切数量（仅在精加工和粗加工 + 精加工时）
VR	回程距离
多线的 <SL>	否：α0：起始角偏移 是：*N*：螺纹线数量 *DA*：螺纹变化深度（增量）

4.2.7　切断（CYCLE92）

如果要切断旋转对称的零件（例如螺钉，销或空心体），可以使用“切断”循环。

可以在被加工零件的边缘上编程倒角或倒圆。可以恒定切削速率 *V* 或旋转速度 *S* 加工到深度 *X*1，然后再以恒定速度加工工件。也可以从深度 *X*1 编写降低的进给率 *FR* 或降低的旋转速度 *SR*，以便使速度适应减小的直径。

用参数 *X*2 输入希望通过切断所到达的最后深度。比如空心体，不需要完全切到中心，而是略超过空心体的壁厚就可以切断了。

1. 逼近/回退

步骤如下：

1）刀具首先快进到循环内部计算得出的起点。

2）如果可能，以加工进给率进行倒角或倒圆。

3）以加工进给率切到深度 *X*1 来切断。

4）以减小的进给率 *FR* 和降低的速度 *SR*，继续切到深度 *X*2。

5）刀具快进移回到安全距离。

如果已经相应设置了车床，可以抽出容纳切断工件的接料箱。必须在机床数据中启用工件接料箱功能。

2. 参数输入

待加工零件程序或 ShopTurn 程序已创建并位于编辑器中。操作步骤如下：

1）按下软键“Turning”（车削）。

2）按下软键“Cut_off”（切断）。打开输入窗口“切断”。

3）输入 G 代码程序参数和 ShopTurn 程序参数（略）。加工参数见表 4-7。

表 4-7　切断（CYCLE92）的加工参数

参　数	说　明
DIR <SL>	主轴旋转方向：①逆时针，②顺时针
SV	最大转速限制（仅在恒定切削速度 V 时）
X0，Z0	参考点 $X\phi$（绝对，始终是直径），Z（绝对）
FS 或者 R <SL>	倒棱宽度或倒圆半径
X1 <SL>	转速递减 ϕ（绝对）的深度或相对于 $X0$（增量）的转速递减深度
FR	降低的进给率
SR	降低的转速
X2 <SL>	最终深度 ϕ（绝对）或相对于 $X1$（增量）的最终深度

4.3　车削轮廓循环

4.3.1　概述

使用“车削轮廓”循环可以制作简单或复杂的轮廓。一个轮廓由各个轮廓元素组合而成。因此，一个定义的轮廓给定至少两个，至多 250 个元素。可以在轮廓元素之间编写倒角、圆角、退刀槽或切线过渡。

集成的轮廓计算器可以利用几何关系计算各轮廓元素的交点，不必输入完整标注的元素。

在加工轮廓时，可以考虑一个毛坯轮廓，在成品轮廓之前必须输入该毛坯轮廓。然后选择以下加工工艺的一种：切削、切槽或切入式车削。上面 3 种不同工艺均可以粗加工，去除余料并精加工。编程时，首先要输入毛坯轮廓，再输入成品件轮廓，然后分别进行：切削轮廓（粗加工）可以从横向、纵向或平行于轮廓的方向加工轮廓。清理余料（粗加工），ShopTurn 在轮廓切削时会自动识别遗留下来的余料。在 G 代码编程时必须在切削中首先进行判断，是否使用余料识别。如果使用合适的刀具，不必重新加工整个轮廓即可切除余料。切削轮廓（精加工）时，如果在粗加工时编写了精加工余量，将再次加工轮廓。

循环将程序中的轮廓显示为一个程序段。如果打开该程序段，各轮廓元素将按符号顺序列出，并使用折线图形显示。

对于每个要切削的轮廓，必须创建新轮廓。在设立一个新轮廓时，必须首先确定一个起始点。输入轮廓单元，轮廓处理器自动定义轮廓终点。轮廓元素有垂直直线、水平直线、对角线和圆/圆弧。在两个轮廓元素之间可以添加过渡元素，可以选择圆角、倒角或者在线性元素之间选择退刀槽。

可以更改已经创建的轮廓，添加、更改、插入或者删除。

4.3.2　切削（CYCLE952）

在“车削轮廓”中，循环会考虑可能由圆柱体、成品轮廓上的余量或任何未加工的毛坯轮廓所组成的毛坯。必须先将毛坯轮廓定义为独立的封闭轮廓，再定义成品轮廓。

1. 收紧轮廓

为防止粗加工时有剩余拐角，可以进行“收紧轮廓”操作。由此可以去掉每次切削时在轮廓末端留下的凸起（基于刀沿几何形状）。使用设置“收紧轮廓至前一切削点”可以加速轮廓加工。但不识别也不处理出现的剩余拐角。因此，加工前务必借助模拟来控制过程。

当设定到“自动”时，如果刀沿和轮廓之间的角度大于某个值，将一直倒角。角度通过机床数据设定。

2. 交替切削深度

代替使用恒定切削深度 *D*，可以使用交替切削深度，使刀沿不持续承受相同负荷，从而延长刀具寿命。

交替切削深度的百分比保存在机床数据中。

3. 切削分段

在切削分段时，由于轮廓边沿的原因可能出现切得过薄，为避免产生这种情况，可以将切削分段和轮廓边沿对齐。加工时，轮廓被边沿分割成单独的段，再对每一个段单独进行切削分割。

4. 限制加工区

比如，如果要使用不同的刀具加工轮廓的特定区域，可以设置加工区域限制，以便只加工所选的轮廓部分。可以定义 1 到 4 条限制线。

5. 进给中断

为防止在加工中出现切片过长，可以编程进给中断。参数 DI 指定了进给中断之前的加工距离。

6. 命名规定

在多通道系统中，循环会在待生成的程序的名称后加上“_C”和表示通道编号的两位数字。例如，对于通道 1 为“_C01”。

因此主程序的名称不允许以“_C”和两位数字结尾。这将由循环进行监控。

对于写入了余料加工的 G 代码程序，在命名包含了更新过的毛坯轮廓的文件时，必须确保其末尾字符不是“_C”和两位数字。

在通道系统中，循环不会在待生成的程序后添加名称扩展。

对于 G 代码程序，若待生成的程序不包含路径设定，则其保存在主程序所在目录。此时必须注意，此目录中现有的与待生成程序同名的程序会因此被覆盖。

7. 加工方式

可以自由选择加工模式（粗加工或精加工）。在轮廓粗加工时，将创建最大进给深度的并行切削，直至粗加工到编程的精加工余量。

也可以为精加工操作指定补偿余量 *U*1，使之可以精加工多次（正的补偿余量）或缩小轮廓（负的余量）。精加工方向与粗加工方向相同。

8. 参数输入

待加工零件或 ShopTurn 程序已创建并位于编辑器中。操作步骤如下：

1）按下软键“Contour turning”（切削轮廓）。

2）按下软键“Stock removal”（切削）。打开窗口“切削”。

3）输入G代码程序参数和“ShopTurn”程序参数（略）。加工参数见表4-8。

表4-8 切削（CYCLE952）的加工参数

参 数	说 明
加工<SL>	①粗加工 ②精加工
加工方向 <SL>	①横向<SL> ②纵向<SL> ③与轮廓平行<SL> 每项又可选择：①由内向外 ②由外向内 ③从前面向后面 ④从后面向前面 加工方向取决于切削方向或刀具的选择
位置<SL>	①前面的 ②后面的 ③内部的 ④外部的
D	最大切削深度（仅在粗加工时）
DX	最大切削深度（仅在可选与*D*轮廓平行时）
紧跟轮廓 <SL>	①始终紧跟轮廓 ②不紧跟轮廓 ③仅紧跟轮廓至上一个切点
切削深度 <SL>	①恒定切削深度 ②交替切削深度（仅当边沿上的切削分段对齐时）
DZ	最大切深（仅在轮廓平行位置和*UX*时）
UX或U<SL>	*X*上的精加工余量或*X*和*Z*上的精加工余量（仅在粗加工时）
UZ	*Z*上的精加工余量（仅在*UX*时）
DI	为零时，持续切削（仅在粗加工时）
BL<SL>	毛坯描述：①圆柱体 ②余量 ③轮廓
XD	仅在圆柱体与余量的毛坯描述时： 1）在圆柱体毛坯描述时：①余量或圆柱体尺寸ϕ（绝对） ②余量或圆柱体尺寸（增量） 2）在余量毛坯描述时：①轮廓上余量ϕ（绝对） ②轮廓上余量（增量）
ZD	仅在圆柱与余量的毛坯描述时： 1）在圆柱体毛坯描述时，余量或圆柱体尺寸（绝对或增量） 2）在余量毛坯描述时，轮廓上余量（绝对或增量）
余量<SL>	预精加工余量（仅在精加工时：是：*U*1轮廓余量；否：无）
U1	*X*和*Z*方向的补偿余量（增量）（仅在余量时）：正值：保护补偿余量；负值：除了切削精加工余量外，还要切削补偿余量
设置加工区限制<SL>	限制加工区：是。输入：①*XA*：第1限制*XA*ϕ。②*XB*<SL>：第2限制*XB*ϕ（绝对）或相对于*XA*的第2限制（增量）。③*ZA*：第1限制*ZA*。④*ZB*<SL>：第2限制*ZB*（绝对）或相对于*ZA*的第2限制。 否：无
底切<SL>	加工底切：是或否
FR	插入进给率底切

4.3.3 切削剩余（CYCLE952）

使用功能“余料切削”，可以对切削轮廓时剩余的材料进行加工。

沿着轮廓切削时，循环会自动检测到任何余料，并生成更新的毛坯轮廓。在ShopTurn

中会自动生成更新后的轮廓。在 G 代码程序中，必须在切削时将余料编程为“是”。作为精加工余量保留的材料不属于余料。通过“余料切削”功能，可以使用适合的刀具切削不需要的材料。

参数输入步骤如下：

待加工零件程序或 ShopTurn 程序已创建并位于编辑器中。操作步骤如下：

1）按下软键“Contour turning”（车削循环）。

2）按下软键“Residual material stock removal”（余料切削），打开输入窗口“余料切削”。

3）输入 G 代码程序参数和 ShopTurn 程序参数（略）。加工参数见表 4-9。

表 4-9　切削剩余（CYCLE952）的加工参数

参　　数	说　　明
加工 <SL>	①粗加工　②精加工
加工方向 <SL>	①横向 <SL>　②纵向 <SL>　③与轮廓平行。每项又可选择：①由内向外　②由外向内　③从前面向后面　④从后面向前面 加工方向取决于切削方向或刀具的选择
位置 <SL>	①前面的　②后面的　③内部的　④外部的
D	最大切削深度（仅在粗加工时）
XDA	刀具切槽限制 1（绝对）（仅在加工方向为横向时）
XDB	刀具切槽限制 2（绝对）（仅在加工方向为横向时）
DX	最大切削深度（仅在可选与 *D* 轮廓平行时）
<SL>	在切削结束时：①不紧跟轮廓　②总是紧跟轮廓
<SL>	①等分切削分段　②紧跟边沿上的切削分段
<SL>	①恒定切削深度　②交替切削深度（仅当边沿口上切削分段对齐时）
余量 <SL>	预精加工的余量（仅在精加工时）：是：*U*1 轮廓余量。否：无
U1	*X* 和 *Z* 方向的补偿余量（增量）（仅在余量时） ①正值：保持补偿余量　②负值：除了切削精加工余量外，还要切削补偿余量
设置加工区限制 <SL>	限制加工区： 是：①*XA*：1，限制 *XAϕ*　②*XB* <SL>：第 2 限制 *XBϕ*（绝对）或与 *XA* 有关的第 2 限制（增量）　③*ZA*：第 1 限制 *ZA*　④*ZB* <SL>：第 2 限制 *ZB*（绝对）或与 *ZA* 有关的第 2 限制（增量）
底切 <SL>	加工底切：是或否
FR	插入进给率底切

4.3.4　切槽（CYCLE952）

切槽功能用于加工任何形状的槽。

必须先输入轮廓，才能编程切槽。

如果切槽比有效的刀具宽，则以多步切削宽度。刀具每次切削时移动刀具宽度约 80%（最大）。

1. 毛坯

切槽时，循环会考虑可能由圆柱体，成品轮廓上的余量或任何未加工的毛坯轮廓所组成的毛坯。

2. 限制加工区

如果要使用不同的刀具加工轮廓的特定区域，可以设置加工区限制，以便只加工所选的轮廓部分。

3. 进给中断

为防止在加工中出现切片过长，可以编程进给中断。

4. 加工方式

可以自由选择加工模式（粗加工或精加工）。

5. 参数输入

待加工零件程序或 ShopTurn 程序已创建并位于编辑器中。操作步骤如下：

1）按下软键 “Contour turning”（车削轮廓）。

2）按下软键 “Plunge cutting”（切槽），打开输入窗口 “切槽”。

3）输入 G 代码程序参数和 ShopTurn 程序参数（略）。加工参数见表 4-10。

表 4-10　切槽（CYCLE952）的加工参数

参　　数	说　　明
加工 <SL>	①粗加工　②精加工
加工方向 <SL>	①横向　②纵向
位置 <SL>	①前面的　②后面的　③内部的　④外部的
D	最大切削深度（仅在粗加工）
XDA	刀具切槽限制 1（绝对）（仅在加工方向为横向时）
XDB	刀具切槽限制 2（绝对）（仅在加工方向为横向时）
UX 或 U <SL>	*X* 上的精加工余量或 *X* 或 *Z* 上的精加工余量（仅在粗加工时）
UZ	*Z* 上的精加工余量（仅在 *UX* 时）
DI	为零时：持续切削（仅在粗加工时）
BL <SL>	毛坯描述：①圆柱体　②余量　③轮廓
XD	仅在圆柱体与余量的毛坯描述时： 在圆柱体毛坯描述时：①余量或圆柱体尺寸 ϕ（绝对）　②余量或圆柱体尺寸（增量） 在 “余量毛坯” 描述时：①轮廓上余量 ϕ（绝对）　②轮廓上余量（增量）
ZD	仅在圆柱体与余量的毛坯描述时： 1）在圆柱体毛坯描述时，余量或圆柱体尺寸（绝对或增量） 2）在余量毛坯描述时，轮廓上余量（绝对或增量）
余量	预精加工余量（仅在精加工时）：①是：U1 轮廓余量　②否：无
U1	*X* 和 *Z* 方向的补偿余量（增量）（仅在余量时）：①正值：保持补偿余量　②负值：除了切削精加工余量外，还要切削补偿余量

（续）

参数	说明
设置加工区限制 <SL>	限制加工区： 1）是：①*XA*：第 1 限制 *XAϕ* ②*XB*：第 2 限制 *XBϕ*（绝对）或与 *XA* 有关的第 2 限制（增量） ③*ZA*：第 1 限制 *ZA* ④*ZB* <SL>：第 2 限制 *ZB*（绝对）或与 *ZA* 有关的第 2 限制 2）否：无
N	切槽数量
DP	切槽的间距（增量）

4.3.5 切槽剩余（CYCLE952）

如果要加工切槽后残留的材料，会使用“切槽余料”功能。

ShopTurn 切槽时，循环会自动检测到任何余料，并生成更新的毛坯轮廓。在 G 代码程序中必须预先选定该功能。作为精加工余量保留的材料不属于余料。通过“切槽余料”功能，可以使用适合的刀具切削不需要的材料。

待加工零件程序或 ShopTurn 程序已创建并位于编辑器中。参数输入步骤如下：

1）按下软键“Contour turning”（车削轮廓）。

2）按下软键“Plunge cutting residual material”（切槽余料）。打开输入窗口“切槽余料”。

3）输入 G 代码程序参数和 ShopTurn 程序参数（略），加工参数见表 4-11。

表 4-11 切槽剩余（CYCLE952）的加工参数

参数	说明
加工 <SL>	①粗加工 ②精加工
加工方向 <SL>	①横向 ②纵向
位置 <SL>	①前面的 ②后面的 ③内部的 ④外部的
D	最大切削深度（仅在粗加工时）
XDA	刀具切槽限制 1（绝对）（仅在加工方向为横向时）
XDB	刀具切槽限制 2（绝对）（仅在加工方向为横向时）
UX 或 U <SL>	*X* 上的精加工余量或 *X* 和 *Z* 上的精加工余量（仅在粗加工时）
UZ	*Z* 上的精加工余量（仅在 *UX* 时）
DI	为零时：持续切削（仅在粗加工时）
余量 <SL>	预精加工的余量（仅在精加工时） ①是：*U*1 轮廓余量 ②否：无
U1	*X* 和 *Z* 方向的补偿余量（增量）（仅在余量时） ①正值：保持补偿余量 ②负值：除了切削精加工余量外，还要切削补偿余量
设置加工区限制 <SL>	限制加工区：1）是：①*XA*：限制 1：*XAϕ*。②*XB*：限制 2 <SL>：限制 *XBϕ*（绝对）或与 *XB* 有关的第 2 限制（增量）。③*ZA*：第 1 限制 *ZA*。④*ZB* <SL>：第 2 限制 *ZA*（绝对）或与 *ZA* 有关的第 2 限制。2）否：无
N	切槽数量
DP	切槽的间距（增量）

4.3.6　切槽加工（CYCLE952）

使用“切入式车削”功能可以加工任意形状的凹槽。与切槽功能相比，切入式车削功能在每次加工槽后也切削两侧的材料，从而缩短加工时间。与切削功能不同的是，切入式车削功能可以加工刀具必须垂直进入的轮廓。

切入式车削需要专用的刀具。在编程“切入式车削”循环之前，必须先输入需要的轮廓。

切入式车削时，ShopTurn 考虑可能由圆柱体、成品轮廓上的余量或任意毛坯轮廓组成的毛坯。

限制加工区，比如，如果要使用不同的刀具加工轮廓的特定区域，可以设置加工区限制，以便只加工所选的轮廓部分。

为防止在加工中出现切片过长，可以编程进给中断。

可以自由选择加工模式（粗加工或精加工）。

待加工零件程序或 ShopTurn 程序已建立并位于编辑器中。参数输入操作如下：

1）按下软键“Contour turning”（车削轮廓）。

2）按下软键“Plunge turning”（切入式车削），打开输入窗口“切入式车削”。

3）输入 G 代码程序参数和 ShopTurn 程序参数（略），加工参数见表 4-12。

表 4-12　切槽加工（CYCLE952）的加工参数

参　　数	说　　明
FX，FZ	*X* 和 *Z* 方向上的进给
加工 <SL>	①粗加工　②精加工
加工方向 <SL>	①横向　②纵向
位置 <SL>	①前面的　②后面的　③内部的　④外部的
D	最大切削深度（仅在粗加工）
XDA	刀具凹槽限制 1（绝对）（仅在加工方向为横向时）
XDB	刀具凹槽限制 2（绝对）（仅在加工方向为横向时）
UX 或 U <SL>	*X* 上的精加工余量或 *X* 或 *Z* 上的精加工余量（仅在粗加工时）
UZ	*Z* 上的精加工余量（仅在粗加工时）
DI	为零时，持续切削（仅在粗加工时）
BL <SL>	毛坯描述（仅在粗加工时）：①圆柱体　②余量　③轮廓
XD <SL>	仅在圆柱体与余量的毛坯描述时： 1）在圆柱体毛坯描述时：①余量或圆柱体尺寸 ϕ（绝对）。②余量或圆柱体尺寸（增量） 2）在余量毛坯描述时：①轮廓上余量 ϕ（绝对）。②轮廓上余量（增量）
ZD <SL>	仅在圆柱体与余量的毛坯描述时： 1）在圆柱体毛坯描述时，余量或圆柱体尺寸（绝对或增量） 2）在余量毛坯描述时，轮廓上余量（绝对或增量）

（续）

参　　数	说　　明
余量 <SL>	预精加工余量（仅在精加工时）：①是：U1 轮廓余量。②否：无
U1	*X* 和 *Z* 方向的补偿余量（增量）（仅在余量时）：①正值：保持补偿余量。②负值：除了切削精加工余量外，还要切削补偿余量
设置加工区限制 <SL>	限制加工区：1）是：①*XA*：第 1 限制 $XA\phi$。②*XB*：第 2 限制 $XB\phi$（绝对）或相对于 *XA* 的第 2 限制（增量）。③*ZA*：第 1 限制 *ZA*。④*ZB*：第 2 限制 *ZB*（绝对）或相对于 *ZA* 的第 2 限制 2）否：无
N	凹槽数量
DP	凹槽的间距

4.3.7　刀槽加工余料（CYCLE952）

对于加工切入式车削后的残留材料，会使用“切入式车削余料”功能。ShopTurn 切入式车削时，循环会自动检测到任何余料，并生成更新的毛坯轮廓。在 G 代码程序中必须在屏幕中预先选定该功能。作为精加工余量保留的材料不属于余料。通过“切入式车削余料”功能，可以使用适合的刀具切削不需要的材料。

待加工零件或 ShopTurn 程序已创建并位于编辑器中。参数输入操作如下：

1）按下软键“Contour turning”（车削轮廓）。

2）按下软键“Reciprocating cutting residual material”（往复车削余料），打开输入窗口“往复车削余料”。

3）输入 G 代码程序参数和 ShopTurn 程序参数（略），加工参数见表 4-13。

表 4-13　刀槽加工余料（CYCLE952）的加工参数

参　　数	说　　明
FX，FZ	*X* 和 *Z* 方向上的进给
加工 <SL>	①粗加工　②精加工
加工方向 <SL>	①横向　②纵向
位置 <SL>	①前面的　②后面的　③内部的　④外部的
D	最大切削深度（仅在粗加工）
UX 或 U <SL>	*X* 上的精加工余量或 *X* 和 *Z* 上的精加工余量（仅在粗加工时）
UZ	*Z* 上的精加工余量（仅在粗加工时）
XDA	刀具切削限制 1ϕ（绝对）（仅适用于前面或后面）
XDB	刀具切削限制 2ϕ（绝对）（仅适用于前面或后面）
余量 <SL>	预精加工余量：①是：*U*1 轮廓余量，②否：无
D1	为零时：持续切削（仅在粗加工时）
U1	*X* 和 *Z* 方向的补偿余量（增量）（仅在余量时）：①正值：保持补偿余量。②负值：除了切削精加工余量外，还要切削补偿余量

（续）

参　　数	说　　明
设置加工区限制 <SL>	限制加工区： 1）是：①*XA*：第1限制 *XAϕ*。②*XB*：第2限制 *XBϕ*（绝对）或相对于 *XA* 的第2限制（增量）。③*ZA*：第1限制 *ZA*。④*ZB*：第2限制 *ZB*（绝对）或相对于 *ZA* 的第2限制 2）否：无
N	凹槽数量
DP	凹槽的间距（增量）

4.4　钻孔循环

4.4.1　概述

钻孔循环是用于钻孔、镗孔和攻螺纹的动作顺序，按照 DIN66025 定义的动作顺序执行。这些循环以具有的定义名称和参数表的子程序的形式来调用。

钻孔循环可以是模态的，即在包含动作命令的每个程序块的末尾执行这些循环。此时，用位置模式（MCALL）进行编程。

有两种类型的参数（几何参数和加工参数）用于所有的钻孔循环。钻孔式样循环和铣削循环的几何参数是一样的。它们定义参数平面和返回平面，以及安全间隙和绝对或相对的最后钻孔深度。加工参数在各个循环中具有不同的含义和作用，因此它们在每个循环中单独编程。

钻孔循环是独立于实际轴名称而编程的。在循环调用之前，前部程序必须使之到达钻孔位置。

待处理的零件程序或 ShopTurn 程序已创建并处于编辑器中。

1. 通用几何参数

通用几何参数如图4-1所示，叙述如下：

（1）参考点平面 *Z0*　参考点平面位于孔沿起始测量位置平面（即孔沿位置平面）参考点通常为工件坐标原点。

（2）返回平面 *RP*　返回平面是指循环中的刀轴（*Z* 轴）在加工至孔底后返回的位置平面。在这个平面上，刀具可以实现定位动作。由于返回平面可以设在任意一个安全的高度上，即当刀具在这个高度上任意移动而不会与夹具、工件等发生碰撞。因此，返回平面高于参考点平面。

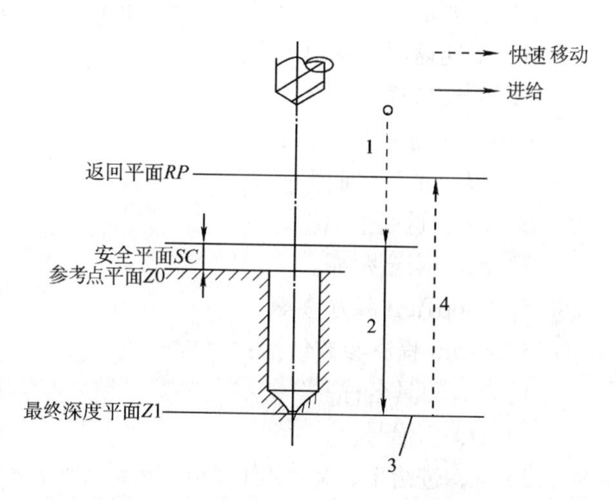

图4-1　通用几何参数和钻孔步骤

如果参考点平面和返回平面的值相

同，则不允许使用相对深度数据，否则显示故障信息“参考面定义错误”。

如果返回平面位于参考点平面之后，也会生成一个故障信息，其到最终钻削深度的距离会变小。

（3）安全平面 *SC* 对参考点生效，安全平面对参考点的距离 *SC* 生效的方向由循环自动确定。在这个平面上，循环中的刀轴（*Z* 轴）进刀时，由快速转为进给的位置平面。循环中，不管刀轴起始于何处，第一个动作就是将刀具快速移动到这个平面位置，又称加工开始平面、快进的安全平面。

（4）最终深度平面 *Z*1 在这个位置加工完成，又称加工完成平面。

在带有选择的循环时，所编程的钻削深度取决于钻尖、钻杆或定心直径的选择：

1）钻尖（钻孔深度与钻尖有关）。一直进给直到钻头尖达到编程值 *Z*1 为止。如果在刀具管理中不给定钻头的角度，则不提供钻尖/钻杆的选择，总是指定钻尖，即 0 区。

2）钻杆（钻孔深度与钻杆有关）。一直进给，直到钻头部分达到编程值 *Z*1 为止。采用工件列表中输入的钻头角度。

3）定心直径（定心与直径有关，仅适用于 CYCLE81）。在 *Z*1 下编程中心孔的直径；在刀具表中必须给定刀尖角度。刀具一直进给，直到达到给定的直径为止。

2. 钻孔位置

循环以已使用的加工平面坐标为前提。因此，钻孔中心点在循环调用之前或之后，按以下方式进行编程：

1）单个位置，在循环调用之前编程一个单个位置。

2）位置模式（MCALL），在循环调用之后编程钻孔模式循环（直线、圆弧等）或者钻孔中心点的连续定位程序段。

3. 钻孔循环基本步骤

钻孔循环的基本步骤如图 4-1 所示。

1）快速定位到安全平面 *SC*。

2）以进给速度到达最终深度平面 *Z*1。

3）孔底动作，包括暂停、主轴旋转换向、孔底移动等以适合不同的钻削方式。

4）快速返回到返回平面。

4. G 代码程序参数

G 代码程序参数包括：

1）*PL*，加工平面。

2）*RP*，返回平面。

3）*SC*，安全距离。

5. ShopTurn 程序参数

ShopTurn 程序参数包括：

1）T，刀具名称。

2）D，刀沿号。

3）*F*，进给率，毫米/分（mm/min）或毫米/转（mm/r）。

4）*S*/*V*，主轴转速或恒定切削速度，转/分（r/min）或米/分（m/min）。

ShopTurn 程序参数，应在循环调用之前编程。

循环调用之前，有效的 G 功能和当前数据记录在循环之后仍然有效。

G 代码程序参数和 ShopTurn 程序参数其意义明确，在各个钻孔循环中不再叙述，仅叙述加工参数。

4.4.2 定心（CYCLE81）

使用循环“定心”，刀具以编程的主轴转速和进刀速度加工至编程的最终钻削深度或至一定深度，在该深度下达到编程的定心直径。在编程的时间满足后，刀具退回。

1. 逼近/回退

1）刀具以 G0 运行到安全距离。

2）然后刀具以 G1 和编程的进给率进入工件中，直至达到一定深度或定心直径。

3）停留时间 DT 满足后，刀具以快速移动 G0 返回到回退平面。

2. 参数输入

在“定心”窗口下输入 G 代码程序参数（略）、ShopTurn 程序参数（略）和加工参数。加工参数见表 4-14。

表 4-14 定心（CYCLE81）的加工参数

参　数	说　明
加工位置 <SL>（仅适用于 G 代码）	① 单个位置，在编程的位置上钻孔 ② 位置模式，带 MCALL 的位置
Z0（仅适用于 G 代码）	参考点 *Z*
加工面 <SL>	①端面 *C*　②端面 *Y*　③外表面 *C*　④外表面 *Y*
定心 <SL>	① 直径（定心与直径有关），需要考虑刀具列表中所输入的定心钻头的角度 ② 钻尖（定心与深度有关），刀具达到编程的深度为止
ϕ	一直进给，直到达到直径为止（仅在直径定心时）
Z1 端面或者 X1（外表面）<SU>	钻削深度（abs）或相对于 *Z0* 或 *X0*（inc）的钻削深度。一直进给，直到达到 *Z1* 或 *X1* 为止（仅在钻尖定心时）
DT	（最终钻削深度的）停留时间，以秒（s）或以转（r）为单位

4.4.3 钻孔（CYCLE82）

使用循环“钻孔”，刀具以编程的主轴转速和进给速度钻削至输入的最终钻削深度（刀杆或刀尖）。在编程的停留时间满足后刀具退回。

1. 逼近/回退

1）刀具以 G0 运行到安全距离。

2）刀具以 G1 和编程的进给率 *F* 进入工件，直到达到编程的最终深度 *Z1*。

3）停留时间 DT 满足后，刀具以快速移动 G0 返回到回退平面。

2. 参数输入

在“钻削”窗口下输入 G 代码程序参数（略）、ShopTurn 程序参数（略）和加工参数。加工参数见表 4-15。

表 4-15 钻孔（CYCLE82）的加工参数

参数	说明
加工位置 <SL>（仅适用于 G 代码）	① 单个位置，在编程的位置上钻孔 ② 位置模式，带 MCALL 的位置
Z0 或 X0（仅适用于 G 代码）	参考点 *Z* 或 *X*
加工面	①端面 *C* ②端面 *Y* ③外表面 *C* ④外表面 *Y*
钻削深度 <SL>	① 钻杆（钻孔深度与钻杆有关），需要考虑刀具列表中所输入的钻头的角度，直到钻头部分达到编程值 *Z*1 为止 ② 钻尖（钻孔深度与钻尖位置有关），直到钻尖达到编程值 *Z*1 为止
Z1（端面）或者 X1（外表面）<SL>	钻削深度（abs）或相对于 *Z*0 或 *X*0（inc）的钻削深度。一直进给，直到达到 *Z*1 或 *X*1 为止（仅在钻尖定心时）
DT <SL>	（最终钻削深度的）停留时间，以秒（s）或转（r）为单位

4.4.4 铰孔（CYCLE85）

使用循环“铰孔”，刀具以编程的主轴转速和程序的进给速率进入到工件中，达到最终深度并且暂停时间结束后，使用编程的回退进给率返回到返回平面。

1. 逼近/回退

1）刀具以 G0 运行到安全距离。

2）刀具以编程进给率 *F* 进入工件，直到到达最终深度 *Z*1。

3）在最终的钻削深度停留 DT 时间。

4）以编程的退回进给率 *FR* 返回到返回平面。

2. 参数输入

在“铰孔”窗口下输入 G 代码程序参数（略）、ShopTurn 程序参数（略）和加工参数。加工参数见表 4-16。

表 4-16 铰孔（CYCLE85）的加工参数

参数	说明
加工位置 <SL>（仅适用于 G 代码）	① 单个位量，在编程的位置上铰孔 ② 位置模式，带 MCALL 的位置
Z0（仅适用于 G 代码）	参考点 *Z*
FR	退回进给率
加工面	①端面 *C* ②端面 *Y* ③外表面 *C* ④外表面 *Y*
Z1（端面）或者 X1（外表面）<SL>	钻削深度（abs）或相对于 *Z*0 或 *X*0（inc）的钻削深度。一直进入，直到达到 *Z*1 或 *X*1 为止（仅在钻尖定心时）
DT <SL>	（最终钻削深度的）停留时间，以秒（s）或转（r）为单位

4.4.5 深孔钻削（CYCLE83）

使用循环“深孔钻削”，刀具以编程的主轴转速和进给速度，分多次进入到工件中，直至达到最终深度。可以设定：

1）每次进刀深度：恒定或递减（通过可编程的递减系数）。

2）带或不带退刀的断屑或排屑。

3）用于进给率减小或进给率增加时第1次进刀的进给率（例如对钻孔进行预钻削时）。

4）停留时间。

5）相对于钻头刀杆或钻头钻尖的深度。

1. 断屑时的逼近/退回

1）刀具以G0运行到安全距离。

2）刀具以编程的主轴转速和进给率 F = F * FD1［%］钻削到第1个进给深度。

3）在钻削深度的停留时间DTB。

4）刀具回退V2进行断屑，然后以编程的进给速度 F 钻到下一个进给深度。

5）重复步骤4）直到达到最终钻削深度 $Z1$。

6）在最终钻削深度的停留时间DT。

7）刀具快速返回到回退平面。

2. 退刀排屑时的逼近/回退

1）～3）同以上1。

4）刀具从工件中快速回退至安全距离，进行排屑。

5）起点的停留时间DTS。

6）以G0运行到前一个钻削深度的减小提前距离V3。

7）然后钻至下一个进给深度。

8）重复步骤4）到7），直至达到编程的最终钻削深度 $Z1$。

9）刀具快速退出工件至回退平面。

3. 参数输入

在“深孔钻削”窗口下输入G代码程序参数（略）、ShopTurn程序参数（略）和加工参数。加工参数见表4-17。

表4-17　深钻孔削（CYCLE83）的加工参数

参　　数	说　　明
加工位置 <SL>（仅适用于G代码）	① 单个位置，在编程的位置上钻孔 ② 位置模式，带MCALL的位置
Z0（仅适用于G代码）	参考点 Z
加工面	①端面 C　②端面 Y　③外表面 C　④外表面 Y
加工 <SL>	① 退刀排屑，钻头从工件回退以进行退刀排屑 ② 断屑，刀具回退V2进行断屑
钻削深度 <SL>	① 刀杆（钻孔深度与刀杆有关）一直钻入，直到钻头部分达到编程值 $Z1$ 为止，采用刀具列表中输入的钻头角度 ② 钻尖（钻孔深度与钻尖有关）一直钻入，直到钻头尖达到编程值 $Z1$ 为止
Z1（端面）或者X1（外表面）<SL>	钻削深度（abs）或相对于 $Z0$ 或 $X0$（inc）的钻削深度，一直钻入，直到达到 $Z1$ 或 $X1$ 为止（仅在钻尖定心时）
D <SL>（仅适用于G代码）	钻削深度（abs）或相对于 $Z0$ 或 $X0$（inc）的第1次钻削深度

（续）

参　　数	说　　明
D（仅适用于 ShopTurn）	最大的进刀深度
FD1	第 1 次进刀时进给率的百分比
DF < SL >	进给：后续进刀量；用于其他进刀的百分比程序段 DF = 100%；进给量保持相同 DF < 100%；进给量在最终钻孔深度方向减小 例：上一次进刀为 4mm，DF 为 80%。下一次的进刀 = 4mm × 80% = 3.2mm。再下一次的进刀 = 3.2mm × 80% = 2.56mm 等
V1	最低进刀量（仅当 DF 小于 100% 时适用）：只有编写了 DF < 100% 时才会存在参数 V1 如果进给量非常小，可以使用参数“V1”编写最小进给量；当 V1 < 进给量时按进给量进刀；当 V1 > 进给量时使用 V1 的编程值进刀
V2	每次加工后的回退量（仅在断屑时）：钻头断屑时的回退量 V2 = 0 时，刀具没有回退，仍在原位旋转一圈
V3	提前距离（仅在退刀排屑和手动提前距离时），与最后进刀深度之间的距离，排屑后钻头快速进入，到达的进给深度
DTB < SL >	钻削深度的停留时间，以秒（s）或转（r）为单位
DT < SL >	最终钻削深度的停留时间，以秒（s）或转（r）为单位
提前距离（仅在退刀排屑时）	①手动方式：手动输入提前距离　②自动　③由循环计算提前距离

4.4.6　镗孔（CYCLE86）

在考虑返回平面和安全距离的情况下，使用“镗孔”循环将刀具以快进速度移动到编程位置，然后刀具以编程进给率（*F*）进入到编程深度（*Z1*）。通过 SPOS 指令进行定向的主轴停止。停留时间满足后，刀具退回，可带退刀或不带退刀。

在退刀时，既可以通过机床数据设定参数，也可以在参数屏幕中确定退刀量 *D* 和刀具定位角度 *α*。当通过机床数据预设这两个参数时，则它们不会出现在参数屏幕内。

注意，如果用于钻削的主轴能够达到位置控制的运行状态，则可以使用循环“镗孔”。

1. 逼近/回退

1）刀具以 G0 运行到安全距离。

2）以 G1 和循环调用之前编程的进给速度运行到最终钻削深度。

3）在最终钻削深度的停留时间满足。

4）在 SPOS 下编程的主轴位置上定向主轴停止。

5）如果选择了“退刀”，则刀沿以 G0 从钻孔边缘退回，可最多在 3 个轴方向上退刀。

6）从参考点以 G0 返回到安全距离。

7）从回退平面以 G0 回退到平面内两个轴上的钻削位置（钻孔圆心的坐标）。

2. 参数输入

在“镗孔”窗口下输入 G 代码程序参数（略）、ShopTurn 程序参数（略）和加工参数。加工参数见表 4-18。

表4-18　镗孔（CYCLE86）的加工参数

参　数	说　明
加工位置 <SL>（仅适用于G代码）	① 单个位置，在编程的位置上钻孔 ② 位置模式，带MCALL的位置
Z0（仅适用于G代码）	参考点 Z
DIR <SL>（仅适用于G代码）	旋转方向，CCW或CW
Z1 <SL>	钻削深度（abs）或相对于 $Z0$（inc）的钻削深度
DT <SL>	最终钻削的停留时间，以秒（s）或转（r）为单位
SPOS	主轴停止位置
退刀模式 <SL>	①不退刀，刀沿无空运行，而是使用快速回退到回退平面 ②退刀，刀沿从钻孔边缘起点运行，退回至参考点，以G0回退到安全距离，接着回退到回退平面和钻孔中心
DX、DY、DZ	分裂为 X、Y 和 Z 方向的退刀量（增量）（仅在退刀时，标准）
D	退刀量（增量）（仅在推到时，ShopTurn）

4.4.7　攻螺纹（CYCLE84，840）

使用循环“攻螺纹”可以钻削内螺纹。

刀具以激活的转速和快速运行移动至安全距离，然后同步主轴停止，接着刀具以编程的转速（取决于%S）进入工件。

可以选择进行一刀钻削、断屑，或是从工件回退进行退刀排屑。

根据在“补偿夹具模式”栏中的选择，生成以下循环调用：

带有补偿夹具：CYCLE840

不带补偿夹具：CYCLE84

在带补偿夹具的攻螺纹中一刀加工出螺纹。如果主轴配备了测量系统，CYCLE 84可以实现多刀方式的攻螺纹。

1. 逼近/回退CYCLE840，带补偿夹具

1）刀具以G0运行到安全距离。

2）刀具以G1和编程的转速和旋转方向钻至深度 $Z1$，在循环内部，由转速和螺距计算出进给率 F。

3）旋转方向发生逆转。

4）在最终钻削深度的停留时间。

5）以G1回退到安全距离。

6）旋转方向逆转或主轴停止。

7）以G0返回到回退平面。

2. 逼近/回退CYCLE84，不带补偿夹具，1刀加工

1）刀具以G0运行至安全距离。

2）对主轴进行同步并释放主轴及其编程的转速（取决于%S）。

3）主轴和进给同步攻螺纹至 $Z1$。

4）主轴停止，在钻削深度的停留时间。

5）停留时间满足后主轴逆转。

6）以生效的主轴回退转速（取决于%*S*）返回到安全距离。

7）主轴停止。

8）以G0回退到回退平面。

3. 退刀排屑时的逼近/回退

1）刀具从编程的主轴转速（取决于%*S*）钻孔，直至到达第1个进给深度（最大进给深度*D*。

2）主轴停止和停留时间DT。

3）刀具以主轴转速*SR*快速从工件中退出至安全距离，进行排屑。

4）主轴停止和停留时间DT。

5）接着刀具以主轴转速*S*钻至下一个进给深度。

6）重复步骤2）到5），直至达到编程的最终钻削深度*Z*1。

7）停留时间DT满足后，刀具以主轴转速*SR*回退到安全距离，主轴停止并返回到回退平面。

4. 断屑时的逼近/回退

1）刀具以编程的主轴转速（取决于%*S*）钻孔，直至到达第1个进给深度（最大进给深度*D*）。

2）主轴停止和停留时间DT。

3）刀具回退V2的量进行切削。

4）然后，刀具以主轴转速*S*（取决于%*S*）钻孔至下一个进给深度。

5）重复步骤2）到4），直至达到编程的最终钻削深度*Z*1。

6）停留时间DT满足后，刀具以主轴转速*SR*回退到安全距离，主轴停止并返回到回退平面。

5. 参数输入

在“攻螺纹”窗口下输入G代码程序参数（略）、ShopTurn程序参数（略）和加工参数。加工参数见表4-19。

表4-19 攻螺纹（CYCLE84，840）的加工参数

参　数	说　明
补偿夹具模式 <SL>	带有补偿夹具或不带补偿夹具
加工位置 <SL>（仅适用于G代码）	①单个位置，在编程的位置上钻孔 ②位置模式，带MCALL的位置
Z0（仅适用于G代码）	参考点*Z*
Z1 <SL>	螺纹终点（abs）或螺纹长度（inc），一直切入，直到达到*Z*1为止
加工（带补偿夹具）<SL>	在攻螺纹时可以选择下列工艺加工（仅适用于G代码）： ①带编码器，使用主轴编码器攻螺纹 ②无编码器，不使用主轴编码器攻螺纹，选择确定参数“螺距”
SR（仅适用于ShopTurn）	回退的主轴转速（仅在*S*时）

（续）

参　数	说　明
VR（仅适用于ShopTurn）	回退的恒定切削速度（仅在主轴速度指定 *V* 时）
加工面<SL>	①端面 *C*　②端面 *Y*　③外表面 *C*　④外表面 *Y*
Z1<SL>	螺纹终点（绝对）或螺纹长度（增量）（仅适用于加工面为端面时）。一直插入，直到达到 *Z1* 为止
X1<SL>	螺纹终点（绝对）或螺纹长度（增量）（仅适用于加工面为端面时）。一直插入，直到达到 *X1* 为止
螺距（仅适用于没有编码器的加工）<SL>（仅适用于G代码）	①用户输入螺距；或 ②由生效的进给率计算得出螺距
表格<SL>	选择螺纹列表：①不进行；②ISO米制；③惠氏螺纹BSW；④惠氏螺纹BSP；⑤UNC
选择<SL>	选择表格值：例如，①M3，M10等（ISO米制）；②W3"/4，等（惠氏螺纹BSW）；③G3"/4，等（惠氏螺纹BSP）；④I"_8UNC，等（UNC）
P<SL>（选择可能，仅在列表选择为“否”时）	螺距... ① 以MODUL为单位，MODUL＝螺距/π ② 以转/英寸（r/in）为单位：如管螺纹。在以每英寸为单位输入时，在第一个参数字栏中输入小数点前面的整数部分，在第二个和第三个栏中以分数形式输入小数点后面的小数部分 ③ 以毫米/转（mm/r）为单位 ④ 以英寸/转（r/in）为单位 螺距取决于所使用的刀具
αs	起始角偏移（仅在不带补偿夹具攻螺纹时）
S	主轴转速（仅在不带补偿夹具攻螺纹时）
加工（不带补偿夹具）<SL>	可以选择下列工艺加工： ① 1刀，以一刀钻孔螺纹，没有停顿 ② 断屑，刀具回退V2的量进行切削 ③ 退刀排屑，钻头从工件回退以进行退刀排屑
D	最大钻削深度（仅在不带补偿夹具、退刀排屑或断屑时）
回退<SL>	回退量（仅在不带补偿夹具、断屑时）： ① 手动方式（每次加工后的回退量V2） ② 自动（每次加工后无回退量）
V2	每次加工后的回退量（仅在不带补偿夹具，断屑和手动回退时）；断屑时的回退量 V2＝自动：每次旋转后将回退刀具
DT（仅适用于G代码）	最终钻削深度的停留时间，以秒（s）为单位
SR（仅适用于G代码）	回退的主轴转速（仅在不带补偿夹具时）
SDE<SL>（仅适用于G代码）	循环结束之后的旋转方向：停、顺时针旋转（CW）或逆时针旋转（CCW）
工艺<SL>	1）是：①准停　②前馈　③加速度　④主轴 2）否

（续）

参　　数	说　　明
准停（仅在工艺为“是”时）<SL>	① 性能与循环调用前相同 ② G601：在精准停时程序段切换 ③ G602：在粗准停时程序段切换 ④ G603：在达到设定值时程序段切换
前馈控制（仅在工艺为“是”时）<SL>	① 性能与循环调用前相同 ② FFWON：有前馈控制 ③ FFWOF：无前馈控制
加速度（仅在工艺为“是”时）<SL>	① 性能与循环调用前相同 ② SOFT：轴加速度急动受限 ③ BRISK：轴加速度跳跃性变化 ④ DRIVE：轴加速度降低
主轴（仅在工艺为“是”时）<SL>	① 转速控制：主轴在 MCALL 时：转速控制模式 ② 位置控制：主轴在 MCALL 时：位置控制模式

4.4.8　钻孔螺纹铣削（CYCLE78）

使用钻孔螺纹铣刀即使用同一把刀具进行钻孔和螺纹铣削，也可以在一个加工过程内完成指定深度和螺距的内螺纹加工，而不需要另外更换刀具；可以将螺纹加工成右旋或左旋螺纹。

1. 逼退/回退

1）刀具以快速运行到安全距离。

2）如果想要钻中心孔，则刀具使用减小的钻削进给率运行到设定数据中所确定的定心深度（ShopTurn）。在 G 代码编程时可以通过输入参数来编程定心深度。

3）刀具使用钻削进给率 *F*1 钻到第一钻削深度 *D*。如还未达到终点钻削深度 *Z*1，则刀具使用快速行程返回工件表面进行排屑。接着刀具使用快速行程定位到先前所达钻削深度之上 1mm 处，进而使用钻削进给率 *F*1 进行再次钻削进刀。从第 2 次进刀开始要考虑参数“DF”。

4）如进行穿孔时希望使用另一进给速度 *FR*，则用该进给率钻至剩余钻削深度 *ZR*。

5）如果需要，刀具可以在进行螺纹铣削之前以快速行程返回到工件表面进行排屑。

6）刀具运行至螺纹铣削的起始位置。

7）使用铣削进给率 *F*2 进行螺纹铣削（同向运行，反向运行或者同向 + 反向运行）。半圆上铣刀在螺纹上进入和退出与刀具轴上的进刀同时进行。

2. 参数输入

在“钻孔螺纹铣削”窗口下输入 G 代码程序参数（略）、ShopTurn 程序参数（略）和加工参数。加工参数见表 4-20。

表 4-20　钻孔螺纹铣削（CYCLE78）的加工参数

参　　数	说　　明
加工位置 <SL>（仅适用于 G 代码）	① 单个位置，在编程的位置上钻孔 ② 位置模式，带 MCALL 的位置
F1 <SL>	钻削进给率

（续）

参　数	说　明
Z0（仅适用于G代码）	参考点 *Z*
Z1 <SL>	螺纹长度（inc）或螺纹终点（abs）
D	最大深度进刀 $D \geq Z1$，一次进刀至终点钻削深度；$D < Z1$，带有排屑的多次进刀
DF <SL>	用于其他进刀的百分比程序段，$DF = 100$，进给量保持相同；$DF < 100$，进给在最终钻孔深度 *Z1* 方向减小。例：上一次进刀 4mm，$DF = 80\%$，下一次进刀 = 4mm×80% = 3.2mm，再下一次的进刀 = 3.2mm×80% = 2.56mm 等或后续进刀量
V1	最小进刀（仅在 *DF*，百分比形式表示其他进刀时）。只有编写了 $DF < 100$ 时，才会存在参数 *V1*。如果进给量非常小，可以使用参数 *V1* 编写最小进给。*V1* < 进给量，按进给量进刀；*V1* > 进给量，使用 *V1* 的编程值进刀
打中心孔 <SL>	使用减小的进给率打中心孔，是或否。减小的钻削进给率如下所示：钻削进给率 $F1 < 0.15$mm/r，定心进给率 = *F1* 的 30%。钻削进给率 $F1 \geq 0.15$mm/r，定心进给率 = 0.1mm/r
AZ（仅适用于G代码）	使用减小的钻削进给率时的中心孔深度（增量）（仅在打中心孔为“是”时）
通孔 <SL>	通孔时的剩余钻削深度（仅在通孔为“是”时）
ZR <SL>	通孔加工时的剩余钻削深度（仅在通孔加工为“是”时）
FR <SL>	用于剩余钻削深度的钻削进给率（仅在通孔为“是”时）
排屑 <SL>	在螺纹铣削前排屑：是或否。在铣削螺纹之前退回刀具表面进行排屑
螺纹 <SL>	螺纹的旋转方向：右旋螺纹或左旋螺纹
F2 <SL>	螺纹铣削的进给率
表 <SL>	选择螺纹列表：①不使用；②ISO 米制；③惠氏螺纹 BSW；④惠氏螺纹 BSP；⑤UNC
选择（不适用于“没有”表格时）<SL>	选择表格值：例如：①M3；M10 等（ISO 米制）；②W3″/4 等（惠氏螺纹 BSW）；③G3″/4 等（惠氏螺纹 BSP）；④N1″_8UNC 等（UNC）
P <SL>（选择可能，仅在列表选择为“否”时）	螺距... ①以 MODUL 为单位：MODUL = 螺距/π ②以转/英寸（r/in）为单位，如管螺纹在以每英寸为单位输入时，在第一个参数字栏中输入小数点前面的整数部分，在第二栏和第三栏中以分数形式输入小数点后面的小数部分 ③以毫米/转（mm/r）为单位 ④以英寸/转（in/r）为单位 螺纹取决于所使用的刀具
Z2	螺纹铣削前的回退量，用 *Z2* 确定刀具轴方向上的螺纹深度。此时 *Z2* 取决于刀尖
ϕ	额定直径
铣削方向 <SL>	①同向运行：在同一旋转中铣削螺纹 ②逆向运行：在同一旋转中铣削螺纹 ③同向运行—逆向运行：在两种旋转中铣削螺纹，这时首先用确定的加工余量进行逆向预铣削，并接着使用铣削进给率 *FS* 进行同向的加工铣削
FS <SL>	精加工进给率（仅在同向—逆向运行时）

4.4.9　定位和位置模式

在进行完工艺编程（循环调用）后，必须对位置进行编程。为此，有不同的位置模式可供选择：①任意位置；②在直线，栅格或者框架上定位；③在整圆或节距圆上定位。

可以依次编程多个位置模式。这些模式按照编程的顺序进行加工。

在“位置”步骤中编程的位置数据最多不能超过400个。

在ShopTurn中编程的位置模式

1）可以连续编程多个位置模式（工艺与位置模式一起最多20个）。这些模式按照编程的顺序进行加工。

2）前面的编程工艺和后续的编程位置自动链接。

1. 逼近/回退

1）在一个位置模式内或从一个位置模式逼近下一个位置模式时，刀具首先返回到回退平面，随即快速逼近新的位置或位置模式。

2）在连续的工艺加工中，例如，定心—钻孔—攻螺纹，调用下一把刀具（例如钻头）后应首先编程各个钻削循环，然后调用待处理的位置模式。

2. 刀具运行路径

1）ShopTurn。已编程的位置使用此前编程的刀具（例如：中心钻）加工。加工位置总是从参考点开始。对于栅格，首先向第1轴的方向加工，然后环形进行加工。逆时针方向加工框架和圆弧排列孔。

2）G代码。在采用G代码编写直线/方框/框架时，始终从方框/框架的下一个拐角开始，或从直线的终点开始。然后逆时针加工框架和圆弧排列孔。

4.4.10　任意位置模式（CYCLE802）

使用循环“任意位置”可以编程直角坐标系或极坐标的任意位置；按编程的顺序趋近各单个的位置；使用软键“Delete all”（全部删除）删除所有编程的X/Y位置，在“位置”窗口下输入的参数见表4-21。

表4-21　任意位置模式（CYCLE802）的加工参数

参　数	说　明
LAB（仅适用于G代码）	重复位置的跳转标记
加工面 <SL>（仅适用于ShopTurn）	①端面 *C*　②端面 *Y*　③外表面 *C*　④外表面 *Y*
坐标系 <SL>（仅适用于ShopTurn）	坐标系：①直角坐标或极坐标（仅在端面 *C* 和端面 *Y* 上）　②直角坐标或圆柱坐标（仅在外表面 *C* 上）
X0，Y0 X1 <SL>... X8 <SL> Y1 <SL>... Y8 <SL> （仅适用于G代码）	第1个位置的 *X* 和 *Y* 坐标（绝对） 后续位置的 *X* 坐标（绝对或增量） 后续位置的 *Y* 坐标（绝对或增量）

（续）

参　数	说　明
Z0 CP X0 Y0 X1 <SL>... X7 <SL> Y1 <SL>... Y7 <SL> （仅适用于 ShopTurn）	端面 *C* 和端面 *Y*——直角坐标 参考点的 *Z* 坐标（绝对） 加工区域的定位角（仅对端面 *Y*） 第1个位置的 *X* 坐标（绝对） 第1个位置的 *Y* 坐标（绝对） 后续位置的 *X* 坐标（绝对或增量）（增量尺寸带正负号） 后续位置的 *Y* 坐标（绝对或增量）（增量尺寸带正负号）
Z0 CP C0 L0 C1 <SL>... C7 <SL> L1 <SL>... L7 <SL> （仅适用于 ShopTurn）	端面 *C* 和端面 *Y*——极坐标 参考点的 *Z* 坐标（绝对） 加工区域的定位角（仅对端面 *Y*） 第1个位置的 *C* 坐标（绝对） 以 *Y* 轴为参考的第1个位置（绝对） 后续位置的 *C* 坐标（绝对或增量）（增量尺寸带正负号） 位置间距（绝对或增量）（增量尺寸带正负号）
X0 Y0，Z0 Y1 <SL>... Y7 <SL> Z1 <SL>... Z7 <SL> （仅适用于 ShopTurn）	外表面 *C*——直角坐标 圆柱体直径 ϕ（绝对） 第1个位置的 *Y* 和 *Z* 坐标（绝对） 后续位置的 *Y* 坐标（绝对或增量）（增量尺寸带正负号） 后续位置的 *Z* 坐标（绝对或增量）（增量尺寸带正负号）
C0 Z0 C1 <SL>... C7 <SL> Z1 <SL>... Z7 <SL> （仅适用于 ShopTurn）	外表面 *C*——圆柱坐标 第1个位置的 *C* 坐标（绝对） 钻孔以 *Z* 轴为参考的位置（绝对） 后续位置的 *C* 坐标（绝对或增量）（增量尺寸带正负号） 后续位置的 *Z* 坐标（绝对或增量）（增量尺寸带正负号）

4.4.11 位置模式直线（HOLES1），栅格或框架（CYCLE801）

使用循环“位置模式”可以在参数“位置模式”的选项中编程下列模式：

（1）直线　使用选项“直线”可以对与一条直线距离相同的任意数量的位置进行编程。

（2）栅格　如果位置在一条或几条平行的直线上等距分布，使用选项“栅格”可以编程任意数量的位置。如果编程菱形的栅格，则要输入角度 αX 或 αY。

（3）框架　如果位置在一个框架上等距分布，使用选项“框架”可以编程任意数量的位置。该间距在两个轴上可以不相等。如要编程菱形的框架，则要输入角度 αX 或 αY。

在“位置模式”下输入的参数见表4-22。

表4-22　位置模式直线（HOLES1）栅格或框架（CYCLE801）的输入参数

参　数	说　明
LAB（仅适用于G代码）	重复位置的跳转标记
PL <SL>（仅适用于G代码）	加工平面

（续）

参　　数	说　　明
加工面 < SL >（仅适用于 ShopTurn）	①端面 *C*　②端面 *Y*　③外表面 *C*　④外表面 *Y*
位置模式 < SL >（仅适用于 G 代码）	可以选择下列模式：直线、栅格或框架
X0 Y0 α0 （仅适用于 G 代码）	参考点 *X* 的 *X* 坐标（绝对）；在第 1 次调用时必须对该位置进行绝对值编程 参考点 *Y* 的 *Y* 坐标（绝对）；在第 1 次调用时必须对该位量进行绝对值编程 直线的旋转角度，以 *X* 轴为基准；逆时针为正，顺时针为负
Z0 X0 Y0 α0 （仅适用于 ShopTurn）	端面 *C* 参考点的 *Z* 坐标（绝对） 参考点的 *X* 坐标（第 1 个位置）（绝对） 参考点的 *Y* 坐标（第 1 个位置）（绝对） 直线相对于 *X* 轴的旋转角度。逆时针为正，顺时针为负
X0 Y0 Z0 α0 （仅适用于 ShopTurn）	外表面 *C* 圆柱体直径 φ（绝对） 参考点的 *Y* 坐标（第 1 个位置）（绝对） 参考点的 *Z* 坐标（第 1 个位置）（绝对） 直线相对于 *Y* 轴的旋转角度。逆时针为正，顺时针为负
L0	参考点与第 1 个位置的距离（仅在直线位置模式时）
L	位置间的距离（仅在直线位置模式时）
N	位置的数量（仅在直线位置模式时）
αX	位移角 *X*（仅在栅格或框架位置模式时）
αY	位移角 *Y*（仅在栅格或框架位置模式时）
L1	列的间距（仅在栅格或框架位置模式时）
L2	行的间距（仅在栅格或框架位置模式时）
N1	列的数量（仅在栅格或框架位置模式时）
N2	行的数量（仅在栅格或框架位置模式时）

4.4.12　圆弧位置模式（HOLES2）

使用循环“圆弧位置”可以编程带定义半径的整圆或节距圆上的钻孔。用于第 1 位置的基本旋转角度（α0）取决于 *X* 轴。控制器按钻孔的数量继续行进一个计算出的角度。这个同样大小的角度适用于所有位置。

可以按直线或者圆弧轨迹将刀具运行到下一位置。

在“圆弧位置”窗口下输入的参数见表 4-23。

表 4-23　圆弧位置模式（HOLES2）的输入参数

参　　数	说　　明
LAB（仅适用于 G 代码）	重复位置的跳转标记
PL <SL>（仅适用于 G 代码）	加工平面
圆模式 <SL>	可以选择下列模式：节距圆或整圆
位置的所在点 <SL> （仅适用于 ShopTurn）	可选择下列地点（仅在端面 C/Y 上）：中心或离心
中心/离心	端面 C 将定位在端面中心处或非中心处
Z0 X0 Y0 α0 α1 R N 定位 <SL> （仅适用于 ShopTurn）	参考点的 Z 坐标（绝对） 参考点的 X 坐标（绝对）（仅对离心） 参考点的 Y 坐标（绝对）（仅对离心） 首个位置的起始角；逆时针方向为正，顺时针方向为负 分度角（仅在节距圆模式上）；在确定了第一个钻孔之后，按该角度值定位其他所有的位置；逆时针方向为正，顺时针方向为负 半径 位置数目 位置之间的定位运行：①直线，以快进速率直线逼近下一个位量。②圆形，在圆弧轨迹上使用机床数据定义的进给率沿着圆弧路径逼近下一个位置
 X0 Z0 α0 α1 N （仅适用于 ShopTurn）	外表面 C 圆柱体直径 ϕ（绝对） 参考点的 Z 坐标（绝对） 基于 Y 轴，用于第 1 个位置的起始角度。逆时针为正，顺时针为负 分度角（仅在节距圆上） 位置数目

4.4.13　位置重复

如果要再次逼近已编写的位置，可以使用“重复位置”快速实现，为此必须给出位置模式的编号。该编号由循环自动分配，可以根据程序段号在工件计划（程序视图）中找到该位置模式的编号。

在“重复位置”窗口输入标签或位置模式编号，比如 1 后，按下软键“Accept”（接收），会再一次运行到所选择的位置模式。

输入参数见表 4-24。

表 4-24　位置重复的输入参数

参　　数	说　　明
LAB	重复位置的跳转标记
PL <SL>（仅适用于 G 代码）	加工平面
重复（仅适用于 ShopTurn）	记录位置模式编号

4.5　其他循环和功能

4.5.1　高速设定（CYCLE832）

1. 功能

加工自由曲面时，不仅对速度要求高，而且对精确度和表面粗糙度也有严格要求。最佳的速度控制取决于加工类型（粗加工、预先精加工、精加工），使用“快速设置”循环很容易就可以达到最佳状态。

要在工艺程序中调用几何程序之前，编程该循环。

使用“高速设定”功能可以在四种工艺之间进行选择：精加工、预精加工、粗加工、取消选择（标准设定）。

在 CAM 程序中 HSC 范围内，这四种加工方式与精度和轨迹速度直接相关。

操作人员/编程人员可通过公差值设定对此加以选择。这四种加工方式分配有工艺 G 功能组 59 相应的 G 指令：取消：DYNNORM；精加工：DYNFINISH；初精整：DYNSEMIFIN；粗加工：DYNROUGH。在高速设定循环中同样可以激活其他与自由表面加工有关的 G 指令。

在取消 CYCLE832 时可以通过机床数据中与复位状态相关的设置对程序运行时间的 G 功能组进行编程。

2. 设置

在“高速设定”窗口进行设置，参数见表 4-25。

表 4-25　高速设定（CYCLE832）的参数

参　　数	说　　明
公差	加工轴的公差
加工 <SL>	粗加工、预精加工、精加工、取消

4.5.2　子程序

如果编写不同的工件时需要使用相同的加工步骤，可以在独立的子程序中定义这些加工步骤。然后可在任意程序中调用该子程序。因此，完全相同的加工步骤只需编写一次。

ShopTurn 不区分主程序和子程序，即可以在另一个工作程序段中调用正常的工作程序段或 G 代码程序作为子程序。在该子程序中还可以调用其他子程序。最大嵌套深度为 8 个子程序。不能在链接的程序段之间插入子程序，如果想要把一个工作程序段按子程序调用，该程序必须已经计算过一次（在自动加工方式装载或模拟程序）。对于 G 代码子程序则不需要这样做。

子程序必须始终存储在 NC 工作存储器中（在一个单独的目录“XYZ”中，或者在“ShopTurn”、“零件程序”、“子程序”目录中）。

如果要调用其他驱动器上的子程序，可以使用 G 代码指令“EXTCALL”。

请注意：在调用子程序时，ShopTurn 会评价子程序程序头中的设置。这些设置即使在子程序结束之后仍会生效。

如果希望再次激活主程序的程序头中的设置，在调用子程序之后可以在主程序中再次进行所需的设置。

设置步骤：

1）创建要在其他程序中作为子程序调用的 ShopTurn 或 G 代码程序。

2）将光标定位在主程序加工计划或程序视图中需要调用子程序的前一个程序段上。

3）按下“其他”和“子程序”软键。

4）如果所需的子程序与主程序不在同一个目录，应输入子程序的路径。

5）输入要插入的子程序的名称。如果保存子程序的目录中没有预设好子程序的文件后缀名，则必须输入文件后缀名（*. mpf 或 *. spf）。

6）按下软键“接收”。子程序调用插入主程序。

参数设置见表 4-26。

表 4-26　子程序的参数设置

参　　数	说　　明
路径/工件	子程序的路径（如果所需的子程序与主程序不在同一个目录）
程序名	添加的子程序的名称

程序举例：

```
N10 T1 D1                              ; 换刀
N20 G54 G710                           ; 选择零点偏移
N30 M3 S12000                          ; 接通主轴
N40 CYCLE 832 (0.05, 3, 1)             ; 公差值 0.05mm，加工方式为粗加工
N50 EXTCALL “CAM_SCHRUPP”              ; 外部调用子程序 CAM_SCHRUPP
N60 T2 D1                              ; 换刀
N70 CYCLE 832 (0.005, 1, 1)            ; 公差值 0.005mm，加工方式为精加工
N80 EXTCALL “CAM_SCHLICHT”             ; 外部调用子程序 CAM_SCHLICHT
N90 M30
```

子程序 CAM_SCHRUPP. SPF，CAM_SCHLICHT. SPF 包含了工件几何数据和工艺数据值（进给率）。基于程序的大小对其进行外部调用。

4.6　其他 ShopTurn 循环和功能

4.6.1　中心钻孔

使用“中心钻孔”功能可以在端面的中心进行钻孔。可以选择是否在钻孔期间断屑或从工件回退进行退刀排屑。在加工期间，主主轴或副主轴会旋转。可以使用钻头、旋转钻头或铣刀作为刀具。

刀具以快进速率移动到编程位置，考虑了回退平面和安全距离。

1. 断屑时的逼近/退回

1）刀具以编程进给率 F 钻到第 1 个钻削深度。

2）刀具回退 V2 回退值，然后钻到下一个进给深度，可以通过减去 *DF* 系统计算。

3）重复第 2 步，直到已到达最终钻孔深度 *Z*1，并且到了暂停时间 *DT*。

4）然后刀具通过快速移动返回到安全距离。

2. 退刀排屑的逼近/回退

1）刀具以编程进给率 *F* 钻到第 1 个钻削深度。

2）刀具以快速移动从工件回退到安全距离进行退刀排屑，然后再重新插入，插入深度为第 1 个钻削深度减去控制系统计算的安全距离。

3）然后，刀具钻到下一个进给深度，可以通过减去 *DF* 系数计算，再回退到 *Z*0 + 安全距离进行退刀排屑。

4）重复第 3 步，直到已到达最终钻孔深度 *Z*1，并且到了暂停时间 *DT*。

5）然后刀具通过快速移动返回到安全距离。

如果要钻很深的孔，也可以采用旋转刀具主轴。首先在“直线圆弧”→“刀具”中指定所需的刀具和刀具的主轴转速，然后编程“中心钻孔”功能。

3. 参数输入

在“中心钻孔”窗口输入参数。输入参数见表 4-27。

表 4-27　中心钻孔的输入参数

参　　数	说　　明
T	刀具名称
D	刀沿号
F <SL>	进给率
S/V <SL>	主轴转速或恒定切削速度
加工 <SL>	①断屑　②退刀排屑
Z0	参考点 *Z*
钻削深度 <SL>	取决于：① 刀杆。插入工件，直到钻头刀杆到达 *Z*1 的编程值。采用工件列表中输入的插入角度 ② 刀尖。插入工件，直到钻头刀尖到达 *Z*1 的编程值
Z1 <SL>	最终钻削深度 *Z*1（绝对）或相对于 *Z*0 的最终钻削深度（增量）
D	最大深度进刀
FD1	第 1 次进刀时的进给率百分比
DF <SL>	用于其他进刀的百分比程序段或后续进刀量 *DF* = 100：进给量保持相同；*DF* < 100：进给在最终钻孔深度方向减小 例：*DF* = 80，上次进给为 4mm，4 × 80% = 3.2；下一次进给的增量为 3.2mm。3.2 × 80% = 2.56；下一次进给的增量为 2.56mm，等
V1	最小深度进给。只有编写了 *DF* < 100 时，才使用参数 V1
V2	每次加工后的回退量（仅在加工类型为“断屑”时）
提前距离 <SL>	仅在加工类型为“排屑”时。手动方式或自动
V3	提前距离（仅在提前距离为“手动”时）
DT <SL>	暂停时间。单位为秒（s）或转（r）

4.6.2　中心攻螺纹

使用“中心攻螺纹”功能可以在端面的中心钻削出右旋或左旋螺纹。在加工期间，主主轴或副主轴会旋转。可以通过主轴倍率更改主轴速度，而进给倍率无效。

可以选择在一刀钻孔、断屑或从工件回退进行退刀排屑。

刀具以快进速率移动到编程位置，考虑了回退平面和安全距离。

1. 截面上的逼近/回退

1）刀具沿纵轴方向以编程的主轴速度 S 或切削速度 V 进行钻孔，直至到达最终钻孔深度 $Z1$。

2）主轴改变旋转方向，刀具以编程的主轴速度 SR 或切削速度 VR 回退到安全距离。

2. 退刀排屑时的逼近/回退

1）刀具沿纵轴方向以编程的主轴速度 S 或切削速度 V 进行钻孔，直至到达最终钻孔深度 $Z1$（最大钻深 D）。

2）刀具以主轴速度 SR 或切削速度 VR 从工件回退到安全距离进行退刀排屑。

3）然后，刀具以主轴速度 S 或切削速度 V 被重新插入，直至到达下一个进给深度。

4）重复上述第2步和第3步，直至到达编程的最终钻孔深度 $Z1$。

5）主轴改变旋转方向，刀具以主轴速度 SR 或切削速度 VR 回退到安全距离。

3. 断屑时的逼近/退回

1）刀具沿纵轴方向以编程的主轴速度 S 或切削速度 V 进行钻孔，直至到达最终钻孔深度 $Z1$（最大钻深 D）。

2）刀具回退 V2 的量进行断屑。

3）然后，刀具以主轴速度 S 或切削速度 V 钻孔至下一个进给深度。

4）重复上述第2步和第3步，直至到达编程的最终钻孔深度 $Z1$。

5）主轴改变旋转方向，刀具以主轴速度 SR 或切削速度 VR 回退到安全距离。

注意：机床厂商可能已在机床数据中对中心攻螺纹进行了特定的设置。

4. 参数输入

在“中心攻螺纹”窗口输入参数。输入参数见表4-28。

表4-28　中心攻螺纹的输入参数

参　数	说　明
T	刀具名称
D	刀沿号
F <SL>	进给率：mm/min 或 mm/r
表格 <SL>	选择螺纹列表：①不使用　②ISO 米制　③惠氏螺纹 BSW　④惠氏螺纹 BSP　⑤UNC
选择 <SL>	选择表格值：①M1～M68（ISO 米制）　②W 3/4″；等（惠氏螺纹 BSW）　③G 3/4″；等（惠氏螺纹 BSP）　④1″—8UNC；等（UNC）

（续）

参　　数	说　　明
P <SL>（仅在“不使用”列表时）	螺距：①以 MODUL 为单位：MODUL = 螺距/π　②以 mm/r 为单位　③以 in/r 为单位　④以 r/in 为单位：如管螺纹 在以 r/in 为单位输入时，在第一个参数字栏中输入小数点前面的整数部分，在第二栏或第三栏中以分数形式输入小数点后面的小数部分 螺距取决于所使用的刀具
S/V <SL>	主轴转速或恒定切削速度
SR	回退的主轴速度
VR	用于回退的恒定切削速度
加工 <SL>	①一刀切削，没有停顿。②断屑，刀具按回退量 *V2* 断屑回退。③排屑，刀具从工件回退以进行退刀排屑
Z0	参考点 *Z0*
Z1 <SL>	螺纹终点（绝对）或螺纹长度（增量）
D	最大深度进给（仅在退刀排屑或断屑时）
回退 <SL>	仅在加工类型为“断屑”时回退量：①手动方式　②自动
V2	回退量（仅在“手动”回退时），攻螺纹断屑时的回退量 *V2* = 自动，每次旋转后将回退刀具

4.6.3　转换

为了便于编程可以转换坐标系。坐标转换仅在当前程序中有效。可以定义偏移、旋转、缩放，镜像或 *C* 轴旋转。可以选择新的坐标转换或增量坐标转换。

如果选择新的坐标转换，所有以前定义的坐标转换均将取消。增量坐标转换则是在当前所选坐标转换的基础上生效。

在选择 TRANSMIT 或 TRACYL 时，请勿将实际 *Y* 轴的转换接收到虚拟 *Y* 轴。虚拟 *Y* 轴的转换会在 TRAOOF 中删除。

编程步骤：

1）ShopTurn 程序已创建并处于编辑器中。

2）按下“其他”和“转换”软键。

3）按下软键“零点偏移”，打开“零点偏移”输入窗口；

或者，按下软键“偏移”，打开“偏移”输入窗口；

或者，按下软键“旋转”，打开“旋转”输入窗口；

或者，按下软键“比例”，打开“比例”输入窗口；

或者，按下软键“镜像”，打开“镜像”输入窗口；

或者，按下软键“旋转 *C* 轴”，打开“旋转 *C* 轴”输入窗口。

输入相应参数便可实现。

1. *偏移*　可以为每根轴编写一个零点偏移、新偏移或增量偏移。参数输入见表 4-29。

表 4-29　偏移的参数输入

参　数	说　明
偏移 <SL>	新的：新偏移；添加的：增量偏移
X、Y、Z	偏移 *X*、*Y*、*Z*

2. *旋转*　可以按一定角度旋转每根轴。一个为正值的角度相当于逆时针方向旋转、新旋转或增量旋转。参数输入见表 4-30。

表 4-30　旋转的参数输入

参　数	说　明
旋转 <SL>	新的：新旋转；添加的：增量旋转
Z、X、Y	围绕 *Z* 轴、*X* 轴、*Y* 轴旋转

3. *比例缩放*　可以为当前加工平面和刀具轴输入比例系数；然后，编写的坐标和该比例系数、新比例或增量比例。参数输入见表 4-31。

表 4-31　比例缩放的参数输入

参　数	说　明
比例 <SL>	新的：新比例；添加的：增量比例
ZX	比例系数 *ZX*
Y	比例系数 *Y*

4. *镜像*　可以对所有轴进行镜像，给定需要进行镜像的轴。

要注意，在使用镜像功能时铣刀的运行方向（顺时针运行或逆时针运行）也会发生镜像。参数输入见表 4-32。

表 4-32　镜像的参数输入

参　数	说　明
镜像 <SL>	新的：新镜像；添加的：增量镜像
Z、X、Y <SL>	打开/关闭 *Z* 轴、*X* 轴、*Y* 轴镜像

5. *C 轴旋转*　可以将 *C* 轴旋转一定的角度，使后续的加工操作可以在端面或外表面的特定位置进行。旋转方向通过机床数据设定。*C* 轴新旋转或增量旋转。参数输入见表 4-33。

表 4-33　*C* 轴旋转的参数输入

参　数	说　明
旋转 <SL>	新的：新旋转；添加的：增量旋转
C	*C* 轴旋转

4.6.4　直线或圆弧加工

如果要进行简单的直线或圆弧路径移动，或在不定义完整轮廓的情况下加工，可以分别使用“直线”或“圆弧”功能。

要编写简单的加工操作，执行以下步骤：确定刀具和主轴速度；编写加工路径。提供的加工选项如下：直线、已知中心点的圆弧、已知半径的圆弧、极坐标的直线、极坐标的圆弧。如果要使用极坐标编写直线或圆弧，必须先定义极点。

如果将刀具沿直线或圆弧路径移动到程序开始规定的回退区域，还必须再将刀具移出该区域。否则，在随后编程的循环中，会因为移动而造成碰撞。

在编写直线或圆弧之前，必须先选择刀具、主轴转速和加工平面。在软键“直线圆弧”方式下设定参数 T、D、S/V、DR。

如果编写一系列不同的直线或圆弧路径移动，刀具和主轴转速的设置在更改之前会一直有效。

1. 编程直线

刀具使用编程进给率或快速移动从当前位置移动到编程终点位置。

1）半径补偿可以实现带半径补偿的直线移动。半径补偿是模态的，即，如果不要使用半径补偿的移动，必须重新取消半径补偿。如果连续编写多个带半径补偿的直线程序段，只需在第一个程序段中选择半径补偿。

2）在第一条带半径补偿的轨迹动作中，刀具逼近起点时不带半径补偿，逼近终点时带半径补偿。即，如果编写垂直路径，移动路径将是一条斜线。在编写的第二条带半径补偿的轨迹动作之前，补偿不会适用于整个移动路径。如果取消半径补偿，情况恰好相反。

按软键“直线”，若按下软键“快速移动”，则记录下快速移动的进给率。参数设定见表 4-34。

表 4-34　编程直线的参数

参　　数	说　　明
X、Y、Z <SL>	目标位置 $X\phi$、Y、Z（绝对）或者相对于最后一个编程位置（增量）的目标位置 $X\phi$、Y、Z
U <SL>	目标位置（绝对）或者相对于当前位置的目标位置（增量）
C <SL>	目标位置（绝对）或者相对于当前位置的目标角度（增量）
C1 <SL>	主主轴 C 轴的目标位置（绝对或增量）
C3 <SL>	副主轴 C 轴的目标位置（绝对或增量）
Z3 <SL>	辅助轴的目标位置（绝对或增量）
AWZ <SL>	目标角度（绝对）或者相对于当前位置的目标角度（增量）
GS <SL>	目标角度（绝对）或者相对于当前位置的目标角度（增量）
F <SL>	加工进给率，可选择快速移动
半径补偿 <SL>	定义数据，说明铣刀在轮廓的哪一侧以编程方向运行：轮廓右侧的半径补偿，轮廓左侧的半径补偿，半径补偿关闭，接受上次编写的半径补偿设置

2. 编程已知中心点的圆弧

刀具以加工进给率沿着圆弧轨迹从当前位置移动到编程的圆弧终点位置，必须明确圆心的位置。使用控制器的插补参数来计算圆/圆弧的半径，只能在加工进给率下运行。在逼近圆弧之前，必须编程刀具。

在“直线圆弧”方式下按“圆弧圆心”软键，输入参数见表 4-35。

表4-35　编程已知中心点的圆弧的输入参数

参　　数	说　　明
旋转方向 <SL>	按编程方向从圆弧起始点运行到圆弧终点。可以按顺时针方向（向右旋转）或者逆时针方向（向左旋转）来编程圆弧方向
Y、Z <SL> J、K	外表面C： 目标位置 Y、Z（绝对）或者相对于最后一个编程位置（增量）的目标位置 Y、Z 在 Y、Z 方向上圆弧起始点到圆心的距离（增量）
X、Y <SL> I、J	端面 C： 目标位置 $X\phi$、Y（绝对）或者相对于最后一个编程位置（增量）的目标位置 X、Y 圆心 I、J（增量）
F <SL>	加工进给率
PL	平面，按相应的插补参数在设置的平面上进行圆弧运行： *XYIJ*：带有插补参数 I 和 J 的 XY 平面 *ZXKI*：带有插补参数 K 和 I 的 ZX 平面 *YZJK*：带有插补参数 J 和 K 的 YZ 平面

3. 编程已知半径的圆弧

刀具使用编程半径，沿着圆弧轨迹从当前位置移动到编程的圆弧终点位置；控制器计算出圆心的位置；不用编程插补参数；只能在加工进给率下运行。

在“直线圆弧”方式下按“圆弧半径”软键，输入参数见表4-36。

表4-36　编程已知半径的圆弧的输入参数

参　　数	说　　明
旋绕方向 <SL>	向右旋转或者向左旋转
Y、Z <SL>	外表面 C 或外表面 Y：目标位置 Y、Z（绝对或者增量）
X、Y <SL>	端面 C 或端面 Y：目标位置 X、Y（绝对或者增量）
R	圆弧半径，通过输入正号或负号来选择所需的圆弧，张角小于180°为正，大于180°为负
F <SL>	加工进给率

4. 极坐标

当使用以中心点（极点）的半径和角度值来标注工件尺寸，可以将此有效的编程为极坐标，可以编程直线或圆弧。

在极坐标中对直线和圆弧编程之前，必须定义极点。极点即为极坐标系的参考点，接着必须使用绝对坐标的角度来编程第一条直线或者第一个圆。可以选择使用绝对或增量的角度来编程其后的直线或圆弧。

在“极坐标”方式下按软键“极点”，输入参数见表4-37。

表 4-37　极坐标的输入参数

参　　数	说　　明
Y、Z <SL>	外表面 *C* 或外表面 *Y*：极点 *Y*、*Z*（绝对或者相对）
X、Y <SL>	端面 *C* 和端面 *Y*：极点位置 *X*、*Y*（绝对或者增量）

5. 直线极坐标

通过半径（*L*）和角度（*α*）来确定极坐标系中的直线。角度以加工平面的水平轴为基准。刀具以加工进给率或快速行程沿直线从当前位置移动到编程终点。

指定极点后，必须使用绝对角度来编程极坐标中的第一条直线。可以选择绝对或增量方式来编程其后的所有直线和圆弧。

在“直线圆弧”方式下按软键“极坐标”和“极坐标直线”，按下软键“快速运行”，用来记录快速行程中的进给率。输入参数见表 4-38。

表 4-38　直线极坐标的输入参数

参　　数	说　　明
L	终点到极点的距离
α <SL>	终点到极点的极角（绝对），或到极点的极角的改变（增量）
F <SL>	加工进给率
半径补偿 <SL>	定义数据，说明铣刀在轮廓的哪一侧以编程方向运行：轮廓左侧的半径补偿；轮廓右侧的半径补偿；半径补偿关闭；半径补偿保留以前的设置

6. 圆弧极坐标

使用角度（*α*）来确定极坐标系中的圆弧角度取决于加工平面的水平轴。刀具以加工进给率沿圆弧路径从当前位置移动到编程终点（角度）。半径表示当前位置到所定义极点的距离。即，圆弧起始位置和圆弧结束位置与所定义极点之间的距离相同。指定极点后，必须使用绝对角度来编程极坐标中的第一个圆弧，可以使用绝对或增量方式来编程其后的所有直线和圆弧。

在“直线圆弧”方式下，按软键“极坐标”和“极坐标圆弧”，输入参数见表 4-39。

表 4-39　圆弧极坐标的输入参数

参　　数	说　　明
旋转方向 <SL>	向右旋转或者向左旋转
α <SL>	到极点的极角（绝对或者增量）
F <SL>	加工进给率

4.6.5　用副主轴加工

如果车床有副主轴，不必手动重新夹持工件即可使用车削、钻削和铣削功能加工工件的前面和后面。

在开始加工后面之前，副主轴必须抓住工件，将其从主主轴上卸下，并移动到新的加工位置，可以使用“副主轴”功能编程这些工作程序。

工作程序的编程步骤如下：

1）夹持：用副主轴夹持工件（如果有固定点）。

2）拉：用副主轴将工件从主主轴中拉出。

3）后面：用副主轴把工件移动到新的加工位置。

4）完整：夹持、拉（带切断）以及后面等三个步骤。

5）前面：加工下一个前面使用的零点偏移。

如果开始执行包含副主轴加工操作的程序，首先副主轴会回退到机床数据中定义的回退位置。

在选择了机床坐标系（MCS）后，主主轴和副主轴的停止位置与角度偏差可以用示数来确定并加以保存。

副主轴加工的编程步骤大致如下：主主轴加工；夹持；拉；后面；副主轴加工。

副主轴参数：

（1）功能（见表4-40）

表4-40　功能参数

参　　数	说　　明
功能 <SL>	①综合加工　②夹持　③拉　④后面　⑤前面

（2）夹持（见表4-41）

表4-41　夹持参数

参　　数	说　　明
坐标系 <SL>	① MCS。停止位置在机床坐标系中设定。只能在机床坐标系 MCS 中实现停止位置与角度偏差的示数 ② WCS。停止位置在工件坐标系中设定
XP、ZP	在 *X*、*Z* 方向上的刀具停止位置（绝对）
冲洗卡盘 <SL>	冲洗副主轴卡盘：①是　②否
DIR <SL>	旋转方向：顺时针、逆时针、停
S	主轴转速（仅在主轴旋转时）
α1	角度偏差
Z1	接收位置（绝对）
ZR <SL>	进给率减小位置（绝对或增量），即使用减小的进给率的起始位置
FR	降低的进给率
固定挡块	运行到固定挡块： ① 是：副主轴与接收位置 *Z*1 保持固定距离，然后使用固定进给率运行到固定挡块 ② 否。副主轴运行到接收位置 *Z*1

(3) 拉（见表 4-42）

表 4-42 拉参数

参 数	说 明
拉出毛坯	拉出整个毛坯长度：①是。②否
F	进给率
切断循环	在后续程序段中切断循环：①是。②否

(4) 后面（见表 4-43）

表 4-43 后面参数

参 数	说 明
零点偏移 <SL>	其中应当保存有向 *ZW* 偏移了 *ZV* 以及在 *Z* 中镜像坐标系的零点偏移：基本参考；G54；G55；G56；G57；…
ZW	附加轴的加工位置（绝对）：MCS
ZV	偏移 *Z* =0。在 *Z* 方向的工件零点偏移（增量）

(5) 夹持功能 能够进行停止位置与角度偏差的示数。参数输入同（2）。

(6) 牵拉功能（见表 4-44）

表 4-44 牵拉功能参数

参 数	说 明
一回牵拉零点 <SL>	①是 ②否
零点偏移 <SL>	应当保存偏移 *Z*1 坐标系的零偏：基本参考；G54；G55；G56；G57；…
Z1	工件以主主轴拉出的距离（增量）
F	进给率

(7) 后面功能 参数输入同（4）。

(8) 前面功能 零点偏移同上“零点偏移”。

附录　G功能组

G功能分为各个功能组，一个程序段中只能有一个G代码组中的一个G功能指令。G功能可以是模态有效（直到被同组中其他功能替代），或者是程序段方式有效（只在写入的程序段中有效）。

说明：

1）编号　内部编号，例如用于PLC接口。

2）可定义的G功能　可作为启动、复位或零件程序结束时功能组的删除位，由MD20150 $MC_GCODE_RESET_VALUES定义。分可定义或不可定义。

3）G功能的有效性　分模态有效或逐段式有效。

4）默认设置　如果没有编程功能组中模态G功能，则由机床数据（MD 20150）修改的默认设置生效。分为西门子的默认设置SAG或机床制造商的默认设置MH。本表仅为西门子设置，并在相应代码前用“☆”表示。

5）G功能不适用于NCU 571。

G功能分为61组，具体如下。使用中注意：828D车削并未配置表中的全部功能。

组1，模态有效的运动指令

G功能	编号	含　义
G0	1	快速运行
☆G1	2	线性插补（直线插补）
G2	3	顺时针圆弧插补
G3	4	逆时针圆弧插补
CIP	5	通过中间点进行圆弧插补
ASPLINE	6	Akima样条
BSPLINE	7	B样条
CSPLINE	8	C样条
POLY	9	多项式插补
G33	10	螺纹切削，等螺距
G331	11	攻螺纹
G332	12	返回（攻螺纹）
OEMIPO1	13	备用
OEMIPO2	14	备用
CT	15	切线过渡的圆弧
G34	16	螺纹切削，增螺距
G35	17	螺纹切削，减螺距
INVCW	18	顺时针方向渐开线插补
INVCCW	19	逆时针方向渐开线插补

组 2，非模态移动，暂停时间

G 功能	编号	含　义
G4	1	暂停时间，给定时间
G63	2	不同步攻螺纹
G74	3	同步回参考点
G75	4	返回固定点
REPOSL	5	沿直线再次逼近轮廓
REPOSQ	6	以四分之一圆弧再次逼近轮廓
REPOSH	7	以半圆再次逼近轮廓
REPOSA	8	所有轴再次逼近轮廓
REPOSQA	9	所有轴再次逼近轮廓，几何轴以四分之一圆弧逼近
REPOSHA	10	所有轴再次逼近轮廓，几何轴以半圆逼近
G147	11	以直线逼近轮廓
G247	12	以四分之一圆弧逼近轮廓
G347	13	以半圆逼近轮廓
G148	14	以直线离开轮廓
G248	15	以四分之一圆弧离开轮廓
G348	16	以半圆离开轮廓
G5	17	斜向切入式铣削
G7	18	斜向切入式铣削时的补偿运动

组 3，可编程框架：工作区域限制和极点编程，非模态有效

G 功能	编号	含　义
TRANS	1	可编程偏移
ROT	2	可编程旋转
SCALE	3	可编程缩放
MIRROR	4	可编程镜像
ATRANS	5	可编程附加偏移
AROT	6	可编程附加旋转
ASCALE	7	可编程附加缩放
AMIRROR	8	可编程附加镜像
	9	未指定
G25	10	工作区域下限/主轴转速下限
G26	11	工作区域上限/主轴转速上限
G110	12	极点编程，相对于最后编程的给定位置
G111	13	极点编程，相对于当前工件坐标系的原点
G112	14	极点编程，相对于最后有效的极点
G58	15	可编程偏移，绝对轴替换
G59	16	可编程偏移，附加轴替换
ROTS	17	以主体角旋转
AROTS	18	以主体角附加旋转

组 4，FIFO，模态有效

G 功能	编号	含　义
☆STARTFIFO	1	开始 FIFO，执行并同时载满缓存
STOPFIFO	2	停止 FIFO，停止执行，载满缓存，直至检测到 STARTFIFO，缓存已满或程序结束
FIFOCTRL	3	启用缓存的自动控制

组 6，选择平面，模态有效

G 功能	编号	含　义
☆G17	1	平面选择，第 1 ~ 第 2 几何轴
G18	2	平面选择，第 3 ~ 第 1 几何轴
G19	3	平面选择，第 2 ~ 第 3 几何轴

组 7，刀具半径补偿，模态有效

G 功能	编号	含　义
☆G40	1	刀具半径补偿取消
G41	2	刀具半径补偿，轮廓左边
G42	3	刀具半径补偿，轮廓右边

组 8，可设定的零点偏移，模态有效

G 功能	编号	含　义
☆G500	1	取消可设定的零点偏移（G54... G57，G505... G599）
G54	2	第 1 个可设定的零点偏移
G55	3	第 2 个可设定的零点偏移
G56	4	第 3 个可设定的零点偏移
G57	5	第 4 个可设定的零点偏移
G505	6	第 5 个可设定的零点偏移
⋮	⋮	⋮
G599	100	第 99 个可设定的零点偏移

该组的 G 功能将激活一个可设定的用户框架 $P_UIFR[ ]；G54 对应于框架 $P_UIFR[1]，G505 对应框架 $P_UIFR[5]。

可设定用户框架的数量，以及该组中 G 功能的数目可以通过机床数据 MD28080 $MC_MM_NUM_USER_FRAMES 进行设定。

组 9，框架取消，逐段有效

G 功能	编号	含　义
G53	1	取消当前框架。可编程框架包括 TOROT 和 TOFRAME 的系统框架，以及有效的可设定框架（G54... G57，G505... G599）
SUPA	2	如同 G153，还包括下列各系统的框架：实际值设置、对刀、外部零点偏移，PAR-OT，还包括手轮偏置（DFR）、[外部零点偏移]、叠加运动
G153	3	如同 G53，还会取消所有通过专用和/或 NCU 全局的基本框架

组 10，准停—连续路径运行，模态有效

G 功能	编号	含　义
☆G60	1	准停
G64	2	连续路径运行
G641	3	连续路径运行，根据位移标准进行精磨（=可编程的精度间距）
G642	4	连续路径运行，带精磨，并保持在定义的公差内
G643	5	连续路径运行，带精磨，并保持在定义的公差内（程序段内部）
G644	6	连续路径运行，以允许的最大动态性能精磨
G645	7	连续路径运行，精磨拐角和程序段切线过渡，并保持在定义的公差内

组 11，准停、逐段有效

G 功能	编号	含　义
G9	1	准停

组 12，准停时的程序段转换条件（G60/G9），模态有效

G 功能	编号	含　义
☆G601	1	在精准停时程序段转接
G602	2	在粗准停时程序段转接
G603	3	在 IPO 程序段结束处程序段转接

组 13，工件尺寸，英制/米制，模态有效

G 功能	编号	含　义
G70	1	英制输入（长度）
☆G71	2	米制输入（长度）
G700	3	英制输入：英寸（in），英寸/分（in/min） （长度、速度、系统变量）
G710	4	米制输入：毫米（mm），毫米/分（mm/min） （长度、速度、系统变量）

组 14，工件尺寸，绝对/增量尺寸，模态有效

G 功能	编号	含　义
☆G90	1	绝对尺寸
G91	2	增量尺寸

组 15，进给类型，模态有效

G 功能	编号	含　义
G93	1	时间倒数进给率
☆G94	2	线性进给率，毫米/分（mm/min），英寸/分（in/min）
G95	3	旋转进给率，毫米/转（mm/r），英寸/转（in/r）

（续）

G 功能	编号	含　义
G96	4	启用恒定切削速度（进给类型同 G95）
G97	5	取消恒定切削速度（进给类型同 G95）
G931	6	运行时间规定的进给率，取消恒定轨迹速度
G961	7	启用恒定切削速度（进给类型同 G94）
G971	8	取消恒定切削速度（进给类型同 G94）
G942	9	取消线性进给、恒定切削速度或者主轴转速
G952	10	取消旋转进给、恒定切削速度或者主轴转速
G962	11	线性进给、旋转进给和恒定切削速度
G972	12	取消线性进给、旋转进给和恒定切削速度
G973	13	旋转进给、无主轴转速限制（ISO 模式下无 LIMS 的 G97）

组 16，内曲面和外曲面上的进给修调，模态有效

G 功能	编号	含　义
☆CFC	1	激活内曲面和外曲面轮廓上的恒定进给
CFTCP	2	刀尖基准点（中心轨迹）上的恒定进给
CFIN	3	内曲面上的恒定进给，外曲面上加速

组 17，逼近和回退特性刀具补偿，模态有效

G 功能	编号	含　义
☆NORM	1	起点和终点的正常位置
KONT	2	起点和终点的绕轮廓运行
KONTT	3	以连续切线逼近/回退
KONTC	4	以连续曲率逼近/回退

组 18，拐角特性、刀具补偿，模态有效

G 功能	编号	含　义
☆G450	1	过渡圆弧（刀具按圆形路径绕工件拐角运行）
G451	2	等距线的交点（刀具从工件拐角后退）

组 19，样条起始处的曲线过渡，模态有效

G 功能	编号	含　义
☆BNAT	1	自然过渡到第一个样条程序段
BTAN	2	切线过渡到第一个样条程序段
BAUTO	3	通过后面的 3 个点定义第一个样条段

组 20，样条结束处的曲线过渡，模态有效

G 功能	编号	含　义
☆ENAT	1	自然过渡到下一个运行程序段
ETAN	2	切线过渡到下一个运行程序段
EAUTO	3	通过前面的 3 个点定义前一个样条段

组 21，加速度属性，模态有效

G 功能	编号	含　义
☆BRISK	1	跃变式的轨迹加速度
SOFT	2	限制急动的轨迹加速度
DRIVE	3	与速度有关的轨迹加速度

组 22，刀具补偿类型，模态有效

G 功能	编号	含　义
☆CUT2D	1	由 G17 ~ G19 确定的 2½ – D 补偿
CUT2DF	2	由框架确定的 2½ – D 刀具补偿　刀具补偿相对于当前框架进行（倾斜平面）
CUT3DC	3	圆周铣削 3D 刀具补偿
CUT3DF	4	圆周铣削 3D 刀具补偿，带不连续刀具定向
CUT3DFS	5	端面铣削 3D 刀具补偿，带恒定的刀具定向与有效框架无关
CUT3DFF	6	端面铣削 3D 刀具补偿，带固定的刀具定向，与有效框架相关
CUT3DCC	7	圆周铣削 3D 刀具补偿，带限制平面
CUT3DCCD	8	圆周铣削 3D 刀具补偿，带限制平面和差动刀具

组 23，内部轮廓的碰撞监控，模态有效

G 功能	编号	含　义
☆CDOF	1	关闭碰撞监控
CDON	2	启用碰撞监控
CDOF2	3	关闭碰撞监控（仅适用于 CUT3DC）

组 24，预控制，模态有效

G 功能	编号	含　义
☆FFWOF	1	取消前馈控制
FFWON	2	激活前馈控制

组 25，刀具定向参考，模态有效

G 功能	编号	含　义
☆ORIWKS	1	工件坐标系中的刀具定向（WCS）
ORIMKS	2	机床坐标系中的刀具定向（WCS）

组 26，REPOS 的重新逼近点，模态有效

G 功能	编号	含　义
RMB	1	再次逼近程序段开始的位置
☆RMI	2	再次逼近中断点
RME	3	再次逼近程序段结束的位置
MMN	4	再次逼近最近的路径点

组 27，外拐角发生定向变化时的刀具补偿，模态有效

G 功能	编号	含　义
☆ORIC	1	外拐角定向变化叠加在将要插入的圆弧程序段上
ORID	2	在圆弧程序段之前执行定向变化

组 28，工作区域限制，模态有效

G 功能	编号	含　义
☆WALIMON	1	工作区域限制开
WALIMOF	2	工作区域限制关

组 29，半径/直径编程，模态有效

G 功能	编号	含　义
DIAMOF	1	取消通道专用的模态直径编程。取消后，通道专用的半径编程生效
DIAMON	2	激活独立的、通道专用的模态直径编程。它不受编程的尺寸输入方法（G90/G91）的影响
DIAM90	3	激活非独立的、通道专用的模态直径编程的尺寸输入方法（G90/G91）的影响
DIAMCYCOF	4	取消通道专用的模态直径编程，在循环执行期间

组 30，NC 程序段压缩器，模态有效

G 功能	编号	含　义
☆COMPOF	1	取消 NC 程序段压缩器
COMPON	2	激活 NC 程序段功能 COMPON
COMPCURV	3	激活压缩器功能 COMPCURV
COMPCAD	4	激活压缩器功能 COMPCAD

组 31，OEM G 功能组，G810（1）～G819（10）。用户定义。

组 32，OEM G 功能组，G820（1）～G829（10）。用户定义。

组34，定向平滑，模态有效

G功能	编号	含　义
☆OSOF	1	取消刀具定向平滑
OSC	2	恒定平滑刀具定向
OSS	3	在程序段结束处平滑刀具定向
OSSE	4	程序段开始和结束的刀具平滑定向
OSD	5	程序段内部的平滑，指定位移长度
OST	6	程序段内部的平滑，指定角度公差

组37，进给属性，模态有效

G功能	编号	含　义
☆FNORM	1	标准进给率符合DIN66025
FLIN	2	线性可变进给率
FCUB	3	按照C样条改变进给率

组39，可编程的轮廓精度，模态有效

G功能	编号	含　义
☆CPRECOF	1	取消可编程轮廓精度
CPRECON	2	启用可编程轮廓精度

组40，恒定刀具半径补偿，模态有效

G功能	编号	含　义
☆CUTCONOF	1	取消恒定刀具半径补偿
CUTCONON	2	启用恒定刀具半径补偿

组41，可中断的螺纹切削，模态有效

G功能	编号	含　义
☆LFOF	1	取消可中断的螺纹切削
LFON	2	激活可中断的螺纹切削

组42，刀架，模态有效

G功能	编号	含　义
☆TCOABS	1	从当前刀具定向中确定刀具长度分量
TCOFR	2	从当前框架的方向确定刀具长度分量
TCOFRZ	3	选择*Z*方向的刀具、刀具点，以确定有效框架的刀具定向
TCOFRY	4	选择*Y*方向的刀具、刀具点，以确定有效框架的刀具定向
TCOFRX	5	选择*X*方向的刀具、刀具点，以确定有效框架的刀具定向

组 43，逼近方向 WAB，模态有效

G 功能	编号	含　　义
☆G140	1	由 G41/G42 确定的逼近方向 WAB
G141	2	逼近方向 WAB，轮廓左边
G142	3	逼近方向 WAB，轮廓右边
G143	4	逼近方向 WAB，切线相关

组 44，位移划分 WAB，模态有效

G 功能	编号	含　　义
☆G340	1	立体的逼近程序段，即在一个程序段中包含深度进刀和平面中的运行
G341	2	首先在垂直轴（Z）上进给，然后在平面中运行

组 45，FGROUP 轴的轨迹基准，模态指令

G 功能	编号	含　　义
☆SPATH	1	FGROUP 轴的轨迹基准为弧长
UPATH	2	FGROUP 轴的轨迹基准为曲线参数

组 46，快速退刀的平面选择，模态有效

G 功能	编号	含　　义
☆LFTXT	1	回退平面由轨迹切线和当前的刀具方向确定
LFWP	2	回退平面由当前的加工平面确定（G17/G18/G19）
LFPOS	3	使轴退回到某个位置

组 47，外部 NC 代码的模式切换，模态有效

G 功能	编号	含　　义
☆G290	1	激活西门子语言指令
G291	2	激活 ISO 语言指令

组 48，刀具半径补偿时的逼近/回退特征，模态有效

G 功能	编号	含　　义
☆G460	1	激活逼近和回退程序段的碰撞监控
G461	2	如果 TRC 程序段中没有交点，则用圆弧延长边界程序段
G462	3	如果 TRC 程序段中没有交点，则用直线延长边界程序段

组 49，点对点运行，模态有效

G 功能	编号	含　　义
☆CP	1	轨迹运行
PTP	2	点对点运行（同步轴运行）
PTP G0	3	在 G0 时为点对点运动、其余为 CP 轨迹运行

组 50，定向编程，模态有效

G 功能	编号	含　　义
☆ORIEULER	1	欧拉角方向角
ORIRPY	2	通过 *RPY* 角的定向角（旋转顺序 *XYZ*）
ORIVIRT1	3	通过虚拟定向轴的定向角（定义 1）
ORIVIRT2	4	通过虚拟定向轴的定向角（定义 2）
ORIAXPOS	5	虚拟的方向轴与回转轴位置的方向角
ORIRPY2	6	通过 *RPY* 角的定向角（旋转顺序 *ZYX*）

组 51，定向编程的插补类型，模态有效

G 功能	编号	含　　义
☆ORIVECT	1	大圆插补（和 ORIPLANE 一致）
ORIAXES	2	线性插补加工轴或者方向轴
ORIPATH	3	刀具定向路径与轨迹有关
ORIPLANE	4	平面中的插补（与 ORIVECT 相同）
ORICONCW	5	顺时针方向圆锥表面上的插补
ORICONCCW	6	逆时针方向圆锥表面上的插补
ORICONIO	7	圆锥表面插补，指定了中间方向
ORICONTO	8	以切线过渡在圆锥表面插补
ORICURVE	9	带附加空间曲线的定向插补
ORIPATHS	10	刀具定向和轨迹有关，会对定向运行中的折点进行平滑

组 52，和工件相关的框架旋转，模态有效

G 功能	编号	含　　义
☆PAROTOF	1	取消和工件相关的框架旋转
PAROT	2	激活和工件相关的框架旋转，工件坐标系（WCS）对准工件

组 53，和刀具相关的框架旋转，模态有效

G 功能	编号	含　义
☆TOROTOF	1	取消和刀具相关的框架旋转
TOROT	2	WCS 的 Z 轴通过框架旋转和刀具方向平行
TOROTZ	3	同 TOROT
TOROTY	4	WCS 的 Y 轴通过框架旋转和刀具方向平行
TOROTX	5	WCS 的 X 轴通过框架旋转和刀具方向平行
TOFRAME	6	WCS 的 Z 轴通过框架旋转和刀具方向平行
TOFRAMEZ	7	同 TOFRAME
TOFRAMEY	8	WCS 的 Y 轴通过框架旋转和刀具方向平行
TOFRAMEX	9	WCS 的 X 轴通过框架旋转和刀具方向平行

组 54，多项式编程时的矢量旋转，模态有效

G 功能	编号	含　义
☆ORIROTA	1	绝对的矢量旋转
ORIROTR	2	相对的矢量旋转
ORIROTT	3	切向的矢量旋转
ORIROTC	4	轨迹切线的切向旋转矢量

组 55，快速移动，带/不带直线插补，模态有效

G 功能	编号	含　义
☆RTLION	1	激活带直线插补的快速移动
RTLIOF	2	取消带直线插补的快速移动，以单轴插补执行快速移动

组 56，计入刀具磨损，模态有效

G 功能	编号	含　义
☆TOWSTD	1	刀具长度中偏移的初始设定值
TOWMCS	2	机床坐标系中的磨损值（MCS）
TOWWCS	3	工件坐标系中的磨损值（WCS）
TOWBCS	4	基本坐标系中的磨损值（BCS）
TOWTCS	5	刀具坐标系中的磨损值（刀架基准点 T 位于刀具夹持装置中）
TOWKCS	6	用于运动转换的刀头坐标系中的磨损值（与刀具旋转 MCS 不同）

组 57，拐角减速，模态有效

G 功能	编号	含　义
☆FENDNORM	1	取消拐角减速
G62	2	激活刀具半径补偿（G41、G42）时内角上的减速度
G621	3	所有拐角处都减速

组 59，轨迹插补的动态模式，模态有效

G 功能	编号	含　义
☆DYNNORM	1	和至今为止一样，标准动态
DYNPOS	2	定位运行，攻螺纹
DYNROUGH	3	粗加工
DYNSEMIFIN	4	精加工
DYNFINISH	5	精修整

组 60，工作区域限制，模态有效

G 功能	编号	含　义
☆WALCS0	1	取消 WCS 工作区域限制
WALCS1	2	WCS 工作区域限制组 1 生效
WALCS2	3	WCS 工作区域限制组 2 生效
⋮	⋮	⋮
WALCS10	11	WCS 工作区域限制组 10 生效

组 61，刀具定向平滑，模态有效

G 功能	编号	含　义
☆ORISOF	1	取消刀具定向平滑
ORISON	2	激活刀具定向平滑